自动化技术轻松入门丛书

西门子 WinCC V7 从入门到提高

主　编　向晓汉
副主编　刘摇摇
主　审　陆金荣

机械工业出版社

本书从基础和实用出发，涵盖的主要内容包括 WinCC 的功能和 WinCC 的组态方法。全书分三个部分，第一部分为入门篇，主要介绍 WinCC 的安装和卸载、项目的创建、项目管理器、组态变量、组态画面；第二部分为提高篇，包括 WinCC 的报警记录、变量记录、报表、脚本、通信和访问数据库；第三部分是一个工程应用实例。

本书的编写原则是"让读者看得懂，用得上"。本书内容丰富，重点突出，强调知识的实用性，几乎每章中都配有大量实用的例题，便于读者模仿学习，另外每章配有习题供读者训练之用。本书的资源中有重点内容的程序和操作视频资料。

本书可以供学习 WinCC 入门和提高级的工程技术人员使用，也可以作为大中专院校的机电类、信息类专业的教材。

图书在版编目（CIP）数据

西门子 WinCC V7 从入门到提高 / 向晓汉主编. —北京：机械工业出版社，2012.9（2024.1 重印）
（自动化技术轻松入门丛书）
ISBN 978-7-111-39472-3

Ⅰ. ①西… Ⅱ. ①向… Ⅲ. ①可编程序控制器 Ⅳ. ①TM571.6

中国版本图书馆 CIP 数据核字（2012）第 191348 号

机械工业出版社（北京市百万庄大街 22 号 邮政编码 100037）
策划编辑：时 静
责任编辑：时 静 韩 静
责任印制：邓 博
北京盛通数码印刷有限公司印刷
2024 年 1 月第 1 版 • 第 10 次印刷
184mm×260mm • 13 印张 • 320 千字
标准书号：ISBN 978-7-111-39472-3
ISBN 978-7-89433-637-8（光盘）
定价：38.00 元（含 1CD）

凡购本书，如有缺页、倒页、脱页，由本社发行部调换

电话服务
服务咨询热线：010－88361066
读者购书热线：010－88326294
010－88379203

网络服务
机 工 官 网：www.cmpbook.com
机 工 官 博：weibo.com/cmp1952
金 书 网：www,golden-book.com
教育服务网：www.cmpedu.com

前　言

随着计算机技术的发展和普及，软件技术得到了迅速发展。组态软件是数据采集监控系统（Supervisory Control And Data Acquisition，SCADA）的软件平台，是工业应用软件的重要组成部分，在实际生产中得到了广泛的应用，特别是在石油、化工、水处理和电力等行业应用更加广泛。

西门子 WinCC 组态软件是 HMI/SCADA 的后起之秀，诞生于 1996 年，当年就被美国 Control Engineering 杂志评为全球最优 HMI，是世界三大 HMI/SCADA 软件之一，它传承了西门子公司的企业文化，是一款性能卓越的产品，因此在工控市场中占有非常大的份额，应用十分广泛。本书力求用较多的小例子引领读者入门，使读者在读完入门篇后，能完成简单的工程。在提高篇和工程实例篇中，精选的工程实际案例可以供读者模仿学习，使读者提高解决实际问题的能力。为了使读者能更好地掌握相关知识，我们在总结长期的教学经验和工程实践的基础上，联合相关企业人员，共同编写了本书，力争使读者通过“看书”就能学会 WinCC。

在编写过程中，本书着重融入一些生动的操作实例，以提高读者的学习兴趣。本书与其他相关书籍相比，具有以下特点：

1）用实例引导读者学习。该书的大部分章节用精选的例子讲解。例如，用例子说明报警组态的实现的全过程。

2）程序已经在 PLC 上运行通过。

3）对于比较复杂的例子，配有操作视频资料，便于读者学习。

4）该书实用性强，实例易移植。

全书共分 12 章。第 6、7、9、10 章由无锡职业技术学院的向晓汉编写；第 8、12 章由无锡雪浪环保科技有限公司刘摇摇编写；第 3、4 章由无锡雷华科技有限公司陆彬编写；第 2、11 章由无锡小天鹅股份有限公司苏高峰编写；第 5 章由无锡雷华科技有限公司欧阳慧编写；第 1 章由无锡职业技术学院的向晓汉与无锡小天鹅股份有限公司的李润海共同编写。本书由向晓汉任主编，刘摇摇任副主编。陆金荣高级工程师任主审。

由于编者水平有限，缺点和错误在所难免，敬请读者批评指正，编者将万分感激！

编　者

目　　录

前言

第一部分　入　门　篇

第二部分 提 高 篇

第三部分 工程实例篇

第一部分　入　门　篇

第1章

WinCC V7.0 组态软件概述

本章介绍组态软件的功能、特点、构成、发展趋势和在我国的使用情况，以及WinCC的结构特点、安装此软件的软硬件条件、安装和卸载过程及安装和卸载要注意的事项，使读者初步了解WinCC。

1.1　概述

在使用工控软件时，人们经常提到“组态”一词，组态的英文是“Configuration”，简而言之，组态就是利用应用软件中提供的工具、方法，完成工程中某一具体任务的过程。组态软件是数据采集监控系统（Supervisory Control And Data Acquisition，SCADA）的软件平台工具，是工业应用软件的一个组成部分。它具有丰富的设置项目，使用方式灵活，功能强大。组态软件由早先的单一的人机界面向数据处理方向发展，管理的数据量越来越大。随着组态软件自身以及控制系统的发展，监控组态软件部分与硬件分离，为自动化软件的发展提供了充分发挥作用的舞台。OPC（OLE for Process Control）的出现，以及现场总线和工业以太网的快速发展，大大简化了不同厂家设备之间的互联，降低了开发I/O设备驱动软件的工作量。

实时数据库的作用进一步加强。实时数据库是SCADA系统的核心技术。从软件技术上讲，SCADA系统的实时数据库实际上就是一个可统一管理、支持变结构、支持实时计算的数据结构模型。

社会信息化的加速发展是组态软件市场增长的强大推动力。在最终用户眼里，组态软件在自动化系统中发挥的作用逐渐增大，甚至有时到了非用不可的地步。主要原因在于：组态软件的功能强大、用户的普遍需求以及用户对其价值的逐渐认可。

1.1.1　组态软件的功能

组态软件采用类似资源浏览器的窗口结构，并对工业控制系统中的各种资源（设备、标签

量和画面等）进行配置和编辑；处理数据报警和系统报警；提供多种数据驱动程序；各类报表的生成和打印输出；使用脚本语言提供二次开发功能；存储历史数据，并支持历史数据的查询等。

1.1.2 组态软件的系统构成

在组态软件中，通过组态生成的一个目标应用项目在计算机硬盘中占据唯一的物理空间（逻辑空间），可以用唯一的名称来标识，称为应用程序。在同一计算机中可以存储多个应用程序，组态软件通过应用程序的名称来访问其组态内容，打开其组态内容进行修改或将其应用程序装入计算机内存投入实时运行。

组态软件的结构划分有多种标准，下面按照软件的系统环境和软件体系组成两种标准讨论其体系结构。

1．以使用软件的系统环境划分

按照使用软件的系统环境划分，组态软件包括系统开发环境和系统运行环境两大部分。

（1）系统开发环境

设计人员为实施其控制方案，在组态软件的支持下，进行应用程序的系统生成工作所必须依赖的工作环境。通过建立一系列用户数据文件，生成最终的图形目标应用系统，供系统运行环境运行时使用。

系统开发环境由若干个组态程序组成，如图形界面组态程序、实时数据库组态程序等。

（2）系统运行环境

在系统运行环境下，目标应用程序装入计算机内存并投入实时运行。系统运行环境由若干个运行程序组成，如图形界面运行程序、实时数据库运行程序等。

设计人员最先接触的一定是系统开发环境，通过系统组态和调试，最终将目标应用程序在系统运行环境中投入实时运行，完成工程项目。

2．按照软件组成划分

组态软件因为其功能强大，而每个功能相对来说又具有一定的独立性，因此其组成形式是一个集成软件平台，由若干程序组件构成。其中必备的典型组件有以下几种。

（1）应用程序管理器

应用程序管理器是提供应用程序的搜索、备份、解压缩、建立新应用等功能的专用管理工具。设计人员应用组态软件进行工程设计时，经常要进行组态数据的备份；需要引用以往成功应用项目中的部分组态成果 （如画面）；需要迅速了解计算机中保存了哪些应用项目。虽然这些要求可以用手工方式实现，但效率较低，极易出错。有了应用程序管理器，这些操作就变得非常简单。

（2）图形界面开发程序

这是设计人员为实施其控制方案，在图形编辑工具的支持下进行图形系统生成工作所依赖的开发环境。通过建立一系列用户数据文件，生成最终的图形目标应用系统，供图形运行环境运行时使用。

（3）图形界面运行程序

在系统运行环境下，图形界面运行程序将图形目标应用系统装入计算机内存并投入实时运行。

（4）实时数据库系统组态程序

目前比较先进的组态软件都有独立的实时数据库组件，以提高系统的实时性，增强处理能力。实时数据库系统组态程序是建立实时数据库的组态工具，可以定义实时数据库的结构、数据来源、数据连接、数据类型及相关的各种参数。

（5）实时数据库系统运行程序

在系统运行环境下，实时数据库系统运行程序将目标实时数据库及其应用系统装入计算机内存并执行预定的各种数据计算、数据处理任务。历史数据的查询、检索、报警的管理都是在实时数据库系统运行程序中完成的。

（6）I/O 驱动程序

I/O 驱动程序是组态软件中必不可少的组成部分，用于系统与 I/O 设备通信、互相交换数据。DDE 和 OPC Client 是两个通用的标准 I/O 驱动程序，用来与支持 DDE 标准和 OPC 标准的 I/O 设备进行通信。多数组态软件的 DDE 驱动程序整合在实时数据库系统或图形系统中，而 OPC Client 则单独存在。

除了必备的典型组件外，组态软件还可能包括如下扩展可选组件。

（1）通用数据库接口（ODBC 接口）组态程序

通用数据库接口组件用来完成组态软件的实时数据库与通用数据库（如 Oracle、Sybase、Foxpro、DB2、Infomix、SQL Server 等）的互联，实现双向数据交换。通用数据库既可以读取实时数据，也可以读取历史数据；实时数据库也可以从通用数据库实时地读入数据。通用数据库接口（ODBC 接口）组态环境用于指定要交换的通用数据库的数据库结构、字段名称及属性、时间区段、采样周期、字段与实时数据库数据的对应关系等。

（2）通用数据库接口（ODBC 接口）运行程序

已组态的通用数据库链接装入计算机内存，按照预先指定的采样周期，在规定时间区段内，按照组态的数据库结构建立起通用数据库和实时数据库间的数据连接。

（3）策略（控制方案）编辑组态程序

策略编辑/生成组件是以 PC 为中心实现低成本监控的核心软件，具有很强的逻辑、算术运算能力和丰富的控制算法。策略编辑/生成组件以 IEC-1131-3 标准为用户提供标准的编程环境，共有 4 种编程方式：梯形图、结构化编程语言、指令助记符、模块化功能块。用户一般都习惯于使用模块化功能块，根据控制方案进行组态，结束后系统将保存组态内容并对组态内容进行语法检查、编译。

编译生成的目标策略代码既可以与图形界面同在一台计算机上运行，也可以下载到目标设备上运行。

（4）策略运行程序

组态的策略目标系统装入计算机内存并执行预定的各种数据计算、数据处理任务，同时完成与实时数据库的数据交换。

（5）实用通信程序组件

实用通信程序极大地增强了组态软件的功能，可以实现与第三方程序的数据交换，是组态软件价值的主要标志之一。通信实用程序具有以下功能：

1）实现操作站的双机冗余热备用。

2）实现数据的远程访问和传送。

3）通信实用程序可以使用以太网、RS-485、RS-232 等多种通信介质或网络实现其功

能。实用通信程序组件可以划分为 Server 和 Client 两种类型，Server 是数据提供方，Client 是数据访问方，一旦 Server 和 Client 建立起了连接，二者间就可以实现数据的双向传送。

1.1.3 组态软件的发展趋势

新技术在组态软件中的应用，使得组态软件呈现如下发展趋势：

1）多数组态软件提供多种数据采集驱动程序（driver），用户可以进行配置。驱动程序通常由组态软件开发商提供，并按照某种规范编写。

2）脚本语言是扩充组态系统功能的重要手段。脚本语言大体有两种形式，一是 C/BASIC 语言，二是微软的 VBA 编程语言。

3）具备二次开发的能力。在不改变原来系统的情况下，向系统增加新功能的能力。增加新功能最常用的就是 ActiveX 组件的应用。

4）组态软件的应用具有高度的开放性。

5）与 MES（Manufacturing Execution System）和 ERP（Enterprise Resource Planning）系统紧密集成。

6）现代企业的生产已经趋向国际化、分布式的生产方式。互联网是实现分布式生产的基础。组态软件将原来的局域网运行方式跨越到支持 Internet。

1.1.4 常用的组态软件简介

以下是常用组态软件的简单介绍：

1）InTouch。它是最早进入我国的组态软件。早期的版本采用 DDE（动态数据交换）方式与驱动程序通信，性能较差。新的版本采用了 32 位 Windows 平台，并提供 OPC 支持。

2）iFIX。它是 Intellution 公司起家时开发的软件，后被爱默生公司，现在又被 GE 公司收购。iFIX 的功能强大，使用比较复杂。iFIX 驱动程序和 OPC 组件需要单独购买。iFIX 的价格也比较贵。

3）Citech。澳大利亚 CiT 公司的 Citech 是较早进入中国市场的产品。Citech 的优点是操作方式简洁，但脚本语言比较麻烦，不易掌握。

4）三维力控。三维力控是国内较早开发成功的组态软件，其最大的特点就是基于真正意义的分布式实时数据库的三层结构，而且实时数据库是可组态的。三维力控组态软件也提供了丰富的国内外硬件设备驱动程序。

5）组态王。组态王是北京亚控公司的产品，是国产组态软件的代表，在国内有一定的市场。组态王提供了资源管理器式的操作界面，并且提供以汉字为关键字的脚本语言支持，这点是国外组态软件很难做到的。另外，组态王提供了丰富的国内外硬件设备驱动程序，这点国外知名组态软件也很难做到。

6）WinCC。SIEMENS 公司的 WinCC 是后起之秀，1996 年才进入市场，当年就被美国的 Control Engineering 杂志评为当年的最佳 HMI 软件。它是一套完备的组态开发环境，内嵌 OPC。WinCC V7.0 采用 Microsoft SQL Server 2005 数据库进行生产数据存档，同时它具有 Web 服务器功能。

另外，国内外的组态软件比较多，仅国产的就有几十个之多。比较有名的国内外组态软件还有 GE 的 Cimplicity、华富计算机公司的开物和北京昆仑通态的 MCGS 等。总之，在国内，一般比较大型的控制系统多用国外的组态软件，而在中低端市场，国产组态软件则有一定的优势。

1.2 WinCC 组态软件简介

WinCC（Windows Control Center，视窗控制中心）是 SIEMENS 公司与 Microsoft 公司合作开发的、开放的过程可视化系统。无论是简单的工业应用，还是复杂的多客户应用领域，甚至在有若干服务器和客户机的分布式控制系统中，都可以应用 WinCC 系统。

WinCC 是在 PC（Personal Computer）基础上的操作员监控系统软件，WinCC V7.0+SP1 是运行在 Windows XP+SP2 标准环境下的 HMI（Human Machine Interface，人机界面），具有控制自动化过程的强大功能和极高性能价格比的 SCADA 级的操作监视系统。WinCC 的显著特性就是全面开放，它很容易将标准的用户程序结合起来，建立人机界面，精确地满足生产实际要求。通过系统集成，可将 WinCC 作为其系统扩展的基础，通过开放接口开发自己的应用软件。

1.2.1 WinCC 软件的性能特点

WinCC 是一款功能强大的操作监控组态软件，其主要性能特点如下：

1. 多功能

通用的应用程序，适合所有工业领域的解决方案；多语言支持，全球通用；可以集成到所有自动化解决方案内；内置所有操作和管理功能，可简单、有效地进行组态；可基于 Web 持续延展，采用开放性标准，集成简便；集成的 Historian 系统作为 IT 和商务集成的平台；可用选件和附加件进行扩展；“全集成自动化”的组成部分，适用于所有工业和技术领域的解决方案。

2. 包括所有 SCADA 功能在内的客户-服务器系统

WinCC 是世界上 3 个（WinCC、iFix、InTouch）最成功的 SCADA 系统之一，由 WinCC 系统组件建立的各种编辑器可以生成画面、脚本、报警、趋势和报告，即使是最基本的 WinCC 系统，也能提供生成复杂可视化任务的组件和函数。

3. 可灵活裁剪，由简单任务扩展到复杂任务

WinCC 是一个模块化的自动化软件，可以灵活地进行扩展，可应用在办公室和机械制造系统中。从简单的工程应用到复杂的多用户应用，从直接表示机械到高度复杂的工业过程图像的可视化监控和操作。

4. 可由专用工业和专用工艺的选件和附件进行扩展

WinCC 在开放式编程接口的基础上开发了范围广泛的选件和附件，使之能够适应各个工业领域不同工业分支的不同需求。

5. 集成 ODBC/SQL 数据库

WinCC V7.0 集成了 Microsoft SQL Server 2005 标准数据库，使得所有面向列表的组态数据和过程数据均存储在 WinCC 数据库中，可以容易地使用标准查询语言（SQL）或使用 ODBC（Open Data Base Connectivity）驱动访问 WinCC 数据库。这些访问选项允许 WinCC 对其他的 Windows 程序和数据库开放其数据，例如，将其自身集成到工厂级或公

司级的应用系统中。

6．具有强大的标准接口

WinCC 建立了 DDE（Dynamic Data Exchange）、OLE（Object Link and Embed）、OPC（OLE for Process Control）等在 Windows 程序间交换数据的标准接口，因此，能够毫无困难地集成 Active X 控制和 OPC 服务器、客户端功能。

7．实例证明

WinCC 集生产自动化和过程自动化于一体，实现了相互之间的整合，这在大量应用和各种工业领域的应用实例中业已证明，包括：汽车工业、化工和制药行业、印刷行业、能源供应和分配、贸易和服务行业、塑料和橡胶行业、机械和设备成套工程、金属加工业、食品、饮料和烟草行业、造纸和纸品加工、钢铁行业、运输行业、水处理和污水净化。

8．开放 API 编程接口可以访问 WinCC 的模块

所有的 WinCC 模块都有一个开放的 C 编程接口（C-API），可以在用户程序中集成 WinCC 组态和运行时的功能。

9．通过向导进行简易的（在线）组态

组态工程师除了可利用综合库在一个 WYSIWYG 环境中进行简单的对话和向导外，在调试阶段，同样可进行在线修改。

10．编辑本段多语言支持，全球通用

欧洲版 WinCC 的组态界面完全是为国际化部署而设计的：只需在项目管理器下，单击“工具”→“语言”，就可在德文、英文、法文、西班牙文和意大利文之间进行切换。

亚洲版 WinCC 还支持中文、韩文和日文。用户可以在项目中设计多种运行时的目标语言，即可同时使用几种欧洲和亚洲语言。这意味着用户可在几个目标市场使用相同的可视化解决方案。如果要翻译文本，只需一种标准的 ASCII 文本编辑器即可。

11．可集成到任何公司内的任何自动化解决方案中

WinCC 提供了所有最重要的通信通道，用于连接到 SIMATIC S5/S7/505 控制器（例如通过 S7 协议集）的通信，以及如 PROFIBUS-DP/ FMS、DDE（动态数据交换）和 OPC（用于过程控制的 OLE）等非专用通道；亦能以附加件的形式获得其他通信通道。由于所有的控制器制造商都为其硬件提供了相应的 OPC 服务器，因而事实上可以不受限制地将各种硬件连接到 WinCC。

12．具有与基于 PC 的控制器的 SIMATIC WinAC 的紧密接口

将软/插槽 PLC 集成在 PC 上，可实现 PLC 的操作和监控，WinCC 提供了与 WinAC 连接的接口。

13．是全集成自动化工 TIA 的部件

TIA（Total Integrated Automation）集成了包括 WinCC 在内的所有 SIEMENS 产品，WinCC 是所有过程控制的窗口，是 TIA 的中心部件。TIA 意味着在组态、编程、数据存储和通信等方面的一致性。

14．作为 SIMATIC PCS7 过程控制系统中的操作员站

SIMATIC PCS7 是 TIA 中的过程控制系统。PCS7 是结合了基于控制器的制造业自动化的优点和基于 PC 的过程工业自动化的优点的过程处理系统（PCS），它包括 WinCC 的标准 SIMATIC 部件。

15. 可集成到 MES 和 ERP 中

WinCC 的标准接口使 WinCC 成为全公司范围 IT 环境下的一个完整部件。这超越了自动控制过程，将范围扩展到工厂监控级，以及为公司管理系统提供管理数据。

1.2.2 WinCC 的系统结构及选件

WinCC 具有模块化的结构，其基本组件是组态软件（CS）和运行软件（RT），并有许多 WinCC 选件和 WinCC 附加软件。

1. 组态软件

启动 WinCC 后，WinCC 资源管理器随即打开。WinCC 资源管理器是组态软件的核心，整个项目结构都显示在 WinCC 资源管理器中。从 WinCC 资源管理器中调用特定的编辑器，既可用于组态，也可对项目进行管理，每个编辑器分别形成特定的 WinCC 子系统。主要的 WinCC 子系统包括：

1）图形系统，用于创建画面的编辑器，也称为图形编辑器。

2）报警系统，对报警信号进行组态的过程，也称为报警记录。

3）归档系统，变量记录编辑器，用于确定对何种数据进行归档。

4）报表系统，用于创建报表布局的编辑器，也称为报表编辑器。

5）用户管理器，用于对用户进行管理的编辑器。

6）通信，提供 WinCC 与 SIMATIC 各系列可编程序控制器的连接。

2. 运行软件

用户通过运行软件对过程进行操作和监控，主要执行下列任务：

1）读出已经保存在 CS 数据库中的数据。

2）显示屏幕中的画面。

3）与自动化系统通信。

4）对当前的运行系统数据进行归档。

5）对过程进行控制。

3. WinCC 选件

用户通过 WinCC 选件扩展基本的 WinCC 系统功能，每个选件均需要一个专门的许可证，这些选件是 WinCC/Server（服务器系统）、WinCC/Redundancy（冗余）、WinCC/CAS（中央归档服务器）、WinCC/Use Archives（用户归档）、WinCC/ODK（开放式工具包）、WinCC/IndustialX（系统扩展）、WinCC/Pro Agent（过程诊断）、WinCC/Basic Process Control（基本过程控制）、WinCC/Web Navigator（Web 浏览器）、WinCC/Data Monitor、WinCC/Connectivity Pack、WinCC/Industrial Data Bridge。

1.2.3 WinCC V7.0 的新特点

1. 运行操作系统

WinCC V7.0 SP1 可以在下列操作系统下运行：

（1）WinCC 单用户项目和客户机项目

- Windows Vista SP1 Ultimate、Business 和 Enterprise；
- Windows XP Professional SP2；

- Windows 2003 Server SP2 和 Windows 2003 Server R2 SP2。

（2）WinCC 服务器

- Windows XP Professional SP2、Windows XP Professional SP3（最多 3 个客户机）；
- Windows 2003 Server SP2 和 Windows 2003 Server R2 SP2。

2．优化的面板类型

WinCC V7.0 SP1 简化了对面板类型的处理。更改属性时，系统将为用户呈现那些包含受到影响的面板类型并可能需要更新的过程画面的总览。

3．新控件的字体设置

可使用对象属性随意组态控件的字体颜色。可使用组态对话框随意组态状态栏中的字体类型。

4．报警系统中的消息选择和搜索功能

（1）在 WinCC 报警控件中选择消息

还可以导入消息的自定义选择内容。例如，导入可用于重新使用用户创建的项目中的选择内容或比较客户机的选择内容。在这种情况下，导入的选择内容将替换现有的选择内容。

客户机项目现在可以从服务器集中接收选择内容。目前为止，只能使用各自客户机项目的选择内容。

在 WinCC 项目管理器中位于“服务器数据→标准服务器”下的“报警”内输入相应的标准服务器。如果客户机上没有选择内容，“报警控件”将从指定的标准服务器解压缩选择内容或将其写入指定的标准服务器。

如果不想集中访问选择内容，应在客户机项目的 WinCC CS 中创建所需的选择内容。随后将使用客户机的选择内容，与输入的标准服务器无关。

（2）过程值块中的选择内容

在过程值块中使用“等于”和“包括”选择文本。

（3）“报警记录”编辑器中的搜索功能

使用“查找”菜单可以在“报警记录”编辑器的所有列或选定列中搜索术语和数字。

5．WinCC 文本分配器支持导出和导入文本库中的所有文本

可使用 WinCC 文本分配器将文本库中包含的所有语言导出到 CSV 文件或者从 CSV 文件将所有语言导入。

CSV 文件的格式对应于 WinCC V6.x 中导出文件的格式。

6．改进的用户管理

通过使用 SIMATIC Logon 的电子签名可以使关键操作的执行取决于用户的电子签名。只有当已组态用户通过密码验证后，才能执行给定的操作。如果用户未经授权或输入错误的密码，则不能执行该操作。

成功的签名步骤和被中止的签名步骤都将通过消息加以记录。

如果使用“WinCC/审计”选件，则所有验证尝试的消息也会被写入审计跟踪数据库中。

7．“Allen Bradley - Ethernet IP”通道的新通道单元

自 WinCC V7.0 SP1 起，以下通道单元供“Allen Bradley - Ethernet IP”驱动器使用：

1）具有以太网接口的用于 PLC-5 的“Allen Bradley E/IP PLC5”。

2）具有以太网接口的用于 SLC 500 的“Allen Bradley E/IP SLC50x”，例如 SLC 5/05。

8. 增加了基本过程控制的功能

（1）运行系统中的布局

在 WinCC V7.0 SP1 中，可设置其他屏幕分辨率：

- "16:9"格式的分辨率：1920×1080 像素；
- "16:10"格式的分辨率：1680×1050 像素、1920×1200 像素、2560×1600 像素；
- "16:9"和"16:10"屏幕格式的布局尚未针对多 VGA 应用程序发布。

（2）消息类别"容差"总是需要确认

在 WinCC V7.0 SP1 或更高版本的新项目中，"容差"消息类别总是需要确认。在 OS 项目编辑器中可禁用此选项。

（3）智能卡阅读器

串行智能卡阅读器"CardMan Desktop serial 3111"取代了串行智能卡阅读器"B1 CardMan 9010"和"B1 CardMan 9011"。智能卡阅读器"CardMan Desktop USB 3121"除了配备有 USB 连接外，在功能上与型号"CardMan Desktop serial 3111"完全相同。

1.3 WinCC V7.0 的安装与卸载

在安装 WinCC 之前，先要检查计算机系统的软硬件是否满足 WinCC 必需的安装条件。需要检查以下条件：

- 操作系统；
- 用户权限；
- 图形分辨率；
- Internet Explorer；
- MS 消息队列；
- SQL Server；
- 预定的完全重启（冷重启）。

1.3.1 安装 WinCC 的硬件要求

完整 WinCC V7.0 SP1 软件比 WinCC V6.0 的容量要大得多，所以其对软硬件的要求比较高，其对硬件的要求见表 1-1。

表 1-1　硬件的要求

硬　件	操作系统	最小值	推荐值
CPU	Windows XP	客户机：Intel Pentium III；800 MHz 单用户系统：Intel Pentium III；1 GHz	客户机：Intel Pentium 4；2 GHz 单用户系统：Intel Pentium 4；2.5 GHz
	Windows Vista	客户机：Intel Pentium 4；2.5 GHz 单用户系统：Intel Pentium 4；2.5 GHz	客户机：Intel Pentium 4；3 GHz/双核 单用户系统：Intel Pentium 4；3.5 GHz/双核
	Windows Server 2003	单用户系统：Intel Pentium III；1 GHz 服务器：Intel Pentium III；1 GHz 中央归档服务器：Intel Pentium 4；2.5 GHz	单用户系统：Intel Pentium 4；3 GHz 服务器：Intel Pentium 4；3 GHz 中央归档服务器：Intel Pentium 4；3 GHz/双核

（续）

硬　　件	操 作 系 统	最 小 值	推 荐 值
工作内存	Windows XP	客户机：512 MB 单用户系统：1 GB	客户机：≥1 GB 单用户系统：2 GB
	Windows Vista	客户机：1 GB 单用户系统：2 GB	客户机：2 GB 单用户系统：2 GB
	Windows Server 2003	单用户系统：1 GB 服务器：1 GB 中央归档服务器：2 GB	单用户系统：2 GB 服务器：2 GB 中央归档服务器：>2 GB
硬盘上的可用内存 - 用于安装 WinCC - 用于使用 WinCC		客户机：1.5 GB/服务器：>1.5 GB 客户机：1.5 GB/服务器：2 GB/中央归档服务器：40 GB	客户机：>1.5 GB/服务器：2 GB 客户机：>1.5 GB/服务器：10 GB/中央归档服务器：不同硬盘上有两个各为 80 GB 的可用空间
虚拟内存		1.5 倍工作内存	1.5 倍工作内存
Windows 打印机假脱机程序内存		100 MB	>100 MB
图形卡		16 MB	32 MB
颜色深度/颜色质量		256	最高（32 位）
分辨率		800×600	1024×768

1.3.2　安装 WinCC 的软件要求

1．操作系统

（1）支持语言

- WinCC 的欧洲版支持德语、英语、法语、意大利语和西班牙语；
- WinCC 的亚洲版支持简体中文、繁体中文、日语和韩语。

（2）单用户系统和客户机

- Windows XP Professional Service Pack 2 或 Service Pack 3；
- Windows Vista Business Service Pack 1、Vista Enterprise Service Pack 1、Vista Ultimate Service Pack1；
- Windows Server 2003。

（3）WinCC 服务器

- 可在 Windows Server 2003 标准版/企业版或 Windows Server 2003 R2 上操作 WinCC 服务器。
- 如果正在运行的客户机不超过三个，也可以在 Windows XP 上操作 WinCC Runtime Server。针对此组态的 WinCC Service Mode 尚未发布。

Windows Vista 不允许作为 WinCC 服务器运行。

2．Microsoft 消息队列服务

WinCC 需要 Microsoft 消息队列服务。

3．Microsoft SQL Server 2005

WinCC 要求有 Microsoft SQL Server 2005 SP2。将在安装 WinCC 期间自动安装 SQL 服务器。随 Microsoft SQL Server 2005 还安装必需的连通性组件。

4．Internet Explorer 的要求

WinCC 必须在 Microsoft Internet Explorer V6.0 Service Pack 1 及以上版本下运行。

1.3.3　WinCC 的安装步骤

在前面的讲述中提到能被 WinCC V7.0 SP1 支持的操作系统有 Windows XP Professional、Windows Vista Business 和 Windows Server，本书仅以 Windows XP Professional 操作系统为例讲述。

安装 WinCC V7.0 SP1 的基本步骤是先安装消息队列，再安装 Microsoft SQL Server，最后安装 WinCC。以下详细介绍安装过程。

1. 消息队列的安装

1）在 Windows XP Professional 操作系统的“开始”菜单中，单击“开始”→“控制面板”命令，弹出“控制面板”界面，如图 1-1 所示。双击“添加或删除程序”图标，弹出“添加或删除程序”窗口，如图 1-2 所示，在左侧菜单栏中，单击“添加/删除 Windows 组件”按钮，打开“Windows 组件向导”对话框。

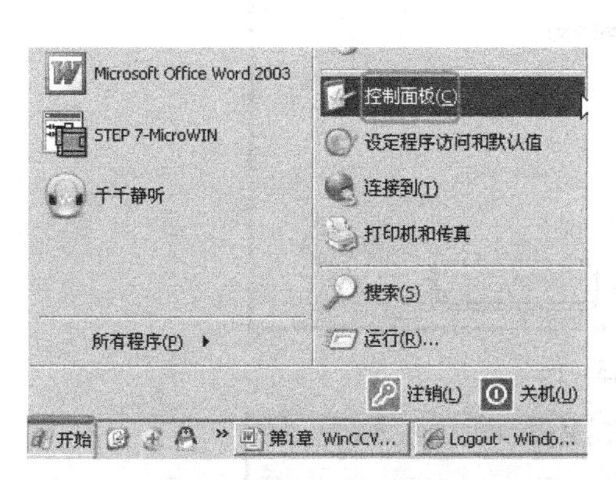

图 1-1　打开“控制面板”

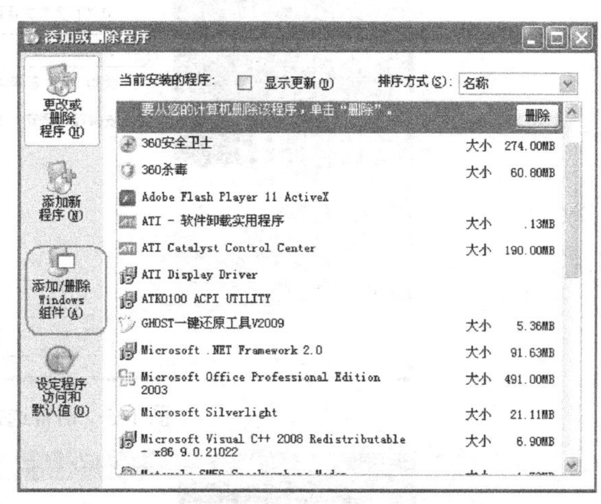

图 1-2　“添加或删除程序”窗口

2）选择“消息队列”组件，打开“Windows 组件向导”对话框，勾选“消息队列”选项，如图 1-3 所示，再单击“下一步”按钮，安装“消息队列组件”。

3）当“消息队列组件”安装完成后，会弹出如图 1-4 所示的对话框，单击“完成”按钮关闭向导。重启计算机。

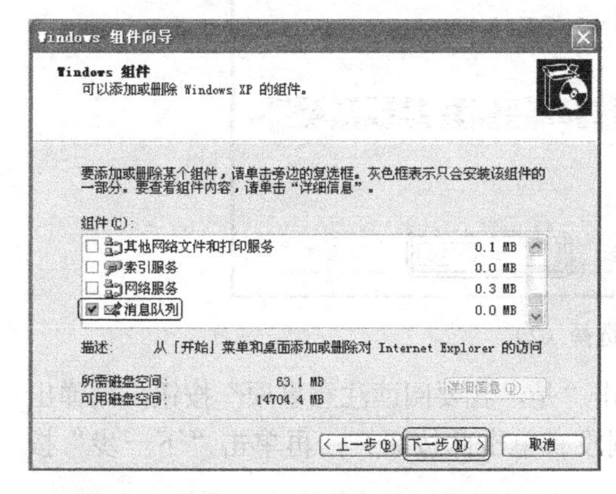

图 1-3　“Windows 组件向导”对话框（1）

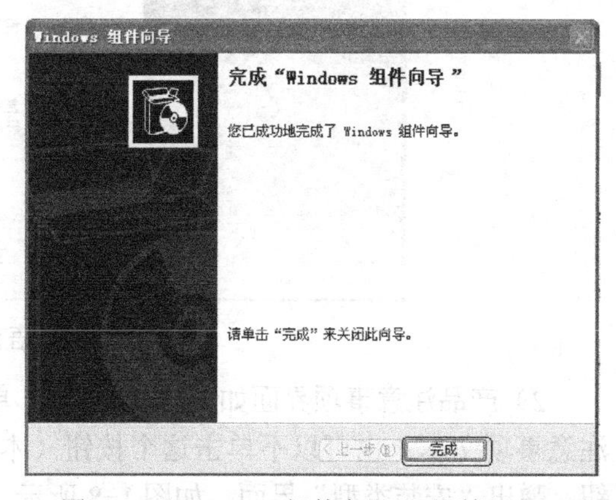

图 1-4　“Windows 组件向导”对话框（2）

2. 安装 Microsoft SQL Server 和 WinCC

WinCC V6.0 软件的 Microsoft SQL Server 和 WinCC 是两个软件包，而 WinCC V7.0 软件则变成一个软件包，但安装顺序不变，仍然是先安装 Microsoft SQL Server，再安装 WinCC，以下详述安装过程。

1）把安装光盘插入光驱中，双击“Setup.exe”文件，弹出如图 1-5 所示的界面，选择要安装的语言（本例选择“简体中文”），单击“下一步”按钮，弹出如图 1-6 所示的界面，单击“下一步”按钮。

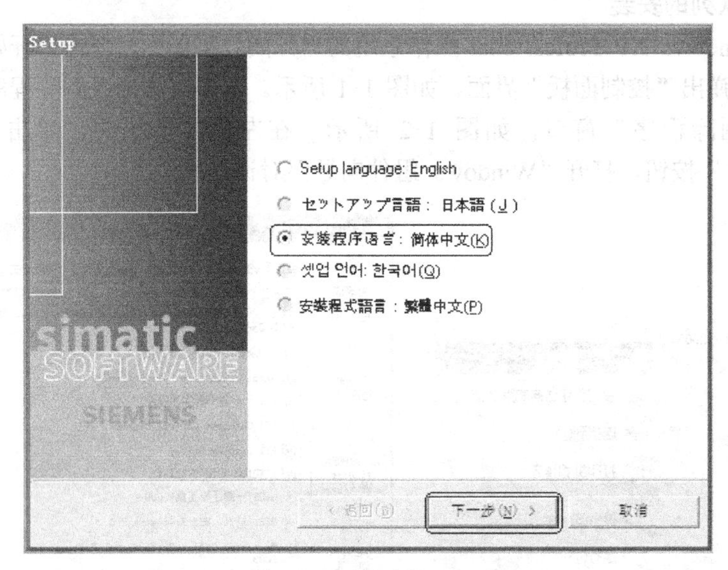

图 1-5　语言选择（1）

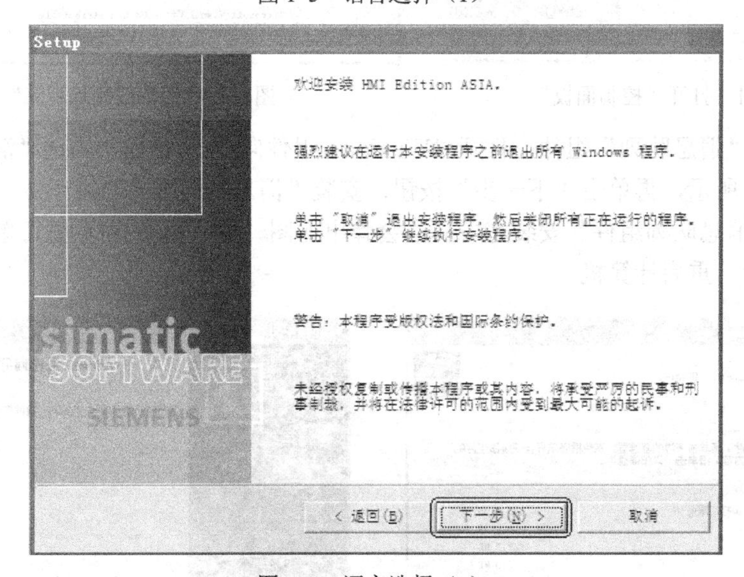

图 1-6　语言选择（2）

2）产品注意事项界面如图 1-7 所示，单击“是，我要阅读注意事项”按钮，则弹出注意事项文本，也可以不单击这个按钮（本例没有单击此按钮），再单击“下一步”按钮，弹出“安装类型”界面，如图 1-8 所示。

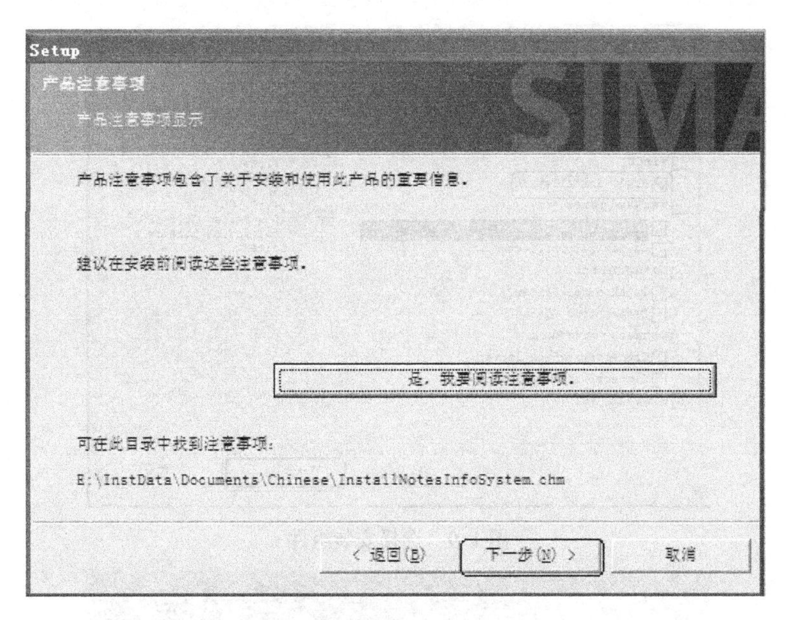

图1-7　产品注意事项

3）选择安装类型。有两种安装类型，即数据包安装和自定义安装（本例选择数据包安装），数据包安装是基本的安装，单击“下一步”按钮，如图1-8所示。

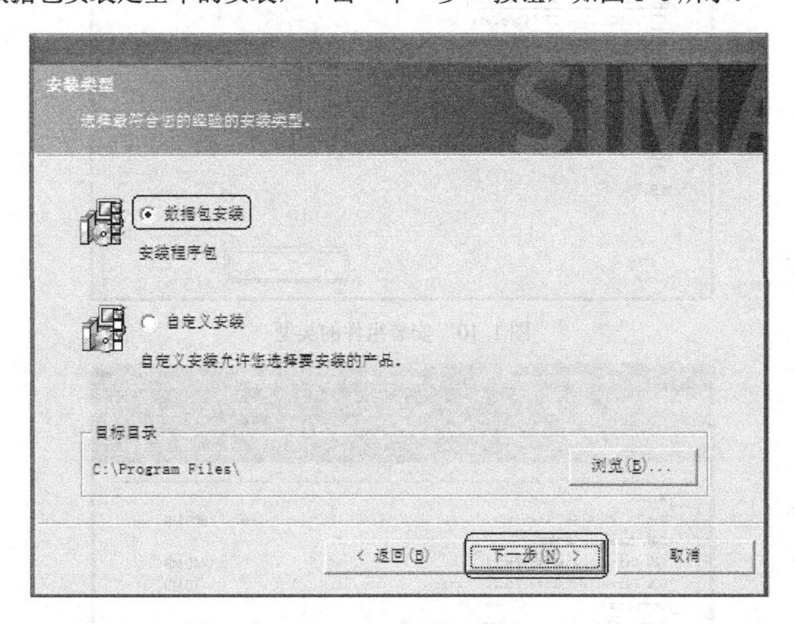

图1-8　安装类型

4）选择安装组件。选择“WinCC Installation”组件，如图1-9所示，单击“下一步”按钮，弹出“安装组件的类型”的界面，选择组件的类型为“WinCC V7.0 SP1 Standard”，单击“下一步”按钮，如图1-10所示。

5）安装软件。单击“安装”按钮，开始安装软件，如图1-11所示。安装的时间长短与计算机的配置是有关系的，安装完成后要重启计算机。

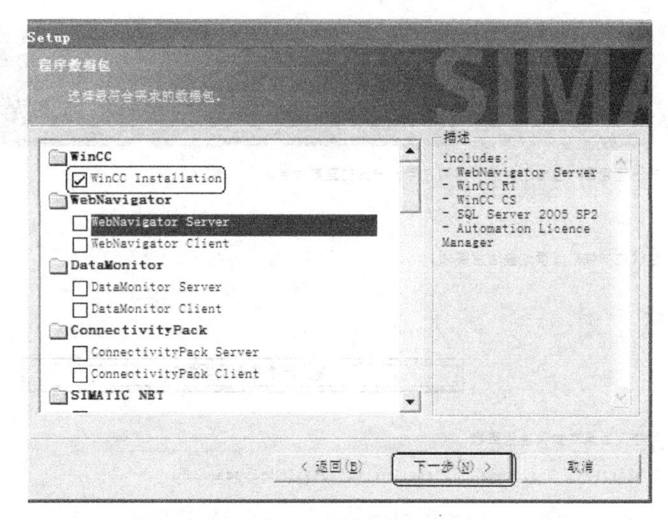

图 1-9　选择安装组件

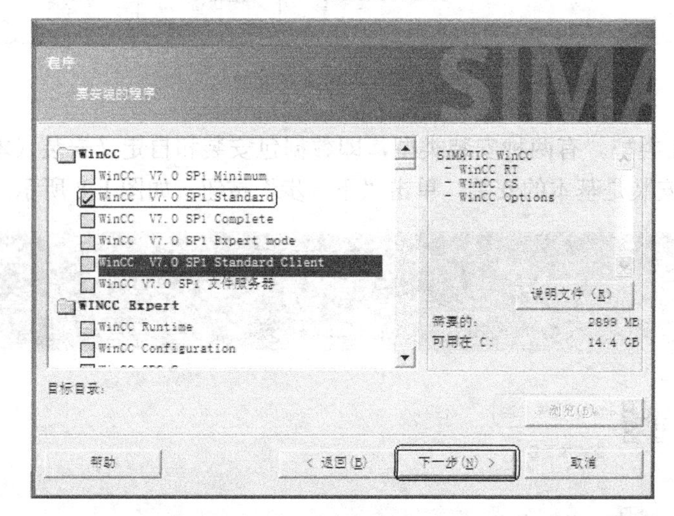

图 1-10　安装组件的类型

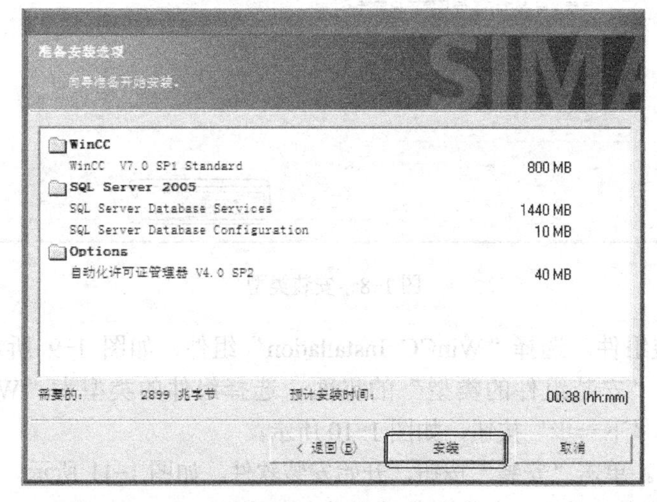

图 1-11　安装软件

3. 安装 WinCC 的注意事项

1）Windows 操作系统的 Home 版不能安装 WinCC 软件，大部分西门子的软件都不支持 Windows 操作系统的 Home 版。

2）文件名和存盘路径不要出现中文，否则安装会出错，这个规律适合大多数西门子软件。

3）安装时必须先关闭杀毒软件、防火墙。不然安装可能失败。例如，安装时开启瑞星杀毒软件、防火墙可能会导致安装不成功。西门子认证的杀毒软件只有 Symantec AntiVirus、Trend Micro Office Scan 和 McAfee VirusScan 等少数软件。

4）如果第一次安装 WinCC 不成功，下次安装前，必须将上次安装的 WinCC 完全卸载，不要留下残余文件，否则很容易导致安装失败。极端情况下，只能通过重装操作系统解决问题。

1.3.4 WinCC 的卸载

在计算机上，既可完全删除 WinCC，也可只删除单个组件，例如语言或组件。具体步骤如下：

1）在 Windows XP Professional 操作系统的“开始”菜单中，单击“开始”→“控制面板”命令，弹出“控制面板”界面，如图 1-1 所示。双击“添加或删除程序”图标，弹出“添加或删除程序”窗口，要删除的 WinCC 组件的所有条目均以前缀“SIMATIC WinCC”开头，如图 1-12 所示。

【关键点】不要删除“SIMATIC WinCC Flexible”，SIMATIC WinCC Flexible 是基于触摸屏（嵌入式系统）的组态软件，而 WinCC V7.0 是基于 PC 的组态软件，后者的功能更加强大。

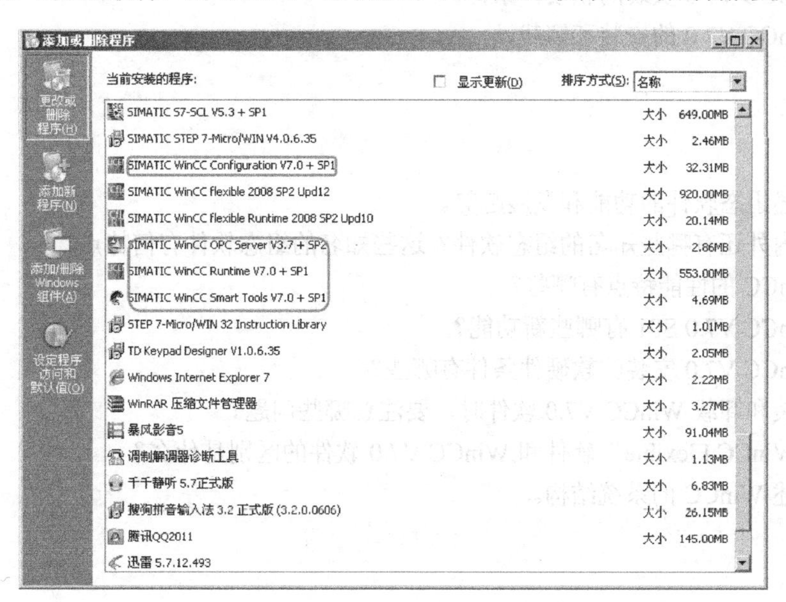

图 1-12 “添加或删除程序”窗口（1）

2）卸载了 WinCC V7.0 后，有时还要卸载以“Microsoft SQL Server”开头的软件，如图 1-13 所示。

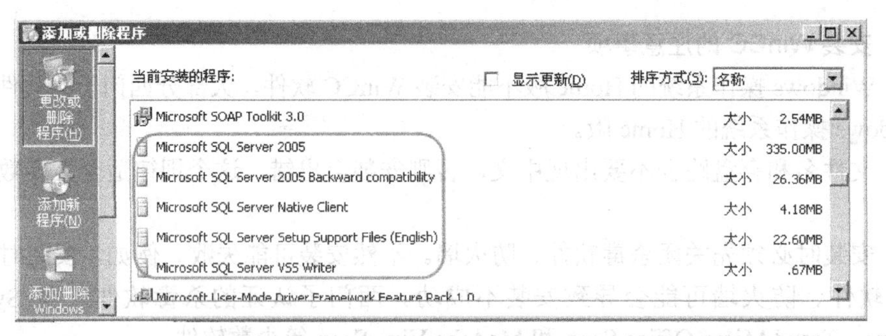

图 1-13 “添加或删除程序”窗口（2）

【关键点】

① 如果读者的计算机中安装了“SIMATIC WinCC Flexible”，那么卸载完 WinCC V7.0 后，就不能再卸载“Microsoft SQL Server”，因为“SIMATIC WinCC Flexible”软件的正常运行也需要“Microsoft SQL Server”。

② Windows 自带的卸载工具在卸载 WinCC 时，可能会留下残留文件，导致下次不能成功安装 WinCC，所以笔者推荐使用“360 安全卫士”软件中的“强力卸载”工具卸载 WinCC 软件，卸载效果要明显好一些。

小结

重点难点总结

1．WinCC V7.0 安装的软硬件条件。

2．WinCC V7.0 的安装和卸载。

习题

1．简述组态软件的功能和发展趋势。

2．国内外还有哪些知名的组态软件？这些知名的组态软件有何特点？

3．WinCC 的性能特点有哪些？

4．WinCC V7.0 SP1 有哪些新功能？

5．WinCC V7.0 安装的软硬件条件有哪些？

6．安装和卸载 WinCC V7.0 软件时，要注意哪些问题？

7．“WinCC Flexible”软件和 WinCC V7.0 软件的区别是什么？

8．简述 WinCC 的系统结构。

第2章

组态一个简单的工程

本章介绍组态一个简单 WinCC 工程的过程，使读者对组态 WinCC 工程过程有一个初步的了解。

2.1 对实现功能的描述

创建一个 WinCC 工程，实现对 S7-300 PLC 的 Q0.0 的启停监控。程序已经下载到 S7-300 PLC 中，如图 2-1 所示。

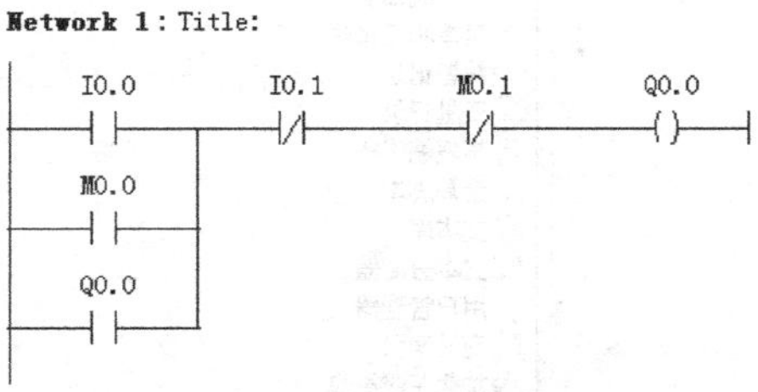

Network 1：Title:

I0.0 I0.1 M0.1 Q0.0

M0.0

Q0.0

图 2-1 S7-300 PLC 中的程序

2.2 建立项目

2.2.1 启动 WinCC

启动 WinCC，单击“开始”→“所有程序”→“SIMATIC”→“WinCC”→“WinCC Explorer”命令，便可启动 WinCC，如图 2-2 所示。启动 WinCC 还有其他的方法，将在后续章节讲述。

2.2.2 建立一个新项目

如果以前已经创建了 WinCC 项目，则启动 WinCC 软件时，一般打开的是上一次组态的项目，而且显示的是资源管理器界面，如图 2-3 所示。单击“新建”按钮，弹出“WinCC 项目管理器”对话框，如图 2-4 所示。选择“单用户项目”（首次创建项目，单用户项目比较简单），再单击“确定”按钮，弹出“创建新项目”对话框，如图 2-5 所示。在“项目名称”中输入项目名称，本例为“启停控制”，最后单击“创建”按钮，弹出一个新的工程，如图 2-6 所示。

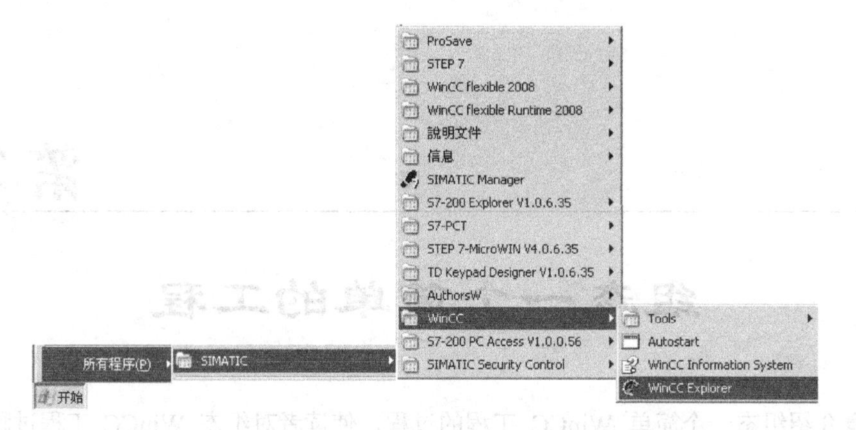

图 2-2　启动 WinCC

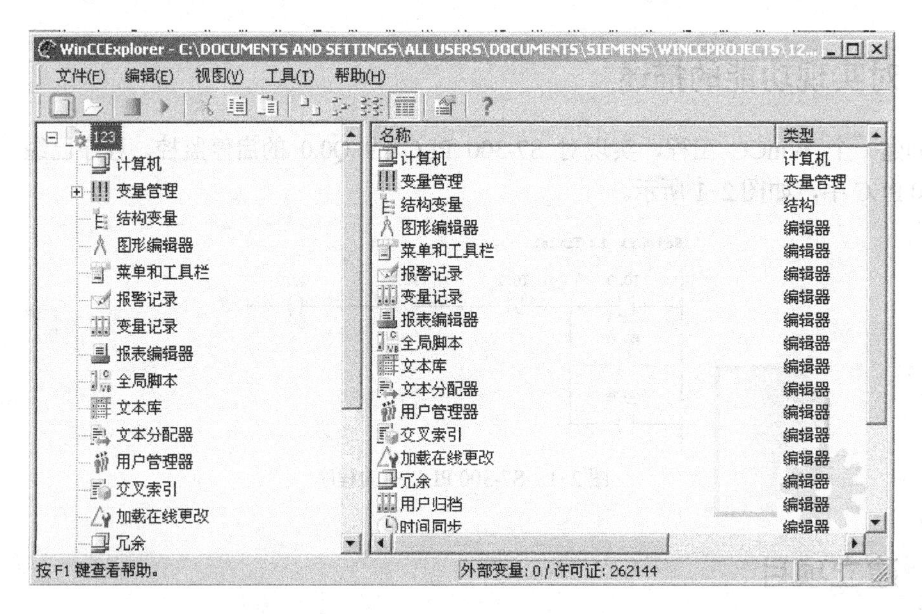

图 2-3　WinCC 资源管理器

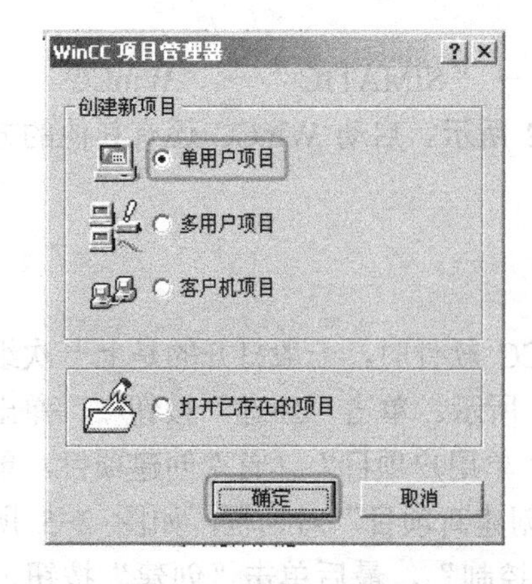

图 2-4 “WinCC 项目管理器”对话框

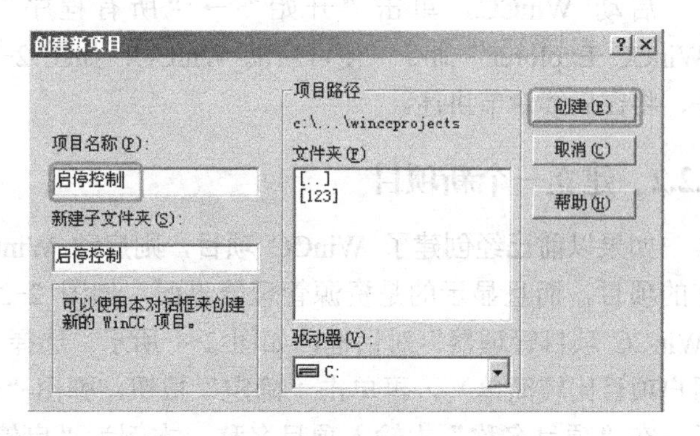

图 2-5 “创建新项目”对话框

2.3　组态项目

2.3.1　组态变量

组态变量分三个步骤，即新建驱动、新建连接和新建变量，具体做法如下：

1. 新建驱动

选中“变量管理”，单击鼠标右键，在弹出的菜单中单击“添加新的驱动程序”命令，如图 2-6 所示，弹出如图 2-7 所示的界面，由于组态软件 WinCC 监控的 PLC 是 S7-300，所以选定的驱动程序是“SIMATIC S7 Protocol Suite.chn”，再单击“打开”按钮即可。

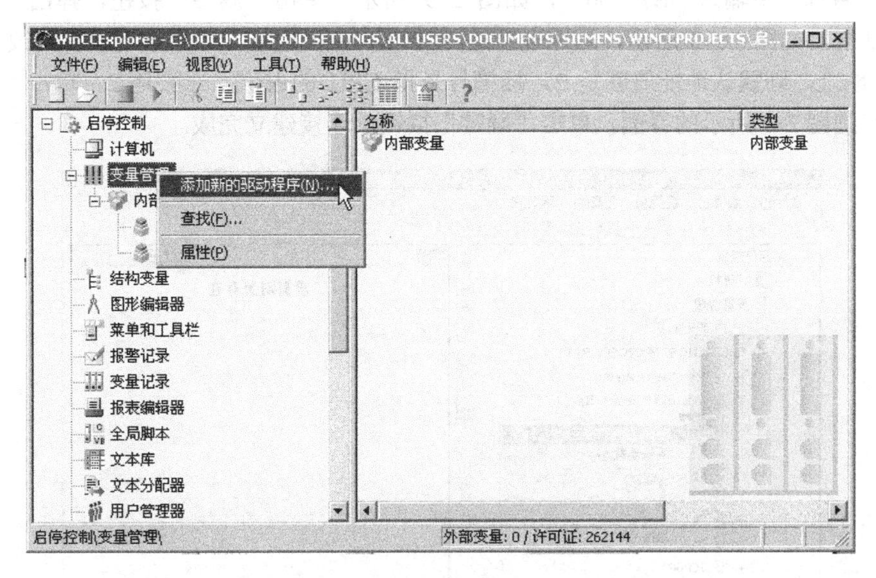

图 2-6　添加新的驱动程序（1）

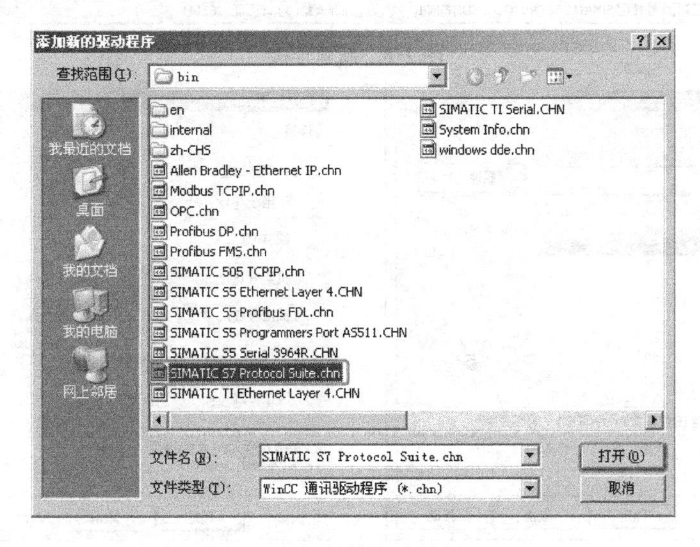

图 2-7　添加新的驱动程序（2）

【关键点】在安装 WinCC 软件时，西门子的 S7-300/400 系列 PLC 的驱动程序已经安装完成，并不需要另外安装，但 WinCC 与 S7-200 的通信需要通过 OPC 方式进行（一般使用 S7-200 PC ACCESS 软件，将在后续章节介绍），因为 S7-200 系列 PLC 是西门子家族中的特殊成员。此外，要用 WinCC 监控其他 PLC，如三菱 FX 系列 PLC，也需要用 OPC 通信。

2. 新建连接

展开“SIMATIC S7 PROTOCOL SUITE”，选定“MPI”并用鼠标右键单击（假设 WinCC 监控 PLC 是采用 MPI 适配器，当然也可以用其他方式，如 PROFIBUS），在弹出的菜单中单击“新驱动程序的连接”命令，如图 2-8 所示。接着会弹出“连接属性”对话框，在“名称”中输入“S7 300”，如图 2-9 所示。单击“属性”按钮，弹出“连接参数”对话框，如图 2-10 所示，站地址就是 PLC 的 MPI 地址，如果读者没有修改过 PLC 的 MPI 地址，则默认地址值就是 2，插槽号是指 CPU 的占位，一般是 2，单击“确定”按钮，回到图 2-9 所示的界面，单击“确定”按钮，连接建立完成。

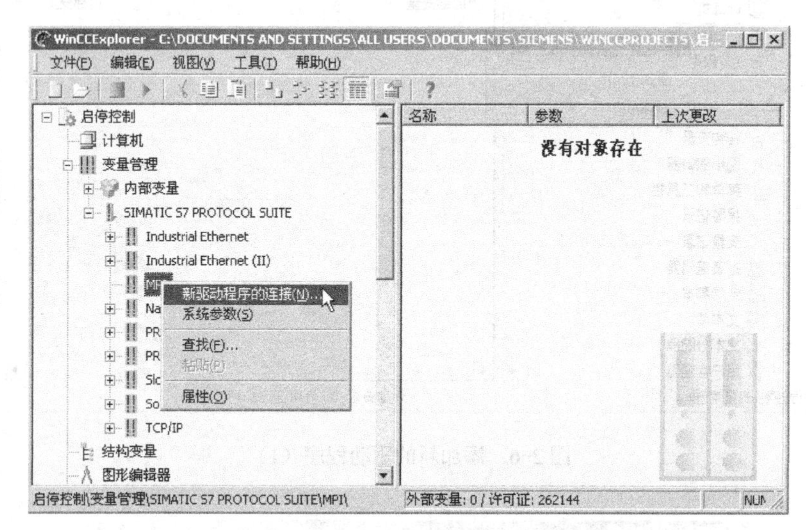

图 2-8 新建连接

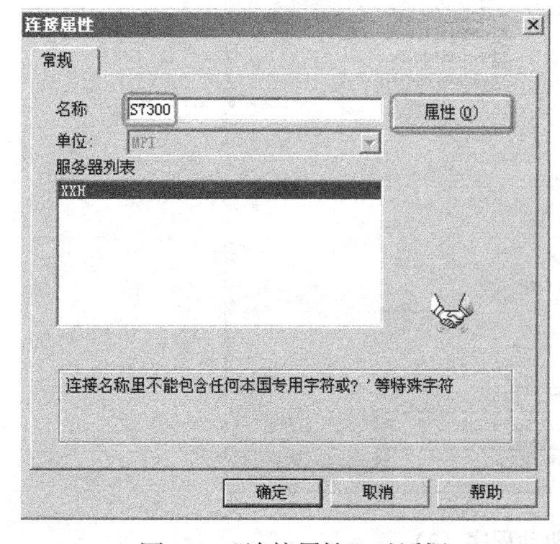

图 2-9 “连接属性”对话框

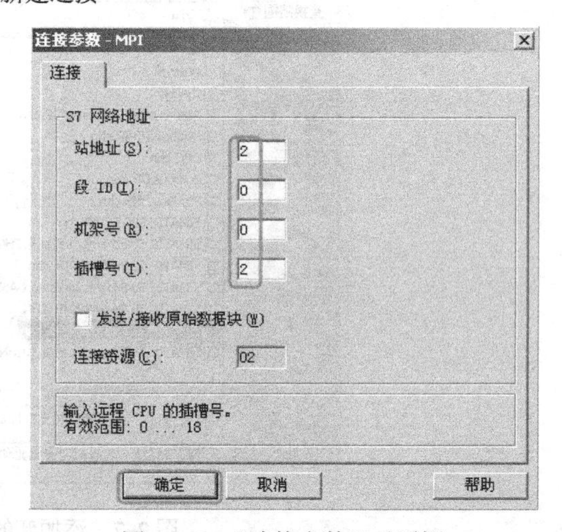

图 2-10 “连接参数”对话框

【**关键点**】在图 2-10 中，默认的 CPU 的插槽号是 0，而西门子的 CPU 的插槽号一般是 2。初学者特别是对西门子 S7-300/400 不太熟悉的读者一般不注意这点，如果忽略这点，通信是不能成功建立的。

3. 新建变量

展开“MPI”，选中“S7300”并用鼠标右键单击，弹出快捷菜单，如图 2-11 所示，单击“新建变量”命令，弹出“变量属性”对话框，如图 2-12 所示。在“名称”中输入“START”（当然也可以是其他合法名称），再单击“选择”按钮，弹出“地址属性”对话框，按照图 2-13 所示的界面作更改，单击“确定”按钮，回到图 2-12 所示的界面，单击“确定”按钮，“START”变量创建完成。

用同样的方法创建变量“STOP”和“LAMP”，如图 2-14 和图 2-15 所示。

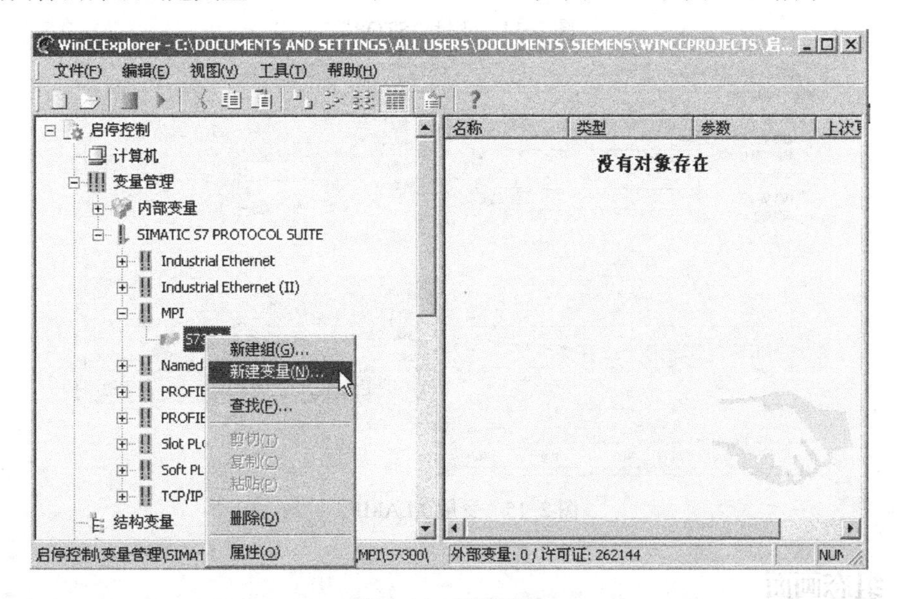

图 2-11　新建变量

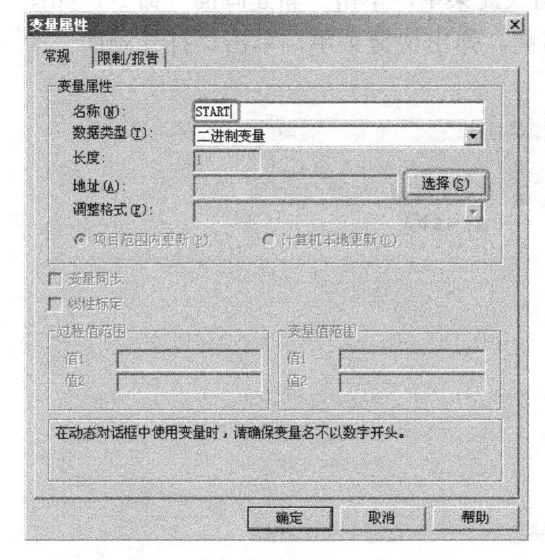

图 2-12 “变量属性”对话框

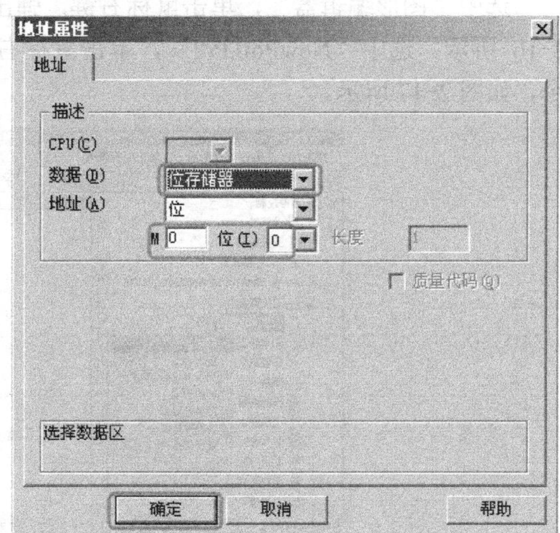

图 2-13 “地址属性”对话框

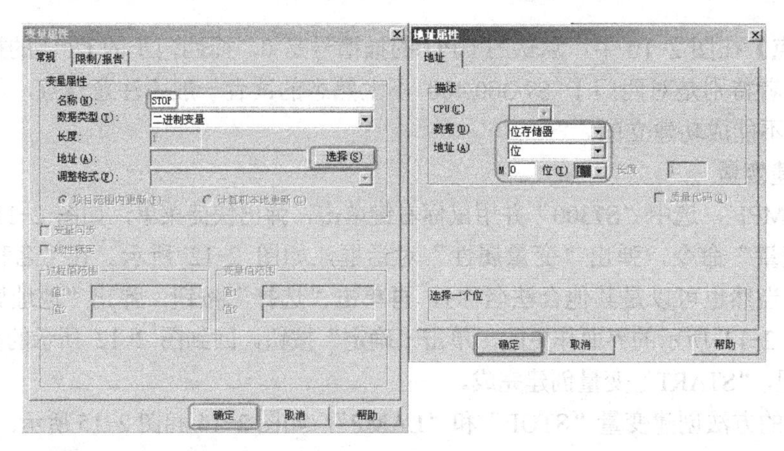

图 2-14　变量“STOP”

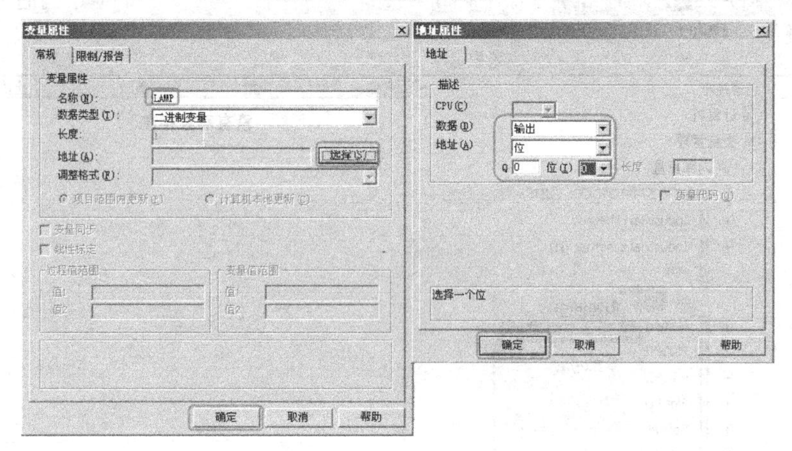

图 2-15　变量“LAMP”

2.3.2　组态画面

选中“图形编辑器”，单击鼠标右键，弹出快捷菜单，单击“新建画面”命令，如图 2-16 所示。选中“NewPd0.Pdl”，单击鼠标右键，弹出快捷菜单，单击“打开画面”命令，如图 2-17 所示。

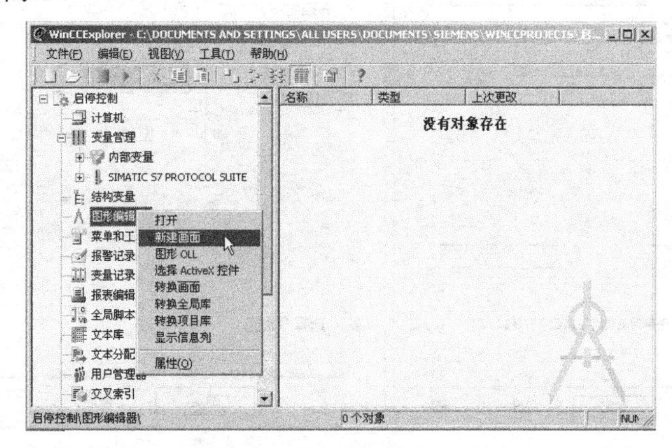

图 2-16　新建画面

选中“标准”选项卡，单击“圆”，在图形编辑区拖出圆，如图 2-18 所示，选中“标准”选项卡，单击“按钮”，在图形编辑区拖出按钮，如图 2-19 所示，在“按钮组态”对话框的“文本”中输入按钮的名称“START”，最后单击“确定”按钮。以同样的方法创建“STOP”按钮。

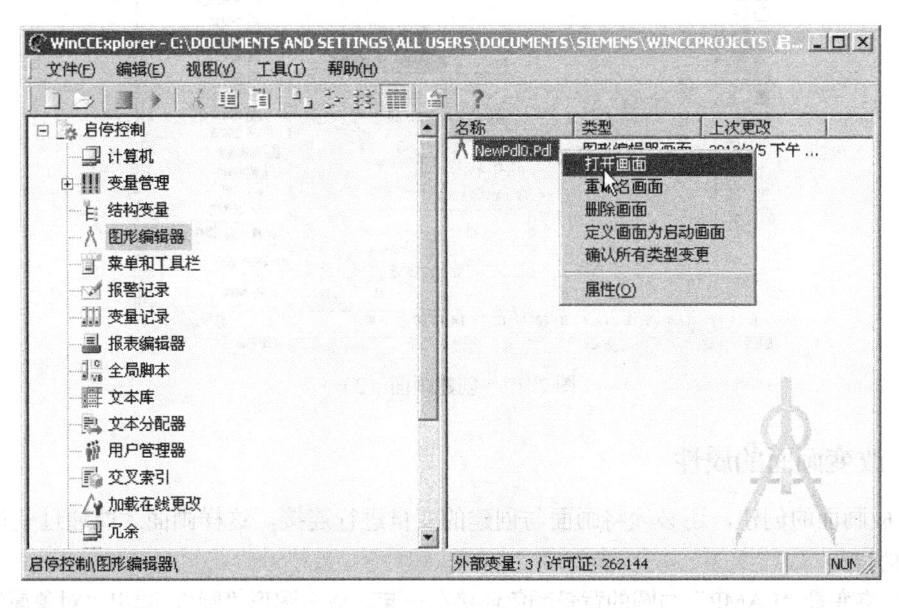

图 2-17 打开画面

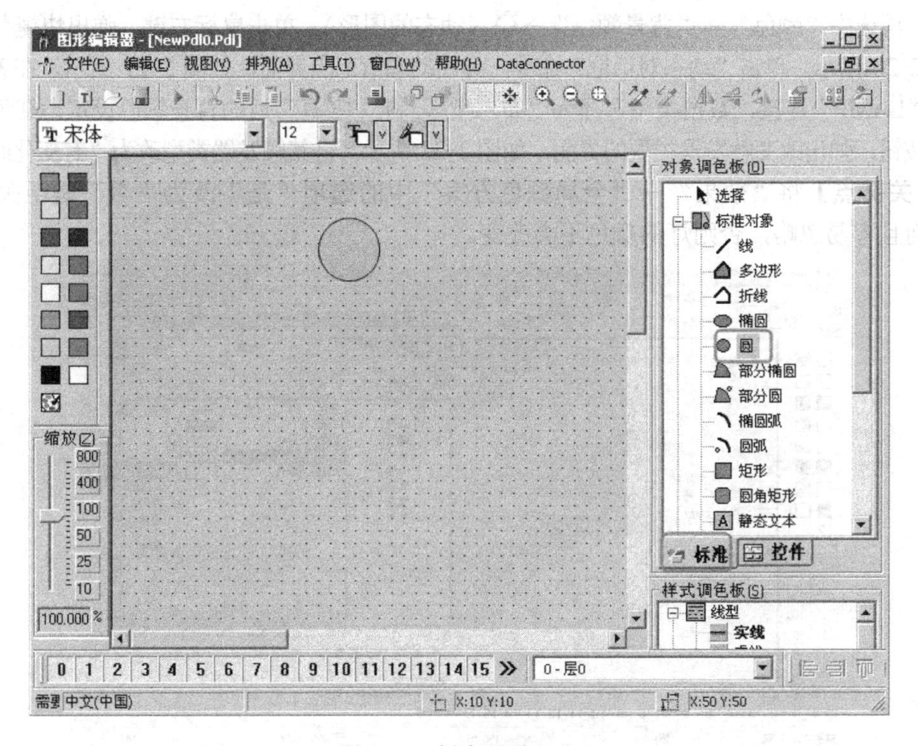

图 2-18 创建画面（1）

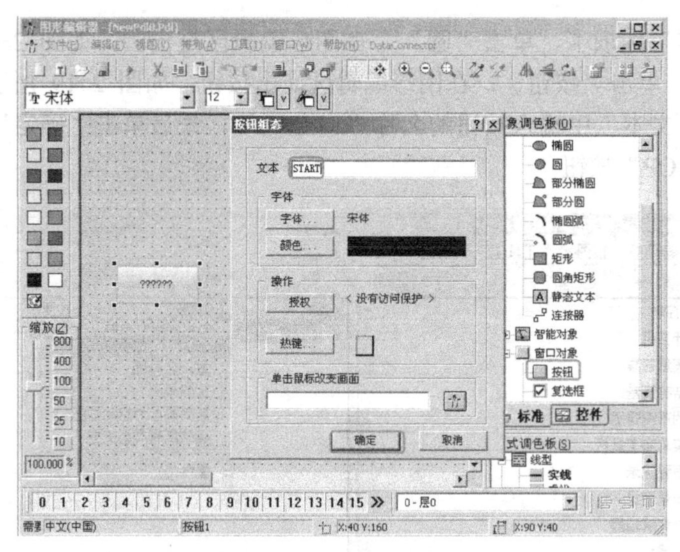

图 2-19　创建画面（2）

2.3.3　改变画面的属性

完成画面的创建，还必须将画面与创建的变量进行连接，这样画面才能通过变量监控 PLC 的状态。

1）将变量“LAMP”与圆的背景颜色连接在一起。双击图形“圆”，弹出“对象属性”对话框，选中“属性”选项卡，接着选中“效果”→“全局颜色方案”，把选项“是”改为“否”，再选中“颜色”→“背景颜色”→（动态的图形），单击鼠标右键，弹出快捷菜单，如图 2-20 所示。单击“动态对话框”命令，弹出动态值范围界面，如图 2-21 所示，在表达式中与“LAMP”连接，数据类型选择为“布尔型”，将“是/真”后的背景颜色设定为红色。单击按钮，弹出改变触发器类型的界面，如图 2-22 所示，将其触发器类型改为“有变化时”。

【关键点】将“效果”→“全局颜色方案”中的选项“是”改为“否”是至关重要的，而且容易忽略，否则灯的颜色不会改变。

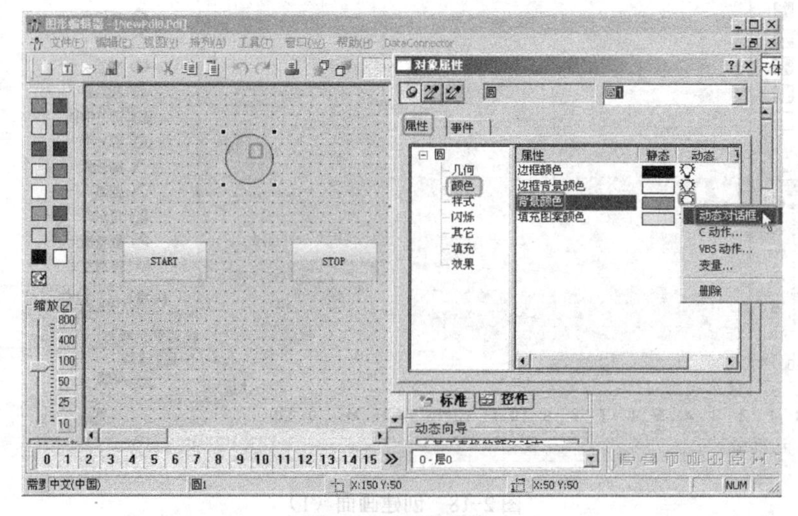

图 2-20　对象属性

图 2-21　“动态值范围”对话框

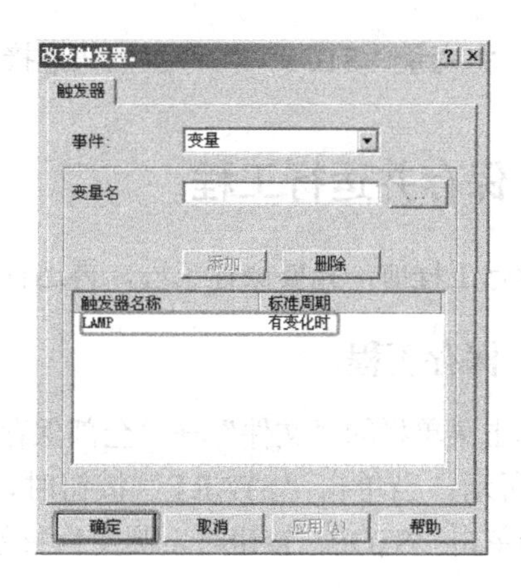

图 2-22　改变触发器的类型

2）将变量“START”与启动按钮连接在一起。双击画面上的“START”按钮，弹出“对象属性”对话框，如图 2-23 所示，选中“事件”选项卡，再选中“鼠标”→“按左键”→（动作），单击鼠标右键，弹出快捷菜单，单击“直接连接”，弹出“直接连接”对话框，如图 2-24 所示。在“常数”中输入“1”，在“变量”中选定参数“START”，这样操作的含义是，当用鼠标左键单击“START”按钮时，将变量“START”赋值为 1。用同样的方法进行设置：当释放鼠标左键时，将变量“START”赋值为 0，如图 2-25 所示。

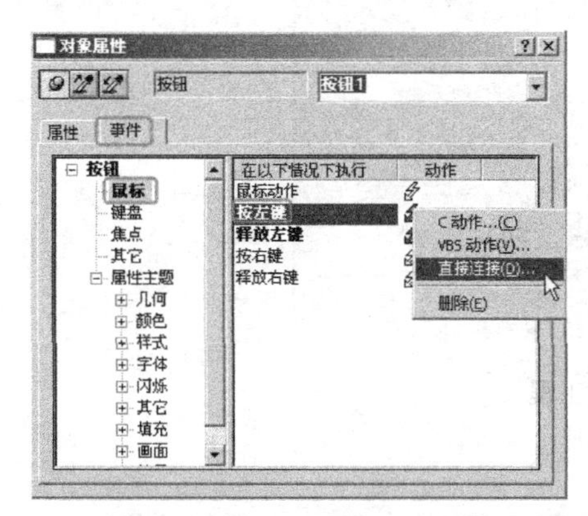

图 2-23　“对象属性”对话框

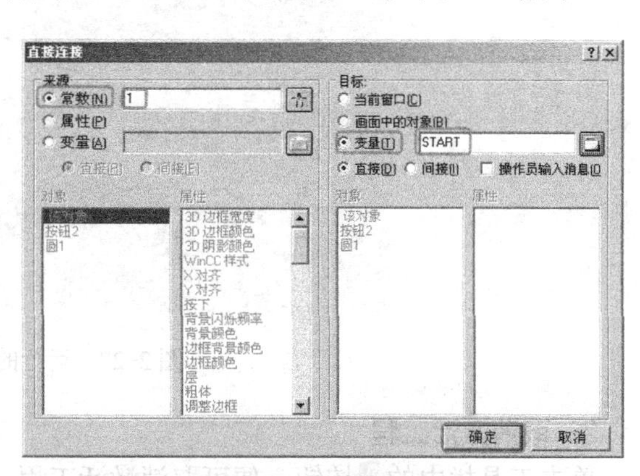

图 2-24　直接连接（1）

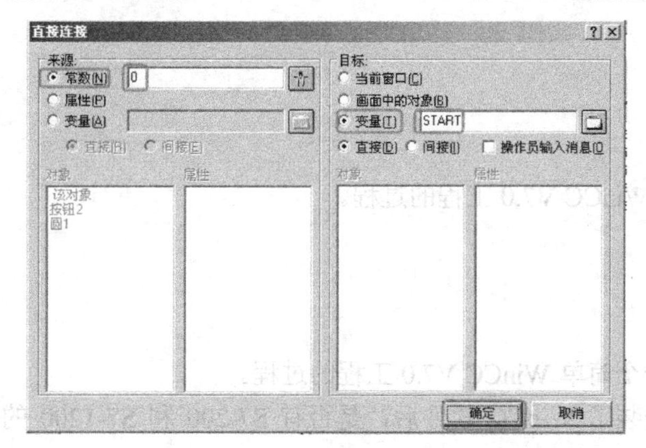

图 2-25　直接连接（2）

3）将变量“STOP”与停止按钮连接在一起，方法与前述类似，在此不再赘述。

2.4 保存并运行工程

运行工程前，先要保存工程，再运行工程。

2.4.1 保存工程

单击菜单栏的“文件”→“全部保存”，便可保存整个工程，如图2-26 所示。当单击“START”按钮时，圆变为红色，表明灯已经亮了；当单击“STOP”按钮时，圆变为灰色，表明灯已经灭了。

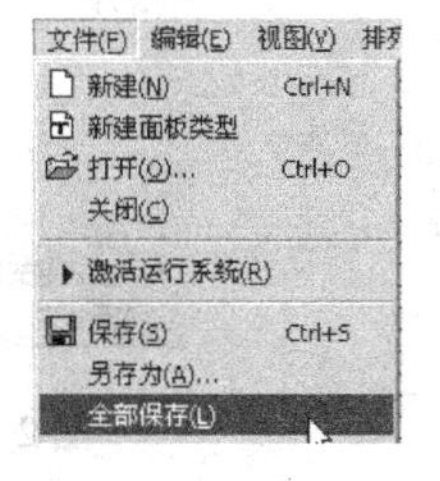

图 2-26 保存工程

2.4.2 运行工程

1. 激活工程

单击工具栏中的▶按钮，便可激活工程，运行的工程如图 2-27 所示。

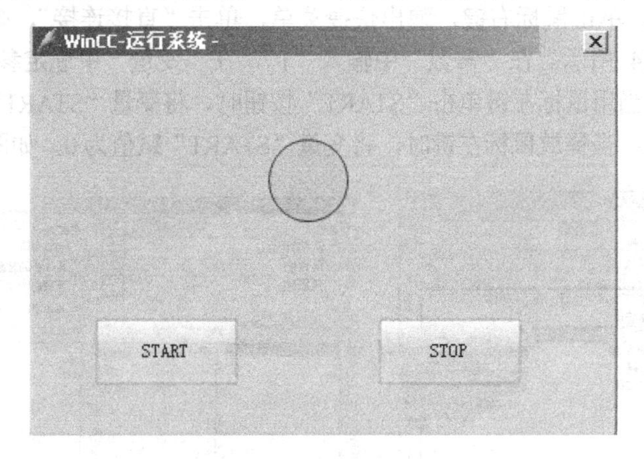

图 2-27 运行的工程

2. 取消激活工程

单击工具栏中的■按钮，便可取消激活工程。

小结

重点难点总结

创建一个简单 WinCC V7.0 工程的过程。

习题

1．简述创建一个简单 WinCC V7.0 工程的过程。

2．计算机中安装了 WinCC 软件后，是否有 S7-200 和 S7-1200 的驱动程序？要建立 WinCC 与 S7-200 的通信，应如何处理？

第3章

项目管理器

当启动 WinCC 时，WinCC 项目管理器自动打开。在 WinCC 项目管理器中可以组态和运行项目。使用 WinCC 项目管理器可以完成的操作有：创建项目、打开项目、管理项目数据和归档、打开编辑器、激活或取消项目。

3.1 WinCC 项目管理器介绍

WinCC 项目管理器代表最高层，所有的模块都从这里启动，启动 WinCC 时，软件就进入 WinCC 项目管理器的界面。使用 WinCC 项目管理器，可以完成创建项目、编辑项目、打开编辑器、激活和取消项目、管理项目数据和归档等任务。

3.1.1 启动 WinCC 项目管理器

启动 WinCC 项目管理器通常有 3 种方法，具体如下：

1）双击桌面上的“WinCC Explorer”的快捷图标，可以打开 WinCC 项目管理器。

2）单击“开始”→“所有程序”→“SIMATIC”→“WinCC”→“WinCC Explorer”，如图 3-1 所示，便可启动 WinCC 项目管理器。

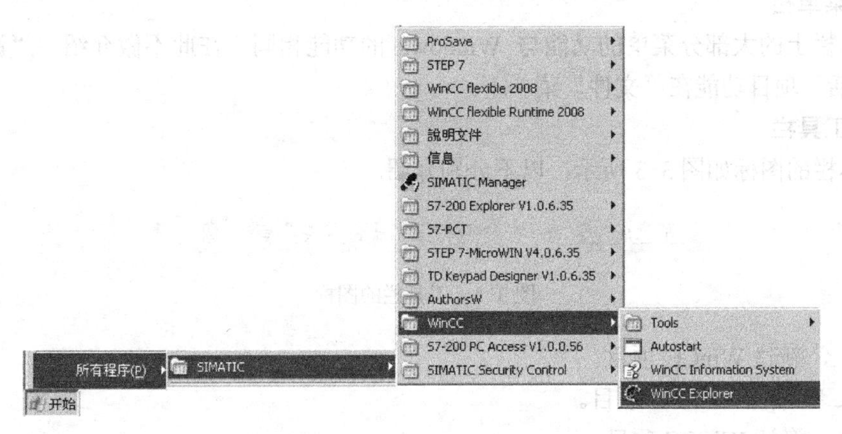

图 3-1 启动 WinCC 项目管理器

3）在保存 WinCC 项目的目录下，双击“*.MCP”文件，可打开 WinCC 项目管理器。

每次启动 WinCC 项目时，上次最后被编辑的项目将再次打开。如果想要启动 WinCC 项目时，不打开上一次的项目，可以在启动 WinCC 项目时，同时按下键盘的<Shift>键和

<Alt>键，并保持此状态，直到已经启动 WinCC 项目管理器为止。

3.1.2 WinCC 项目管理器的结构

WinCC 项目管理器的窗体结构如图 3-2 所示，主要由标题栏、菜单栏、工具栏、数据窗口、浏览窗口和状态栏几部分组成，具体功能介绍如下：

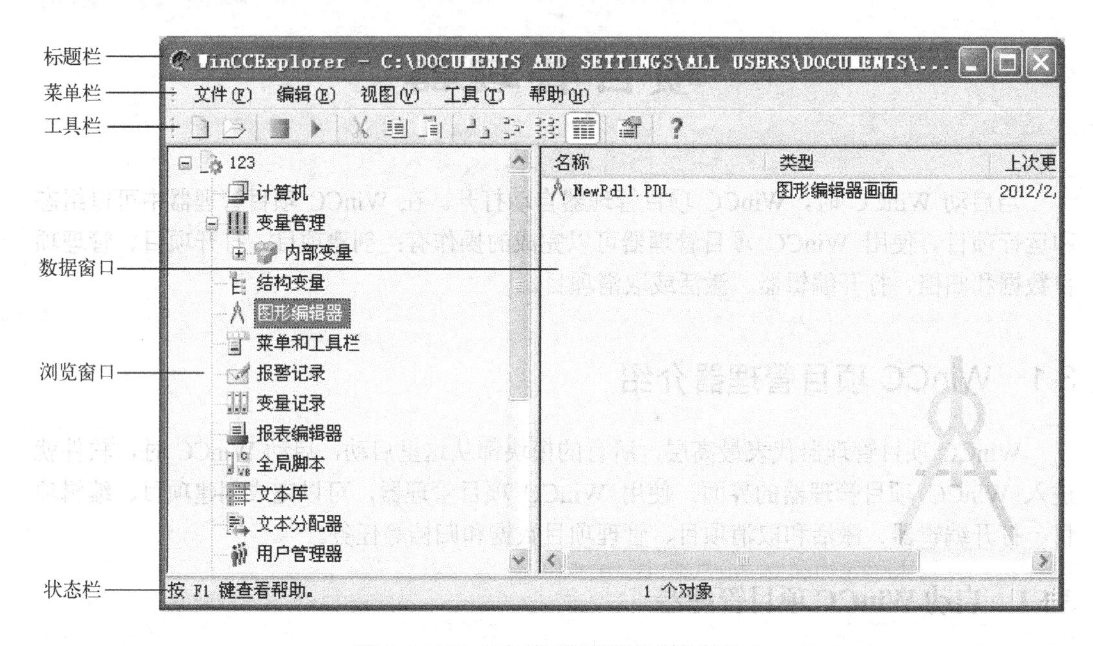

图 3-2 WinCC 项目管理器的窗体结构

1. 标题栏

标题栏显示的是当前打开的用户界面打开项目的详细路径和项目是否激活。

2. 菜单栏

菜单栏上的大部分菜单的功能与 Windows 的功能相同，在此不做介绍。“激活”和“取消激活”项目功能在“文件”菜单下。

3. 工具栏

工具栏的图标如图 3-3 所示，以下分别介绍。

图 3-3 工具栏的图标

1），新建 WinCC 项目。

2），打开 WinCC 项目。

3），激活 WinCC 项目。

4），取消激活 WinCC 项目。

5），剪切功能，与 Windows 的功能相同。

6），复制功能，与 Windows 的功能相同。

7），粘贴功能，与 Windows 的功能相同。

8），将“浏览窗口”中选中的项目在数据窗口中以“大图标”显示。

9），将“浏览窗口”中选中的项目在数据窗口中以“小图标”显示。

10），将“浏览窗口”中选中的项目在数据窗口中以“列表”显示。

11），将“浏览窗口”中选中的项目在数据窗口中以“详细列表”显示。

12），显示“属性”。

13）?，“帮助”按钮。

4．状态栏

状态栏显示与编辑有关的一些提示，还显示文件的当前路径、已组态外部变量数目和授权范围内的变量数目。

5．浏览窗口

浏览窗口是很重要的，包含 WinCC 项目管理器的编辑器和功能列表。双击列表或使用相应快捷键即可打开相应的编辑器。例如选中“图形编辑器”并双击，就可打开“图形编辑器”，如图 3-4 所示。

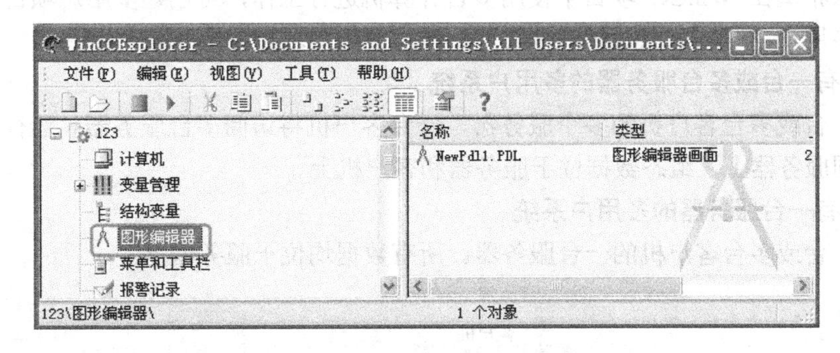

图 3-4　打开“图形编辑器”

6．数据窗口

数据窗口位于浏览窗口的右侧，数据窗口显示编辑器或者文件夹的元素。所显示的信息随浏览器窗口中选中的编辑器的不同而变化。

3.2　项目类型

WinCC 工程项目分为三种类型：单用户项目、多用户项目和客户机项目。

用户可以在创建项目时，根据项目的实际情况选择项目类型，也可以在创建项目后在“项目属性”中更改项目类型。

3.2.1　单用户项目

如果只希望在 WinCC 项目中使用一台计算机进行工作，可创建单用户项目。运行 WinCC 项目的计算机将用作进行数据处理的服务器和操作员输入站。其他计算机不能访问该项目。在其上创建单用户项目的计算机将组态为服务器。

也可将单用户项目创建为冗余系统。此时，可组态具有第二个冗余服务器的单用户项目。

还可创建一个用于单用户项目的归档服务器。此时，可组态单用户项目和将在其上对

单用户项目的数据进行归档的第二个服务器。典型单用户项目如图 3-5 所示。

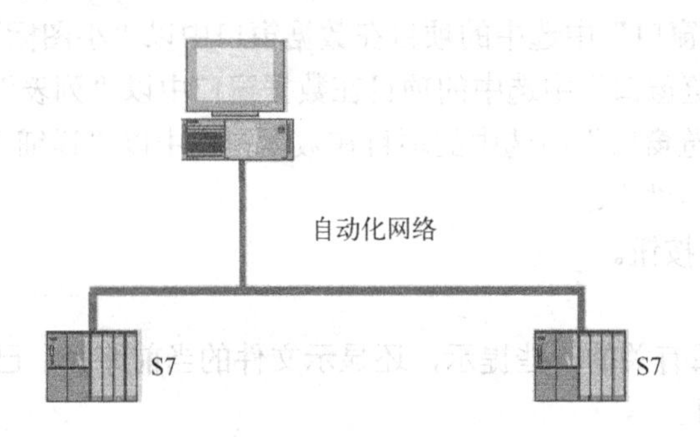

图 3-5　典型单用户项目

3.2.2　多用户项目

如果只希望在 WinCC 项目中使用多台计算机进行工作，可创建多用户项目。

对于多用户系统，存在两种基本类型，典型多用户项目如图 3-6 所示。

1. 具有一台或多台服务器的多用户系统

具有一台或多台客户机的多个服务器，一台客户机将访问多台服务器。运行系统数据分布于不同服务器上，组态数据位于服务器和客户机上。

2. 只有一台服务器的多用户系统

具有一台或多台客户机的一台服务器。所有数据均位于服务器上。

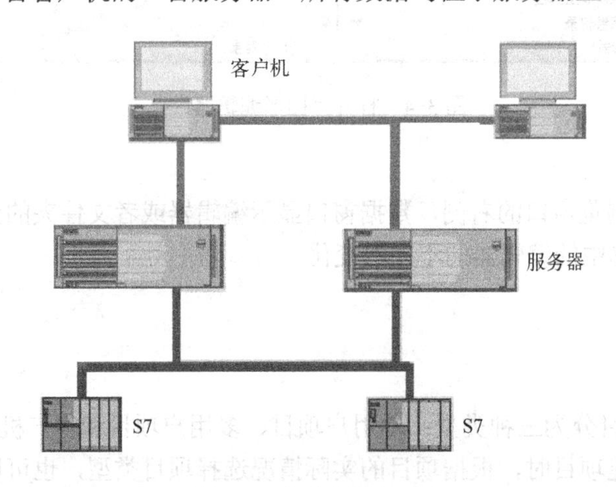

图 3-6　典型多用户项目

3.2.3　客户机项目

如果创建多用户项目，则随后必须创建对服务器进行访问的客户机。并在将要用作客户机的计算机上创建一个客户机程序。

对于 WinCC 客户机，存在以下两种基本情况。

1. 具有一台或多台服务器的多用户系统

客户机访问多台服务器。 运行系统数据分布于不同服务器上，多用户项目中的组态数据位于相关服务器上。客户机上的客户机项目中可以存储本机的组态数据：画面、脚本和变量。

2. 只有一台服务器的多用户系统

客户机访问单个服务器。所有数据均位于服务器上，并在客户机上进行引用。

3.3　创建项目和编辑项目

创建项目和编辑项目是学习 WinCC 软件的基础，以下分别介绍。

3.3.1　创建项目的过程

1. 新建项目、指定项目类型。

单击项目管理器上的“新建”按钮，弹出“WinCC 项目管理器”对话框，如图 3-7 所示，选择项目的类型，再单击“确定”按钮即可。

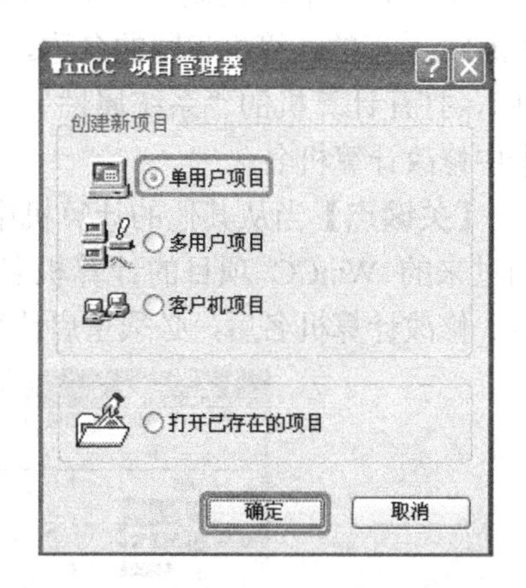

图 3-7 “WinCC 项目管理器”对话框

2. 项目命名和指定存放目录

先在项目名称中输入合适的名称（本例项目名称为 LAMP），存放文件夹最好不要放在 C 盘（本例的存放目录为默认），最后单击“创建”按钮即可，如图 3-8 所示。

【关键点】项目名称一旦给定，以后更改较麻烦，所以在命名前，要考虑清楚。

3. 更改项目属性

先打开 WinCC 项目管理器，单击菜单栏中的“编辑”→“属性”命令，可打开“项目属性”对话框，如图 3-9 所示。也可以单击工具栏上的“属性”图标，打开“项目属性”对话框。

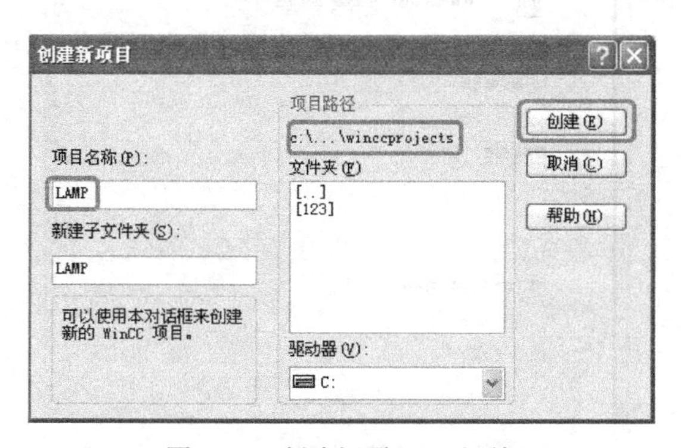

图 3-8 “创建新项目”对话框

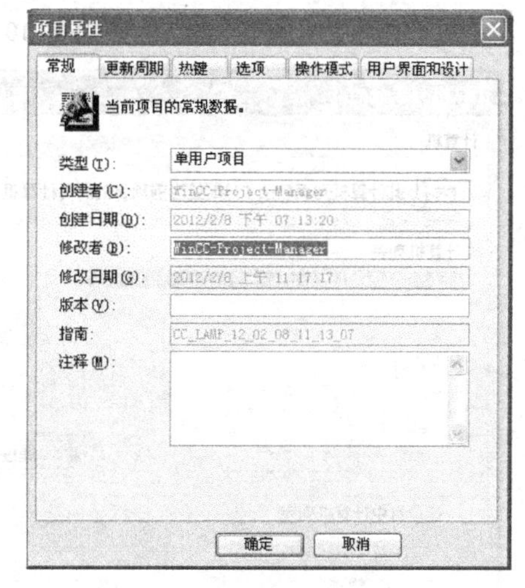

图 3-9 “项目属性”对话框

在“项目属性”对话框中，可以改变项目的类型、修改作者和版本等内容，也可以在“更新周期”选项卡中，选择更新周期，还可以在“热键”选项卡上，为 WinCC 用户登录

和退出定义热键。

3.3.2 更改计算机的属性

创建项目后，必须调整计算机的属性。如果是多用户项目，必须单独为每台创建的计算机调整属性。具体操作如下：

1）选中 WinCC 项目管理器浏览窗口中的“计算机”，单击鼠标右键，在弹出的菜单中单击“属性”命令，如图 3-10 所示，弹出“计算机列表属性”对话框，如图 3-11 所示。单击“属性”按钮，弹出“计算机属性”对话框，如图 3-12 所示。

2）在“计算机属性”对话框的“常规”选项卡中，将“计算机名称”改成与 Windows 下的计算机相同的名称。对于本地计算机的名称，可以单击“我的电脑”→“属性”，打开计算机的“系统属性”对话框，在“系统属性”对话框中的“计算机名”选项卡中修改计算机名。

【关键点】当从其他的计算机中复制一个项目到本计算机上，通常在运行前，要将复制过来的 WinCC 项目的计算机名改成本计算机名，这点是至关重要的，很多人容易忽略。修改计算机名后，必须重启计算机才能生效。

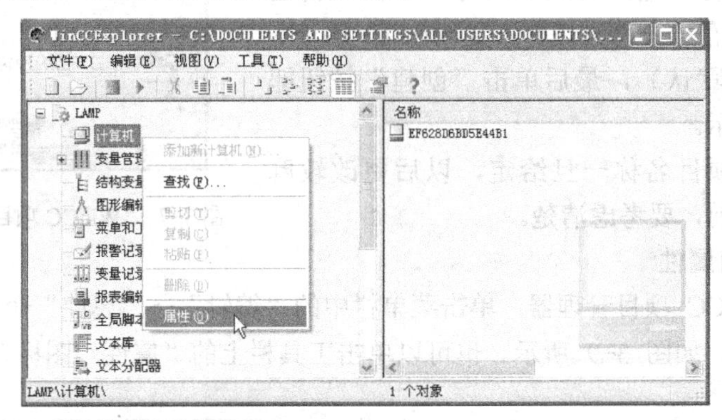

图 3-10 打开“属性”（1）

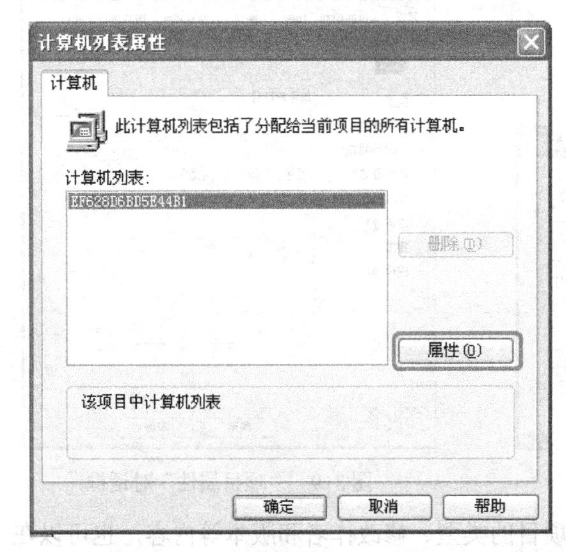

图 3-11 “计算机列表属性”对话框

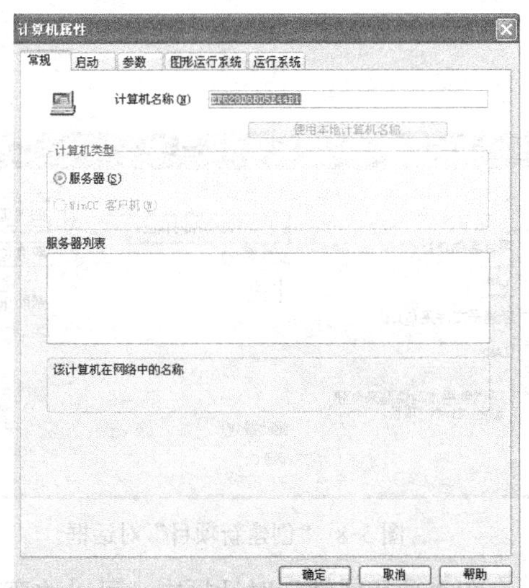

图 3-12 “计算机属性”对话框

3.3.3　运行 WinCC 项目

1. 启动 WinCC 运行系统

激活 WinCC 项目通常有 4 种方法，具体如下：

1）打开菜单栏中的“文件”菜单，选择“激活”命令。只要“运行系统”激活，WinCC 就在“激活”命令旁显示复选标记。

2）在 WinCC 项目管理器的工具栏中，单击“激活”按钮▶。

3）在启动 WinCC 时，可以在项目激活时退出 WinCC。当再次重新启动 WinCC 时，WinCC 将立即打开项目并启动“运行系统”。

4）启动 Windows 系统时自动启动

可在启动计算机时，使用自动运行程序启动 WinCC。也可指定 WinCC 在运行系统中立即启动。设置方法如下：

选择“所有程序”→“SIMATIC”→“WinCC”→“AutoStart”命令，单击“AutoStart”，弹出的对话框如图 3-13 所示。单击按钮…，选择要自动启动的项目，勾选“启动时激活项目”，单击“激活自动启动”按钮，最后单击“确定”按钮，完成指定项目的自动启动设定。

图 3-13　“AutoStart 组态”对话框

2. 退出 WinCC 运行系统

退出 WinCC 项目通常有 4 种方法，具体如下：

1）打开菜单栏中的“文件”菜单，选择“取消激活”命令。

2）在 WinCC 项目管理器的工具栏中，单击“取消激活”按钮■。

3）在关闭 WinCC 项目管理器时，选择“关闭项目并退出项目管理器”，此时退出 WinCC 系统时，项目没有取消激活，再一次打开 WinCC 项目时，自动启动上一次关闭的 WinCC 项目的运行系统。

4）可以在项目中编辑 C 动作来执行退出 WinCC 系统的命令。C 脚本中的“ExitWinCC( )”可以完成“退出运行系统”的功能。

3.3.4　复制 WinCC 项目

1. 复制项目

可使用项目复制器将项目及其所有重要数据复制到本地或另一台计算机上。具体的操

作方法如下：

在 Windows“所有程序”菜单中，在“SIMATIC”→“WinCC” →“Tools”下，选择“Project Duplicator（项目复制器）”，打开“WinCC 项目复制器”对话框，如图 3-14 所示。单击按钮…，选择要复制的项目的源地址，单击“另存为”按钮，将项目保存到一个新的目标地址，最后单击“关闭”按钮，完成指定项目的复制。

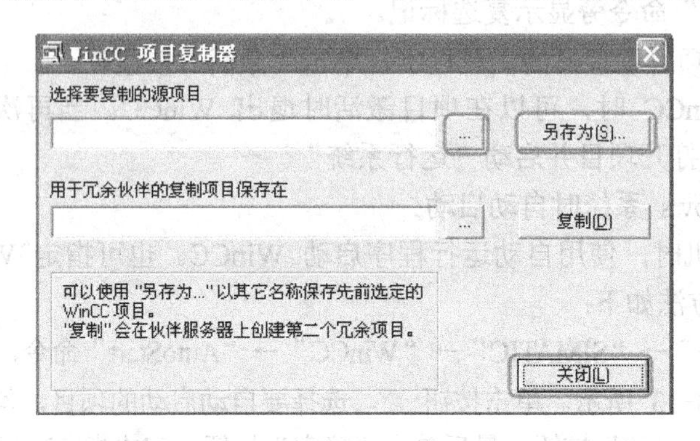

图 3-14 “WinCC 项目复制器”对话框

2. 复制冗余服务器项目

如果已经创建了冗余系统，则在完成任何修改之后必须对冗余服务器上的 WinCC 项目进行同步。要将项目传送到冗余服务器，只能使用 WinCC 项目复制器，不能使用 Windows 资源管理器中的复制和粘贴功能。复制冗余服务器项目与复制项目一样。

小结

重点难点总结

1. 项目管理器的功能。
2. 如何使用项目管理器？

习题

1. 如何创建一个新项目？
2. 如何在项目管理器中更改计算机的名称？
3. 如何设置自动启动？
4. 怎样复制项目？
5. 怎样激活项目和取消运行项目？

第4章

组 态 变 量

变量管理器是用于管理项目中使用的变量和通信驱动程序。变量管理器位于 WinCC 项目管理器的导航窗口中。

4.1 变量组态基础

4.1.1 变量管理器

1. 变量管理器简介

自动化系统或 WinCC 项目所生成的数据通过变量来传送，变量管理系统是组态软件的重要组成部分。变量管理器用于管理项目中使用的变量和通信驱动程序。变量管理器位于 WinCC 项目管理器的导航窗口中。

2. 变量管理器的功能

在 WinCC 中，由过程提供值的变量称为过程变量或外部变量。对于过程变量，变量管理器通过与自动化系统相连的 WinCC 以及执行数据交换的方式来确定通信驱动程序，并将在该通信驱动程序的目录结构中创建相关变量。

在变量管理器中创建变量将生成一个目录结构，可按照类似于在 Windows 目录中浏览的方式在该结构中进行浏览。

4.1.2 变量的分类

1. 外部变量

外部变量就是过程变量，指通过数据地址与自动化系统（这里所指的自动化系统最为典型的就是 PLC）进行通信的变量。WinCC 可以通过外部变量采集外部自动化系统（如 PLC）的过程数据，也可以通过外部变量控制外部自动化系统，即 WinCC 通过外部变量实现对外部自动化系统进行监测和控制。没有外部变量，WinCC 就不能与外部自动化系统进行通信，所以外部变量是最为重要的。

外部变量在其所属的通信驱动程序的通道单元下的连接目录下创建，外部变量的数目由 Power Tags 授权限制，授权的点数越多，购买 WinCC 软件的价格越高。

2. 内部变量

内部变量不连接到过程，内部变量没有对应的过程驱动程序和通道单元，不需要建立相应的连接。可以使用内部变量管理项目中的数据或将数据传送给归档。

内部变量的数目不受授权的限制。

3．系统变量

WinCC 提供了一些预定义的中间变量，称为“系统变量”。每个系统变量均有明确的意义，可以提供现成的功能，一般用以表示运行系统的状态。系统变量由 WinCC 自动创建，不需要人为创建。系统变量由“@”开头，以此区别其他的变量。系统变量可以在整个工程的脚本和画面中使用，是全局变量。

4．脚本变量

脚本变量是在 WinCC 的全局脚本及画面脚本中定义并使用的变量。它只能在其定义所规定的范围内使用。

4.1.3 变量管理器的结构

1．浏览窗口

变量管理器位于 WinCC 项目管理器的浏览窗口中。内部变量及其相关的变量均位于“内部变量”目录下。WinCC 变量管理器中为每个已安装的通信驱动程序创建一个新的目录。在通信程序目录下，可找到通信单元及其相关联的变量和过程变量。

2．数据窗口

WinCC 项目管理器的数据窗口可以将浏览器中选定的目录内容显示出来。

3．工具提示

在运行系统中，可以以工具提示的方式查看与连接和变量有关的状态信息。移动鼠标指针到所希望的连接变量上可显示状态信息。

4．菜单栏

在“编辑”菜单下，可对变量和变量组进行剪切、复制、粘贴和删除等操作。单击“编辑”→“属性”命令，可查看变量、通信程序、通信单元或者连接等属性。这些操作也可以用快捷菜单来完成。

5．查找

在变量管理器中，可在快捷菜单中打开搜索功能，对变量、变量组、连接、通信单元和驱动程序进行搜索。

4.2 变量的数据类型

在 WinCC 项目中通过变量传递数据。一个变量有一个数据地址和一个在项目中使用的符号名。

在命名变量时，必须遵守如下规定：

1）变量名在整个项目中必须唯一。创建变量时，WinCC 不区分名称中的大小写字符。

2）变量名不得超过 128 个字符。对于结构变量而言，该限制适用于整个表达式“结构变量名+圆点+结构变量元素名”。

3）在变量名中不得使用某些特定的字符，例如“%”和“？”不能作为 WinCC 变量名称。有关名称中不得包含的字符，可在 WinCC 信息系统中的“使用项目”→“附录”→“非法的字符”下找到。

WinCC 中的变量类型有二进制变量、有符号 8 位数、无符号 8 位数、有符号 16 位数、无符号 16 位数、有符号 32 位数、无符号 32 位数、结构类型、32 位浮点数、64 位浮点数、文本变量 8 位字符集、文本变量 16 位字符集、原始数据类型和文本参考。以下将分别予以介绍。

4.2.1 数值型变量

数值型变量是最为常见的变量类型，几乎所有的 WinCC 工程都要用到数值型变量。

1）二进制变量。“二进制变量”数据类型与位相对应，二进制变量可假定值为 TRUE（或“0”）和 FALSE （或“1”）。“二进制变量”数据类型也称为“位”，二进制变量以字节形式存储在系统中。

2）有符号 8 位数。“有符号 8 位数”数据类型为 1 个字节长的有符号（正号或负号）数。“有符号 8 位数”数据类型也称为“字符型”或“有符号字节”。

如果创建“有符号 8 位数”数据类型的新变量，则在默认情况下，“类型转换”框将显示“CharToSignedByte”。数字范围是-128～+127。

3）无符号 8 位数。“无符号 8 位数”数据类型为 1 个字节长的无符号数。“无符号 8 位数”数据类型也称为“字节型”或“无符号字节”。

如果创建“无符号 8 位数”数据类型的新变量，则在默认情况下，“类型转换”框将显示“ByteToUnsignedByte”。数字范围是 0～255。

4）有符号 16 位数。“有符号 16 位数”数据类型为 2 个字节长的有符号（正号或负号）数。“有符号 16 位数”数据类型也称为“短整型”或“有符号字”。

如果创建“有符号 16 位数”数据类型的新变量，则在默认情况下，“类型转换”框将显示“ShortToSignedWord”。数字范围是-32768～+32767。

5）无符号 16 位数。“无符号 16 位数”数据类型为 2 个字节长的无符号数。“无符号 16 位数”数据类型也称为“字”或“无符号字”。

如果创建“无符号 16 位数”数据类型的新变量，则在默认情况下，“类型转换”框将显示“WordToUnsignedWord”。数字范围是 0～65535。

6）有符号 32 位数。“有符号 32 位数”数据类型为 4 个字节长的有符号（正号或负号）数。“有符号 32 位数”数据类型也称为“长整型”或“有符号双字”。

如果创建“有符号 32 位数”数据类型的新变量，则在默认情况下，“类型转换”框将显示“LongToSignedDword”。数字范围是-2147483647～+2147483647。

7）无符号 32 位数。“无符号 32 位数”数据类型为 4 个字节长的无符号数。“无符号 32 位数”数据类型也称为“双字”或“无符号双字”。

如果创建“无符号 32 位数”数据类型的新变量，则在默认情况下，“类型转换”框将显示“DwordToUnsignedDword”。 数字范围是 0～4294967295。

8）32 位浮点数。“32 位浮点数”数据类型为 4 个字节长的有符号（正号或负号）数，也称为“浮点型”。

如果创建“浮点数 32 位 IEEE 754”数据类型的新变量，则在默认情况下，“类型转换”框将显示“FloatToFloat”。数字范围是-3.402823E+38～+3.402823E+38。

9）64 位浮点数。“64 位浮点数”数据类型为 8 个字节长的有符号（正号或负号）数。也称为“双精度型”。

如果创建的新变量的数据类型为“浮点数 64 位 IEEE 754”，则在默认情况下，“类型转换”框将显示“DoubleToDouble”。数字范围是-1.79769313486231E+308～+1.79769313 486231E+308。

在数值类型的变量中，WinCC、STEP7 和 C 动作变量的类型声明见表 4-1。

表 4-1　WinCC、STEP7 和 C 动作变量的类型声明

数值类型	WinCC 变量	STEP7 变量	C 动作变量
二进制变量	Binary Tag	BOOL	BOOL
有符号 8 位数	Signed 8-bit Value	BYTE	char
无符号 8 位数	Unsigned 8-bit Value	BYTE	Unsigned char
有符号 16 位数	Signed 16-bit Value	INT	Short
无符号 16 位数	Unsigned 16-bit Value	WORD	WORD, Unsigned short
有符号 32 位数	Signed 32-bit Value	DINT	int
无符号 32 位数	Unsigned 32-bit Value	DWORD	Unsigned int
32 位浮点数	Floating-point 32-bit IEEE 754	REAL	float
64 位浮点数	Floating-point 64-bit IEEE 754		double

4.2.2　字符串数据类型

1）8 位字符集文本变量。在该变量中必须显示的每个字符都为一个字节长。例如，使用 8 位字符集可显示 ASCII 字符集。

2）16 位字符集文本变量。在该变量中必须显示的每个字符都为两个字节长。例如，需要该类型的变量来显示 Unicode 字符集。

4.2.3　原始数据类型

外部和内部“原始数据类型”变量均可在 WinCC 变量管理器中创建。原始数据变量的格式和长度均不是固定的，其长度范围可以是 1～65535 个字节。它既可以由用户来定义，也可以是特定应用程序的结果。

原始数据变量的内容是不固定的。只有发送方和接收方能够解释原始数据变量的内容，WinCC 不会对其进行解释。

4.2.4　文本参考

所谓文本参考指的是 WinCC 文本库中的条目。只能将文本参考组态为内部变量。

例如，在想要交替显示不同的文本块时使用文本参考，可将文本库中条目的相应文本 ID 分配给变量。

4.3　创建和编辑变量

4.3.1　创建内部变量

在 WinCC 项目管理器的变量管理器中创建内部变量，以下以创建一个二进制的变量“START”为例说明创建内部变量的过程。

首先展开 WinCC 项目管理器的浏览窗口中的“内部变量”，单击“新建变量”菜单，如图 4-1 所示，即可打开“变量属性”对话框。

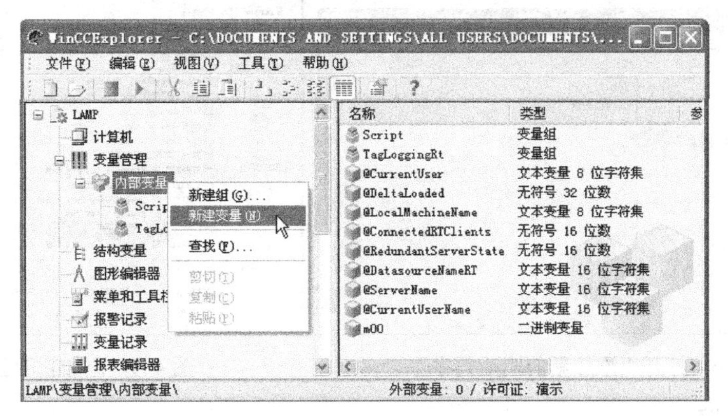

图 4-1 打开“变量属性”

如图 4-2 所示，在“变量属性”对话框中，修改变量的名称为“START”，再选择数据类型中的“二进制变量”，最后单击“确定”按钮，二进制变量创建完成。内部变量创建完成后，在 WinCC 项目管理器的数据窗口中，有新建的“START”变量，如图 4-3 所示。

创建其他类型的内部变量的方法与以上创建二进制变量的方法类似，只是需要在“数据类型”选项中，选择不同数据类型即可。

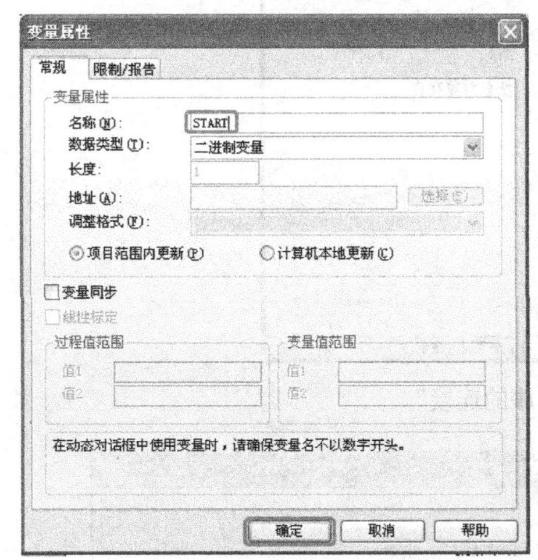

图 4-2 “变量属性”对话框

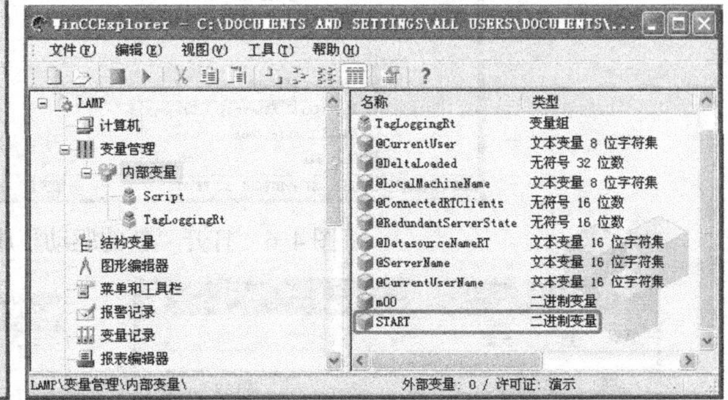

图 4-3 内部变量创建完成

4.3.2 创建过程变量

创建过程变量要比创建内部变量要复杂一些，在创建过程变量之前，必须安装通信驱动程序，并至少创建一个过程变量。以 WinCC 与 S7-300 进行 MPI 通信为例，创建过程变量的过程如下：

1．添加驱动程序

选中变量管理器，单击鼠标右键，弹出快捷菜单，如图 4-4 所示，单击“添加新的驱动程序”，弹出“添加新的驱动程序”对话框，如图 4-5 所示，选中“SIMATIC S7 Protocol

Suite.chn”（S7-300/400 可选用此驱动程序），最后单击“打开”按钮，添加驱动程序完成。

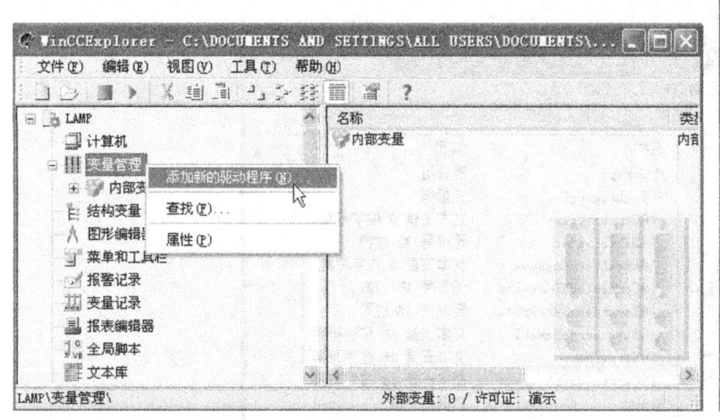

图 4-4 打开“添加新的驱动程序”

图 4-5 添加新的驱动程序

2．添加连接

选中 MPI，单击鼠标右键，弹出快捷菜单，如图 4-6 所示，单击“新驱动程序的连接”命令，弹出“连接属性”对话框，如图 4-7 所示。单击“属性”按钮，弹出“连接参数”对话框，如图 4-8 所示。站地址实际上就是 PLC 的地址，插槽号实际就是 CPU 的槽位号，通常 S7-300 的 CPU 是占用 2 号槽位，而默认值是 0，一般要修改，如图 4-8 所示。

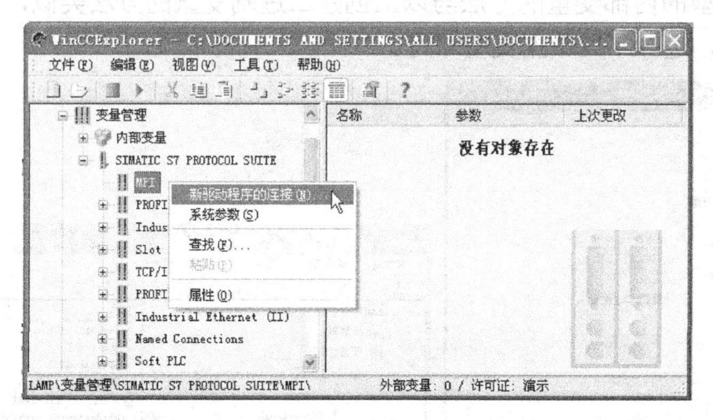

图 4-6 打开“新的驱动程序的连接”

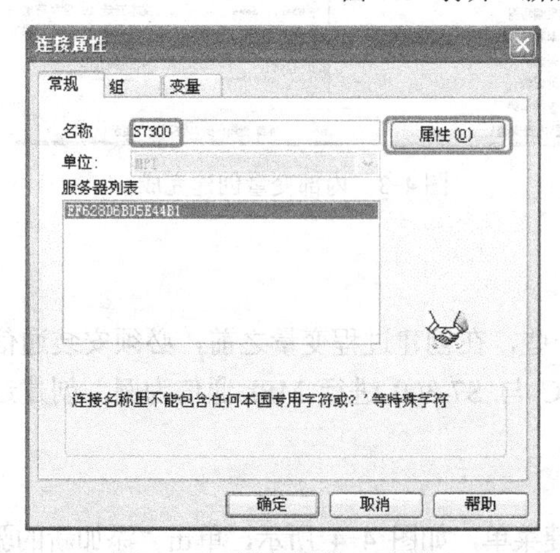

图 4-7 “连接属性”对话框

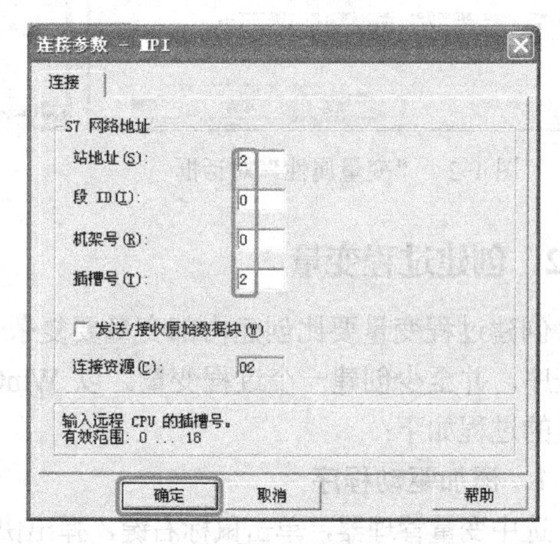

图 4-8 “连接参数”对话框

3. 创建变量

选中 S7300，单击鼠标右键，弹出快捷菜单，如图 4-9 所示，单击“新建变量”命令，弹出“变量属性”对话框，如图 4-10 所示。在名称中输入“STOP”，数据类型选为“二进制变量”，单击“选择”按钮，弹出“地址属性”对话框，如图 4-11 所示，把“STOP”地址设定为“M0.0”，单击“确定”按钮，创建变量完成。

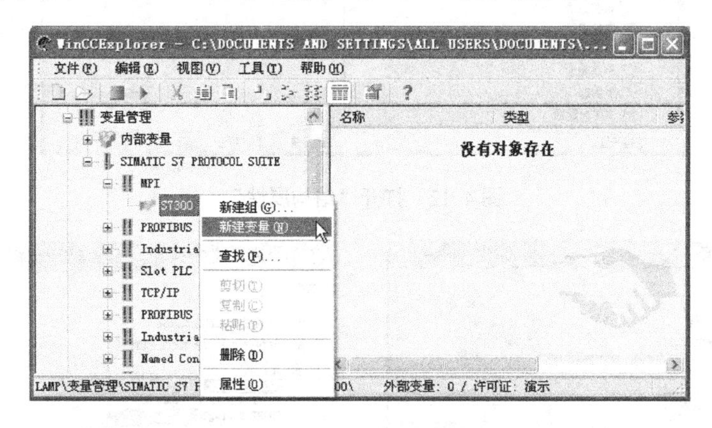

图 4-9　打开“新建变量”

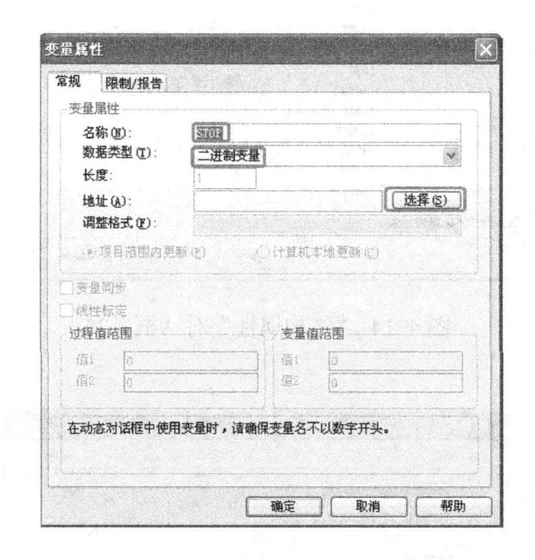

图 4-10　“变量属性”对话框

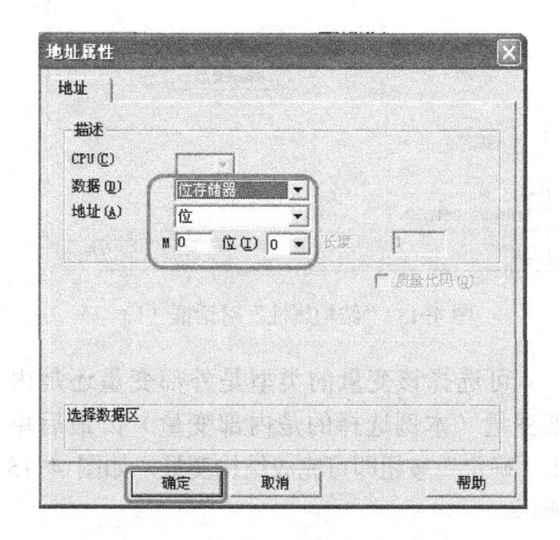

图 4-11　“地址属性”对话框

4.3.3　创建结构变量

结构变量是一个复合型的变量，它包含多个结构元素。要创建结构变量，必须先创建相应的结构类型，结构变量的创建过程如下：

单击 WinCC 项目管理器中的“结构类型”，并从快捷菜单中选择选项“新建结构类型”，如图 4-12 所示，弹出“结构属性”对话框，可对结构变量进行重命名，如图 4-13 所示。单击“新建元素”按钮，可新建一个元素，变量的元素也可以重命名，重命名的方法是先选中该元素，再单击鼠标右键，弹出快捷菜单，单击“重命名”即可进行重命名，如图 4-14 所示。

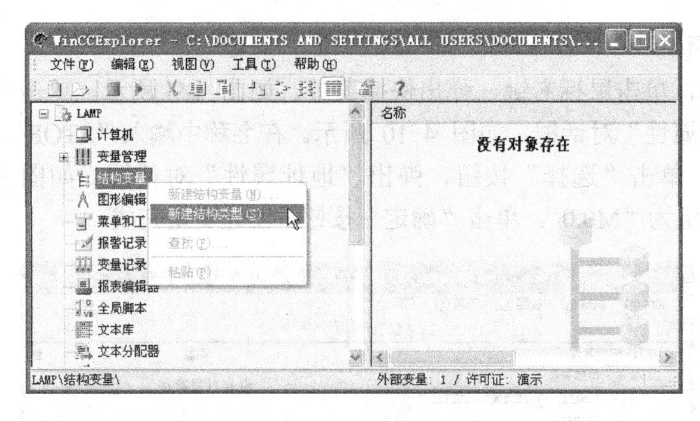

图 4-12　打开“结构属性”

图 4-13　“结构属性”对话框（1）

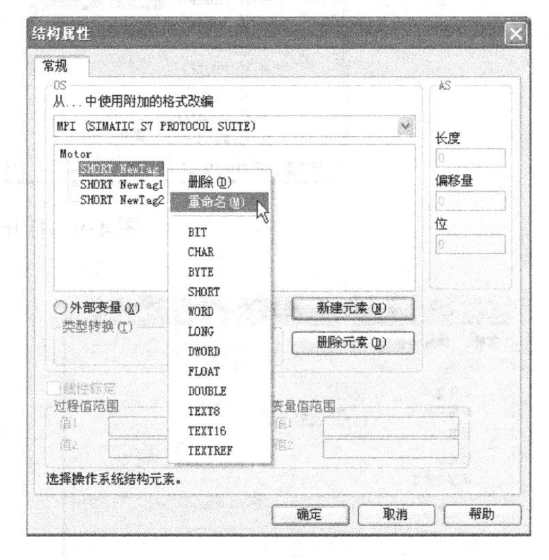

图 4-14　“结构属性”对话框（2）

可选择该变量的类型是外部变量还是内部变量（本例选择的是内部变量），最后单击“确定”按钮即可完成结构变量，如图 4-15 所示。

图 4-15　“结构属性”对话框（3）

4.3.4　创建变量组

变量组就是将一类变量创建一个组，这样便于变量的管理和查找。以下将以创建一个变量组为例，说明创建变量组的过程。

在变量管理器中可以浏览到想要创建变量组的位置。从弹出的快捷菜单中单击“新建组”选项，如图 4-16 所示。将“变量组属性”对话框中的名称改为“Tempture”，单击“确定”按钮，如图 4-17 所示。

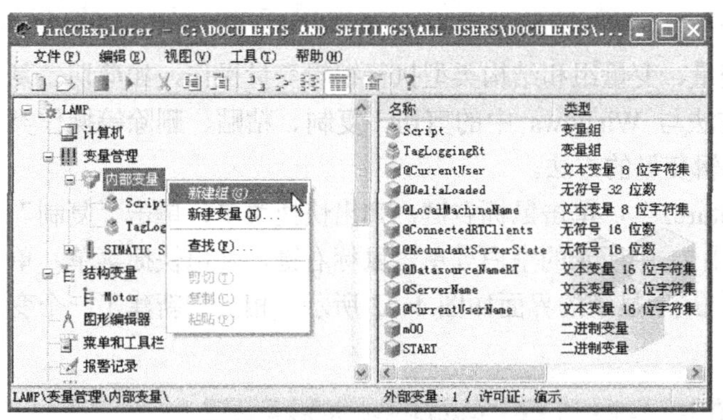

图 4-16　打开“变量组属性”

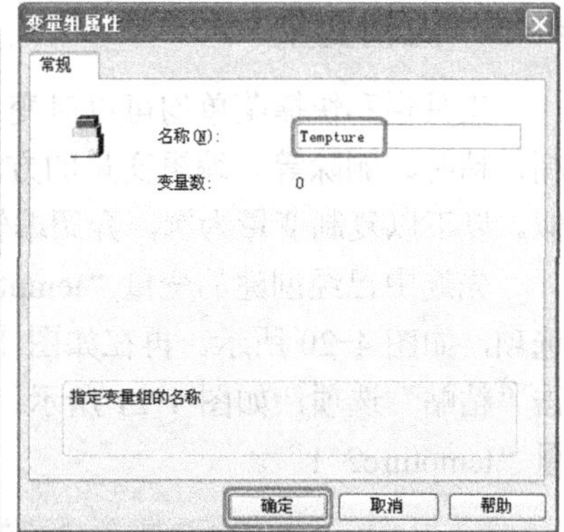

图 4-17　“变量组属性”对话框

选定变量组“Tempture”，从弹出的快捷菜单中单击“新建变量”选项，如图 4-18 所示，在变量组“Tempture”中创建两个变量，分别是 tempture1 和 tempture2，如图 4-19 所示。

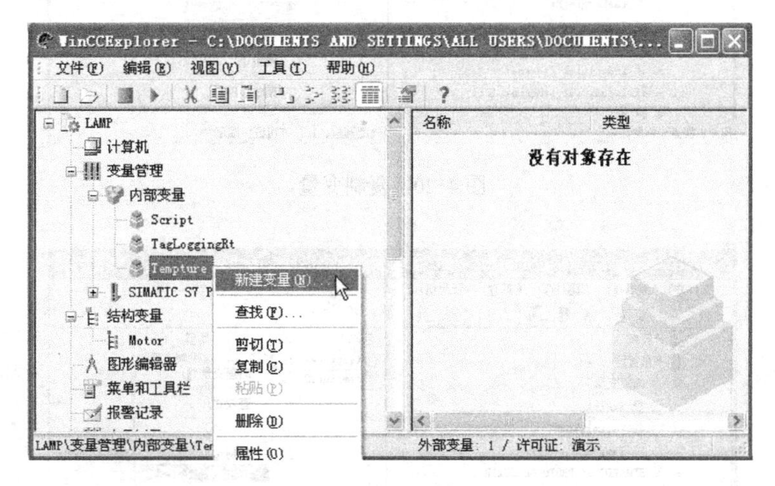

图 4-18　新建变量（1）

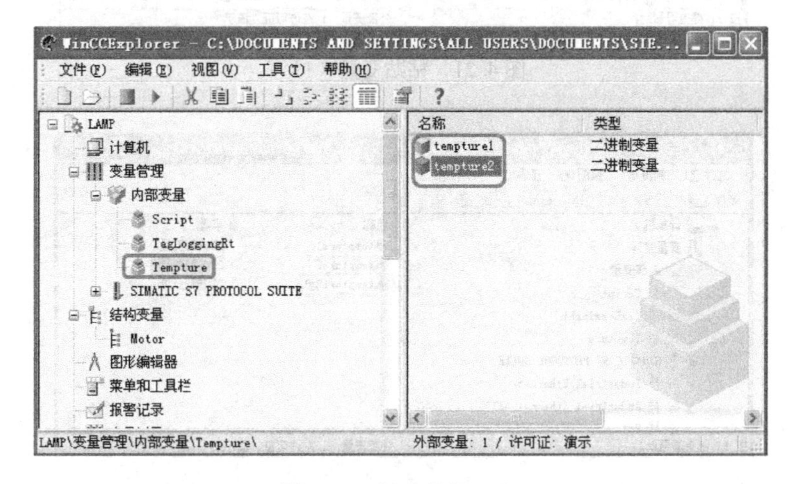

图 4-19　新建变量（2）

4.3.5 编辑变量

工具栏和快捷菜单均可以对变量、变量组和结构类型执行编辑变量操作，如剪切、复制、粘贴、删除等。编辑变量的方法与 Windows 中的剪切、复制、粘贴、删除等操作类似。以下以复制变量为例，介绍编辑变量的方法。

先选中已经创建的变量“tempture2”，单击鼠标右键，弹出快捷菜单，单击“复制”选项，如图 4-20 所示。再在如图 4-21 中所示的空白处单击鼠标右键，弹出快捷菜单，单击“粘贴”选项，如图 4-21 所示。最后显示的界面如图 4-22 所示，相当于新建了一个变量“tempture2_1”。

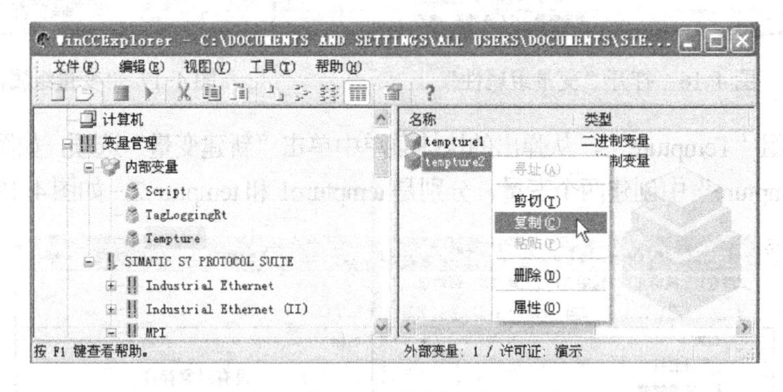

图 4-20 复制变量

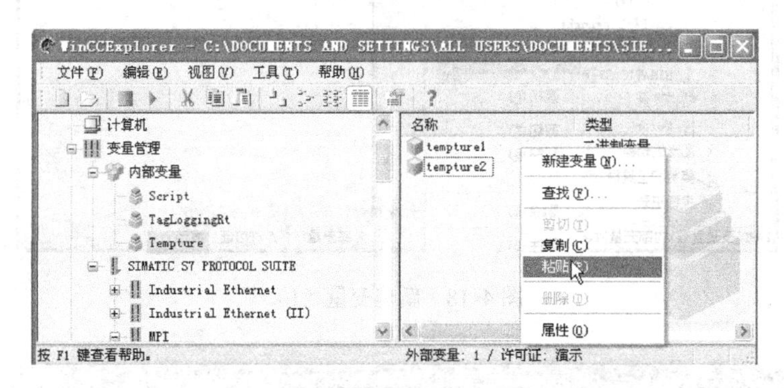

图 4-21 粘贴变量（1）

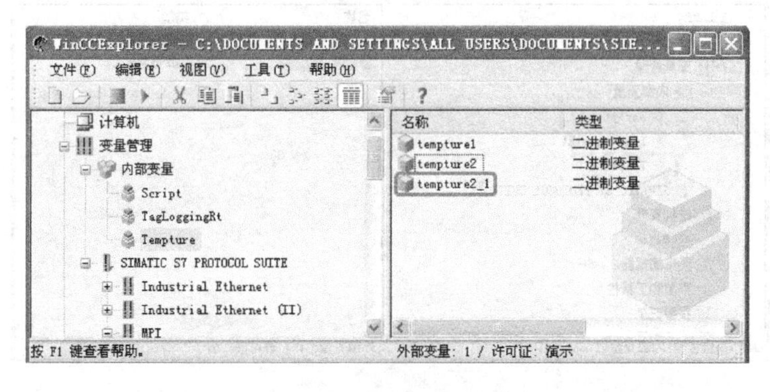

图 4-22 粘贴变量（2）

小结

重点难点总结

1. 变量管理器的结构和功能。
2. 变量的类型及其创建方法。

习题

1. 简述变量管理器的功能和结构。
2. WinCC 中的变量有哪些类型？
3. 如何创建内部变量？
4. 如何创建结构变量？
5. 如何创建过程变量？
6. 如何创建变量组？
7. 怎样复制变量？
8. WinCC 监控一台 S7-300 上的三个参数 Q0.0、MB0 和 MD4，创建这三个变量，问这三个变量是内部变量还是外部变量？

第5章

组 态 画 面

图形编辑器是创建过程画面并使其动态化的编辑器，通常只能为 WinCC 项目管理器中当前打开的项目启动图形编辑器。WinCC 项目管理器可以显示当前项目中可用画面的总览，WinCC 项目管理器所编辑的画面文件的扩展名为“.PDL”。

5.1 WinCC 图形编辑器

5.1.1 图形编辑器

1. 浏览窗口的快捷菜单

在资源管理器中，先选中“图形编辑器”，再单击鼠标右键，弹出快捷菜单，如图 5-1 所示，以下将分别介绍快捷菜单的内容。

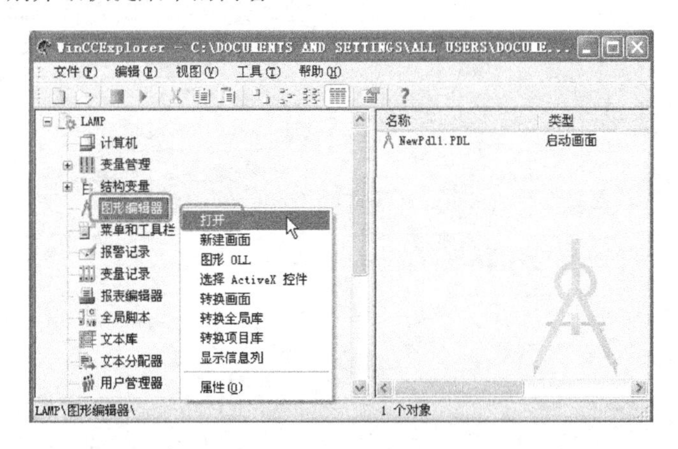

图 5-1 打开快捷菜单

（1）打开

打开图形编辑器，新建一个画面。

（2）新建画面

新建一个画面，但不会打开图形编辑器。

（3）图形 OLL

单击快捷菜单中的“图形 OLL”，弹出“对象 OLL”对话框，如图 5-2 所示，“选定的图形 OLL”列表框中的文件所包含的对象会显示在图形编辑器中的“对象选项”板上。

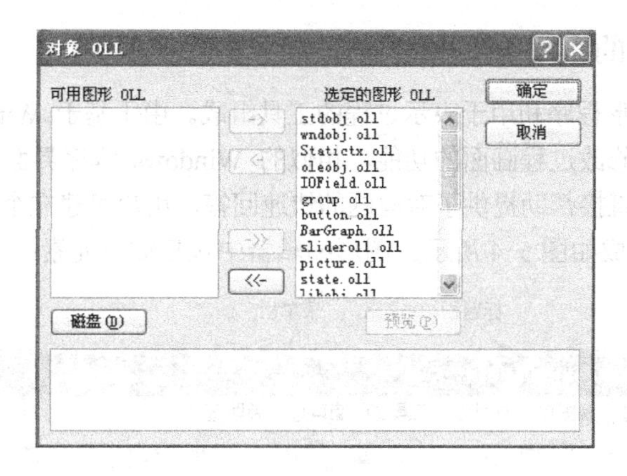

图 5-2 “对象 OLL”对话框

（4）选择 ActiveX 控件

在图形编辑器中，可以使用 WinCC 或者第三方公司的 ActiveX 控件（如微软的 Microsoft Web Browser 控件），可单击快捷菜单中的“选择 ActiveX 控件”命令进行操作。

（5）转换全局库

转换全局库中所有画面对象。

（6）转换项目库

转换项目库中所有画面对象。

2. 画面名称的快捷菜单

在 WinCC 项目管理器中，选定画面，单击鼠标右键，弹出快捷菜单，如图 5-3 所示，快捷菜单及其功能如下：

1）打开画面：把选定的画面打开。

2）重命名画面：将选定的画面重新改换成设计者需要的名称。

3）删除画面：删除选定的画面。

4）定义画面为启动画面：如果将画面定义为启动画面，则运行 WinCC 项目时，这个画面为当前画面。

5）确认所有类型变更：将变更确定。

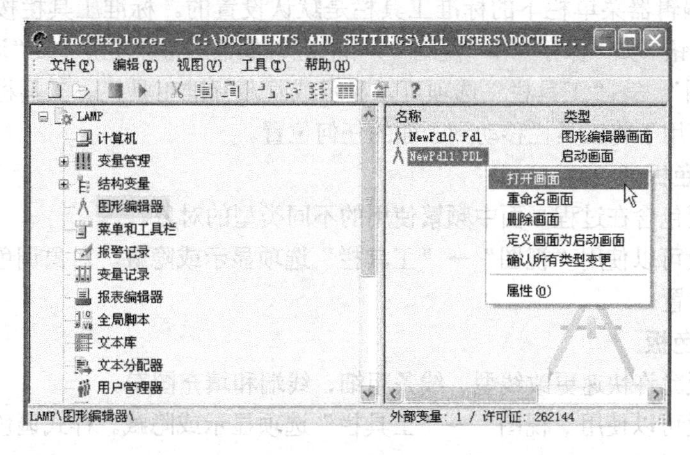

图 5-3 对象 OLL

5.1.2 图形编辑器的布局

图形编辑器由图形程序和用于表示过程的工具组成。由于基于 Windows 标准，图形编辑器具有创建和动态修改过程画面的功能，相似的 Windows 程序界面使用户可以很容易地开始使用复杂程序。直接帮助提供了对问题的快速回答，用户可建立个人的工作环境。

图形编辑器的构成如图 5-4 所示。图形编辑器中包括如下元素：

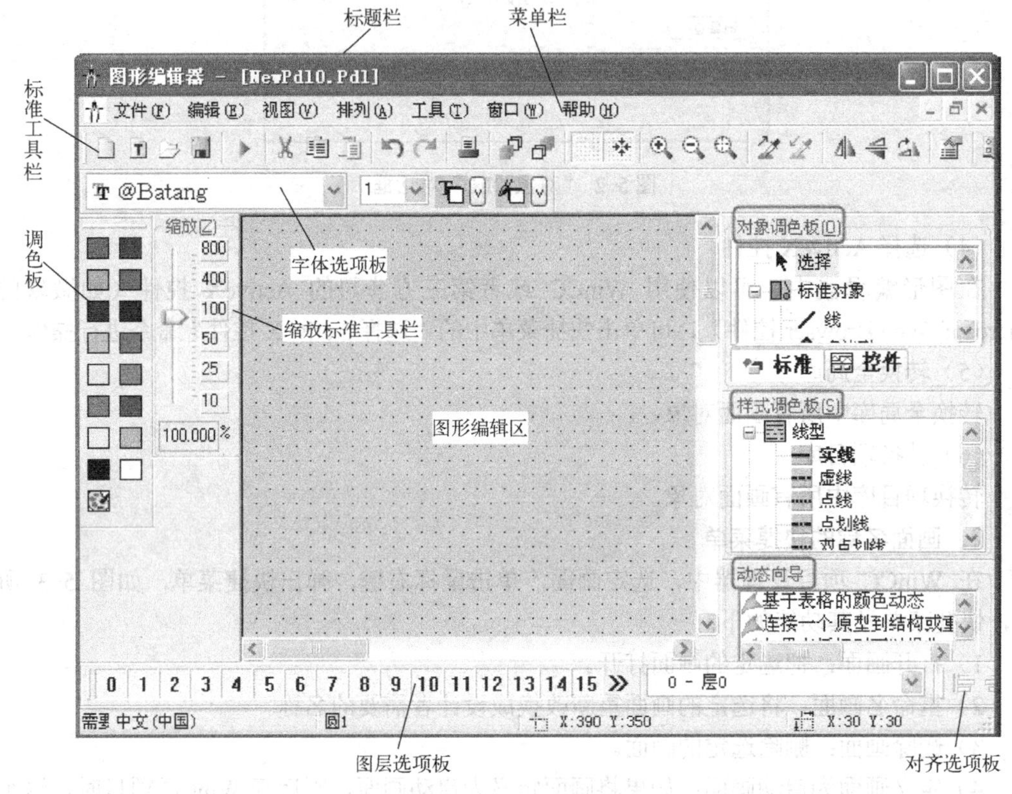

图 5-4　图形编辑器的构成

1. 标准工具栏

位于图形编辑器菜单栏下的标准工具栏是默认设置的。标准工具栏按钮包括常用的 Windows 命令按钮（如“保存”和“复制”）和图形编辑器的特殊按钮（如“运行系统”）。

使用“视图” →“工具栏”选项可以显示或隐藏标准工具栏。工具栏的左边是“夹形标记”，它可用于将工具栏移动到画面的任何位置。

2. 对象调色板

对象调色板包含在过程画面中频繁使用的不同类型的对象。

对象调色板可以使用“视图”→“工具栏”选项显示或隐藏。对象调色板可以移动到画面上的任一位置。

3. 样式调色板

样式调色板允许快速更改线型、线条粗细、线端和填充图案。

样式调色板可以使用“视图”→“工具栏”选项显示或隐藏。样式调色板可以移动到画面上的任一位置。

4. 动态向导

动态向导提供大量的预定义 C 动作，以支持频繁重复出现的过程的组态，C 按标签窗体中的主题排序。根据所选对象类型的不同，各个标签的内容会不同。

动态向导可以使用“视图”→“工具栏”命令显示或隐藏。动态向导可以移动到画面上的任一位置。

5. 对齐选项板

对齐选项板的功能可用于同时处理多个对象的左对齐、右对齐和居中等功能，也可以从“排列”→“对齐”选项中调用这些功能。

通过“视图”→“工具栏”选项可以显示或隐藏对齐选项板。对齐选项板的左边是一个选择标记，它可用来将选项板移动到画面上的任何位置。

如图 5-5 所示，“对齐选项板”包含下列功能，分别是：左对齐、右对齐、上对齐、下对齐、水平居中、垂直居中、相同宽度、相同高度和相同宽度高度。

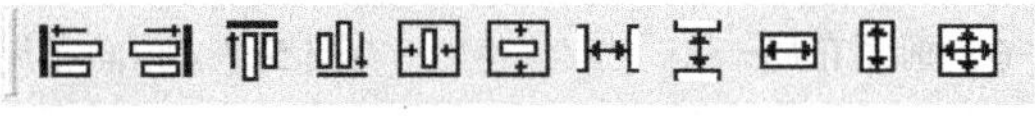

图 5-5 对齐选项板的构成

6. 图层选项板

为了简化在复杂的过程画面中处理单个对象的操作，图形编辑器允许使用图层。例如，过程画面的内容最多可以横向分配为 32 个图层。这些图层可以单独地显示或隐藏；默认设置为所有图层都可见，激活的图层是图层 0。

7. 缩放标准工具栏

在缩放标准工具栏的按钮旁，图形编辑器提供了独立的缩放栏。这样允许在过程画面中非常方便地进行缩放。

缩放栏的左侧是对缩放因子进行细微分级设置的滚动条。右侧是带预定义缩放因子的按钮。当前设置的缩放因子以百分比形式显示在滚动条下。

8. 调色板

根据所选择的对象，调色板允许快速更改线或填充颜色。它提供了 16 种标准颜色，而底部按钮提供选项可以选择用户定义的颜色或者全局调色板中的颜色。

9. 字体选项板

最重要的文本特征可以方便地使用字体选项板更改。字体选项板允许改变字体、字号大小、字体颜色和线条颜色。

5.1.3 画面的布局

画面上的任一位置都可以放置各种对象和控件。画面的大小由分辨率来决定，如 1024×768 像素、1280×1024 像素；而对于 22in（1in=0.0254m）的宽屏显示器，分辨率为 1680×1050 像素。

画面的布局按照功能分为 3 个区域，即总览区、按钮区和现场画面区。

总览区：组态标识符、画面标题、带日期的时钟、当前用户和当前报警行。

按钮区：组态在每个画面中显示的按钮和通过这些按钮可实现画面切换功能。

现场画面区：组态各个设备的过程画面。

1．画面布局一

如图 5-6 所示，画面上方是总览区，中间是现场画面区，下方是按钮区。

2．画面布局二

如图 5-7 所示，画面左上角是标志，画面上方是总览区，中间是现场画面区，左下方是按钮区。

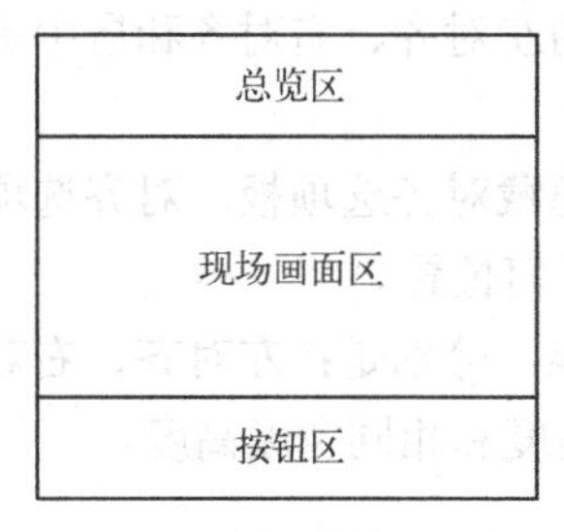

图 5-6 画面布局一

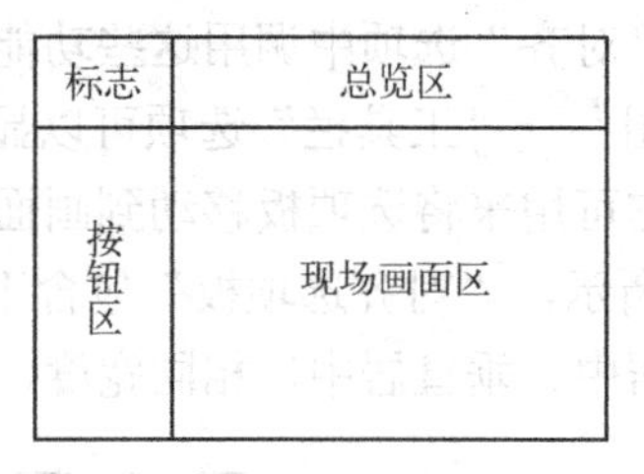

图 5-7 画面布局二

5.2 画面设计基础

在图形编辑器中，画面是一张绘图纸形式的文件。绘图纸的大小可以调整。一张绘图纸有 32 层，可以用来改善绘图的组织。文件以 PDL 格式保存在项目目录 GraCS 中。整个过程可以分成多个单独的画面，这些画面是连接在一起的，对其他应用程序和文件的获取也可以包含在过程画面中。组态的过程越复杂，计划就要越详细。

在 WinCC 中，可以对画面进行新建、复制、打开和转换等操作，这都比较简单，但后续的例子中会用到，在此不说明，以下介绍一些特殊的功能。

5.2.1 使用画面

1．导出功能

图形可以从图形编辑器中以 EMF（增强型图元文件）和 WMF（Windows 图元文件）文件格式导出。然而，在这种情况下，动态设置和一些对象特定属性将丢失，因为图形格式不支持这些属性。导出的过程是：在图形编辑器中，单击“文件”→“导出”选项，即可把图形以 EMF 的格式保存。

此外，还可以以程序自身的 PDL 格式导出图形。然而，以 PDL 格式只能导出整个画面，而不是单个对象。另一方面，画面导出为 PDL 文件时，动态得以保留，导出的画面可以插入画面窗口中，也可以作为文件打开。

2．图层

使用过 AutoCAD 的读者，对于图层会有概念。同样，在图形编辑器中，画面由 32 个可以在其中插入对象的层组成。画面中对象的位置在将对象分配给层时就已设置。第 0 层的对象均位于画面背景中；第 32 层的对象则位于前景中。对象总是添加到激活层中，但是可以快速移动到其他层。可以使用“对象属性”窗口中的“层”属性来更改对象到层的分配。

此外，还可以更改同一层内对象彼此间的相对位置。在“排列/在该层”菜单中，有四个功能可实现此操作。默认情况下，在创建过程画面时，某个级别的对象按照组态时的顺序排列：最先插入的对象位于该级别的最后面，以后每插入一个对象都向前移动一个位置。

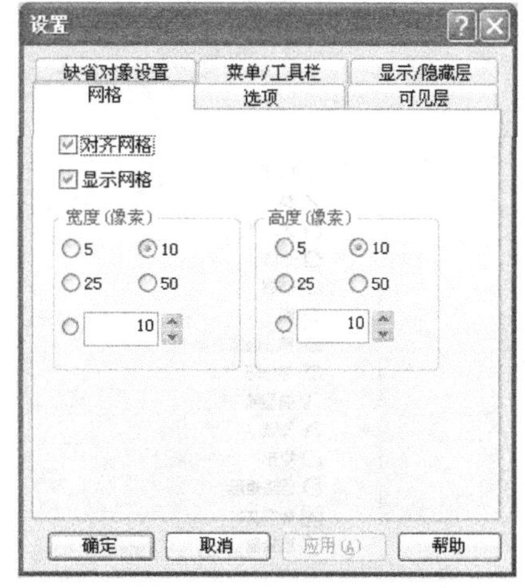

图 5-8 “设置”对话框

3．设置

在图形编辑器中，单击“工具”→“设置”选项，可以打开“设置”对话框，如图 5-8 所示。它包含“网络”、“选项”、“可见层”和“缺省对象设置”等选项卡。

4．激活运行系统

在图形编辑器中，单击“文件”→“激活运行系统”选项，即可激活运行系统，当然也可以单击工具栏中的按钮，效果是一样的。

5．使用多画面

在对复杂过程进行处理时，多过程画面非常有用。这些过程画面可以彼此连接，而且一个画面也可以集成到其他画面中。图形编辑器支持许多可以简化使用多画面的过程的功能，使用多画面主要有以下 3 种常见的情况，以下分别介绍。

（1）一个画面的属性传送给另一画面

打开想要复制其属性的画面（假如是 A 画面），确定没有选中任何对象。再在标准工具栏中单击“复制属性”按钮，即可复制画面的属性。接着打开要分配这些属性到其上面的画面（假如是 B 画面），确定没有选中任何对象。在标准工具栏中，单击“分配属性”按钮，将会分配画面的属性。

（2）对象从一个画面传送到其他画面

使用“剪切”和“粘贴”，可以剪切出所选择的对象，并从操作系统的剪贴板粘贴它。通过从剪贴板粘贴，它可以被复制到任何画面中。对象可以复制任意次，甚至复制到不同的画面中。与 Office 中的“剪切”和“粘贴”使用方法类似。

（3）对象从一个画面复制到其他画面

使用“复制”和“粘贴”，所选择的对象可以复制到剪贴板，并从那里粘贴到任何画面中。复制到剪贴板的好处是该对象可以插入多次并可以插入到不同的画面。

5.2.2 图形对象

图形编辑器中的“对象”是预先完成的图形元素，它们可以有效地创建过程画面。可以轻松地将所有对象从对象选项板插入到画面中。对象选项板的“默认”注册选项卡提供 4 类对象组中的对象。

这些对象在对象调色板中都可以找到，标准对象如图 5-9 所示，主要用于绘制直线、圆等。智能对象如图 5-10 所示，主要有 I/O 域和文本框等。窗口对象和管对象如图 5-11 所示，窗口对象有按钮等，而管对象主要用于绘制管路。

1．插入图形对象

下面以向画面中插入一个椭圆的例子来说明插入图形对象的过程。

1）展开椭圆所在的标准对象，选中椭圆，如图 5-12 所示。

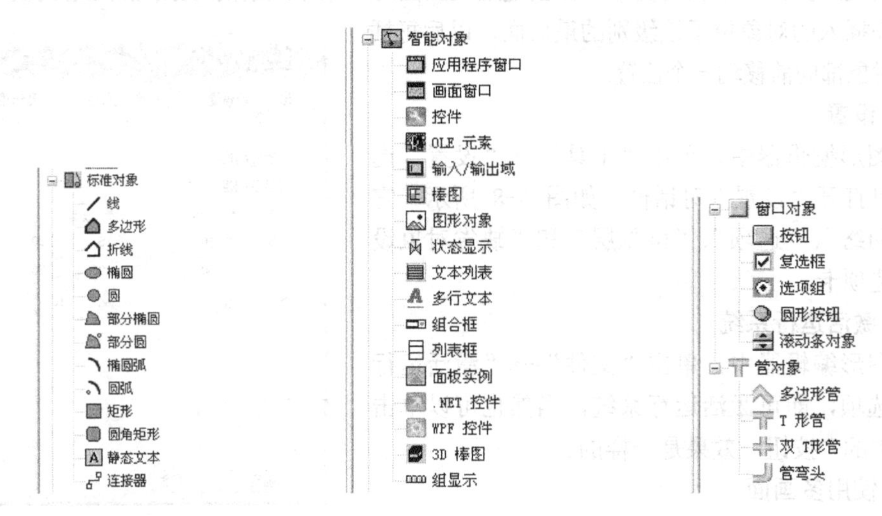

图 5-9　标准对象　　图 5-10　智能对象　　图 5-11　窗口和管对象

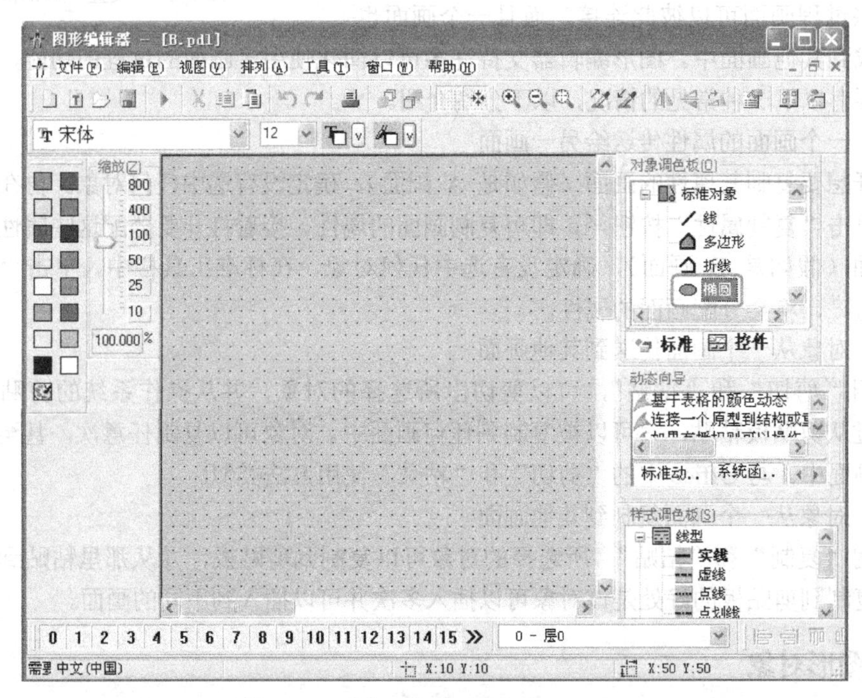

图 5-12　“窗口和管对象”窗口（1）

2）将鼠标移到画面中想要插入图形对象的位置。

3）按住鼠标的左键不放，拖动鼠标，便可拖出椭圆，如图 5-13 所示。

4）松开鼠标的左键，完成对象插入。

2．图形对象的静态属性

对象的静态属性就是改变对象的静态数值，如对象的形状、外观、位置或可操作性。具体包含对象的几何（X、Y 位置和大小）、颜色（背景颜色、边框颜色等）、字体和样式等。以改变图形中一个圆的位置（X 和 Y），说明改变静态属性的方法。

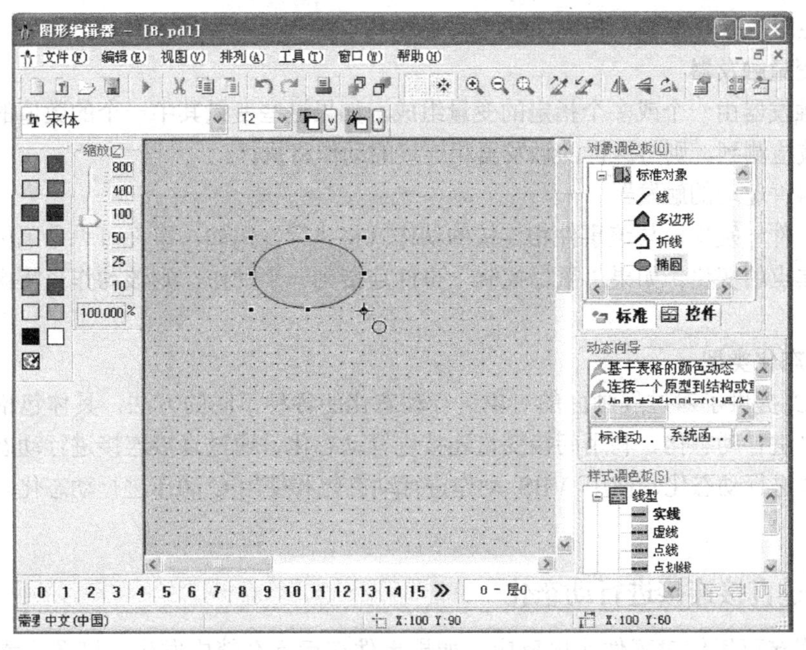

图 5-13 “窗口和管对象”窗口（2）

1）选中圆，单击鼠标右键，弹出快捷菜单，单击“属性”命令，弹出“对象属性”对话框，如图 5-14 所示。

2）选中“属性”选项卡下的“几何”，可以看到：X 的静态参数是 150，Y 的静态参数是 70，双击选中“150”或者“70”，输入新数值就可以改变位置参数了。

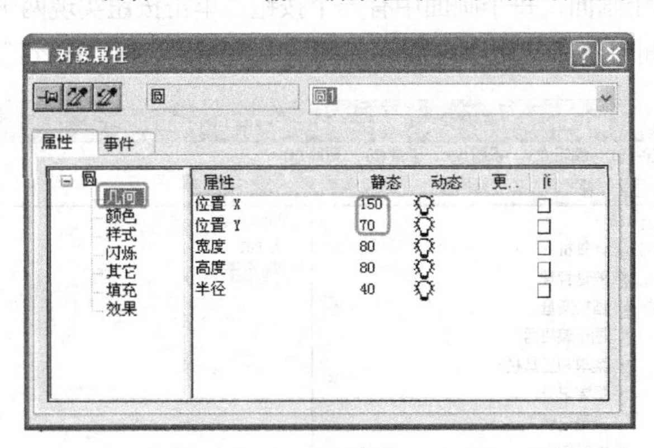

图 5-14 “对象属性”对话框

5.3 画面动态化

5.3.1 画面动态化基础

1. 触发器的类型

（1）周期性触发器

周期性触发器是 WinCC 中处理周期性动作的方法。对于周期性触发器，动作在触发

器事件发生时执行，例如，每隔 2s 执行一次。

（2）变量触发器

变量触发器由一个或多个指定的变量组成。如果这些变量其中一个的数值的变化在启动查询时被检测到，则与这样的触发器相连接的动作将执行。

（3）事件驱动的触发器

只要事件一发生，与该事件相连接的动作就将执行。例如，事件可以是鼠标控制、键盘控制或焦点的变化。如果“鼠标控制”事件连接到一个动作，则该动作也将由所组态的热键触发。

2. 动态化类型

WinCC 提供了对过程画面的对象进行动态化的各种不同的方法，具体包括：利用直接变量连接进行动态化、利用间接变量连接进行动态化、通过直接连接进行动态化、使用动态对话框进行动态化、使用 VBS 动作进行动态化和使用 C 动作进行动态化。以下分别介绍。

5.3.2 通过直接连接进行动态化

直接连接可用作对事件作出反应。如果事件在运行系统中发生，则源元素（源）的“数值”将用于目标元素（目标）。常数、变量或画面中对象的属性均可用作源。变量或对象可动态化的属性以及窗口或变量均可用作目标。

直接连接的优点是组态简单、运行系统中的时间响应快。直接连接具有所有动态化类型中的最佳性能。直接连接进行动态化的应用举例如下：

【例 5-1】 有两个画面，每个画面中有一个按钮，单击按钮实现两个画面的相互切换。

1）在管理器界面中，新建两个画面，分别为“A.Pdl” 和“B.Pdl”，如图 5-15 所示。

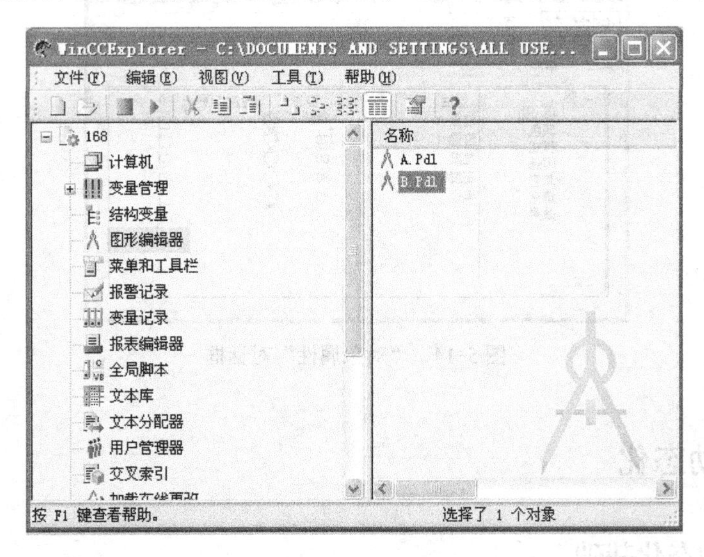

图 5-15 新建画面

2）在管理器界面中，双击 A.Pdl，打开画面 A，如图 5-16 所示，拖入按钮，并选中此按钮，单击鼠标右键，单击快捷菜单中的“组态对话框”选项，弹出“按钮组态”对话框，如图 5-17 所示，在“文本”中输入“切换到 B”，在“单击鼠标改变画面”中输入“B.Pdl”，最后单击“确定”按钮。

图 5-16 画面 A

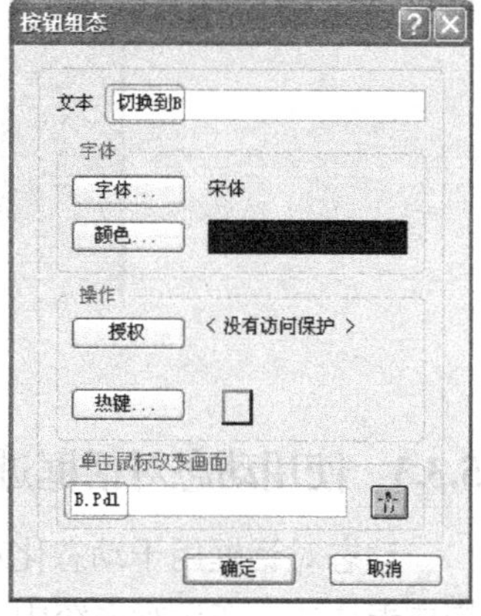

图 5-17 “按钮组态”对话框（1）

3）在管理器界面中，双击 B.Pdl，打开画面 B，如图 5-18 所示，拖入按钮，并选中此按钮，单击鼠标右键，单击快捷菜单中的“组态对话框”选项，弹出“按钮组态”对话框，如图 5-19 所示，在“文本”中输入“切换到 A”，在“单击鼠标改变画面”中输入“A.Pdl”，最后单击“确定”按钮。

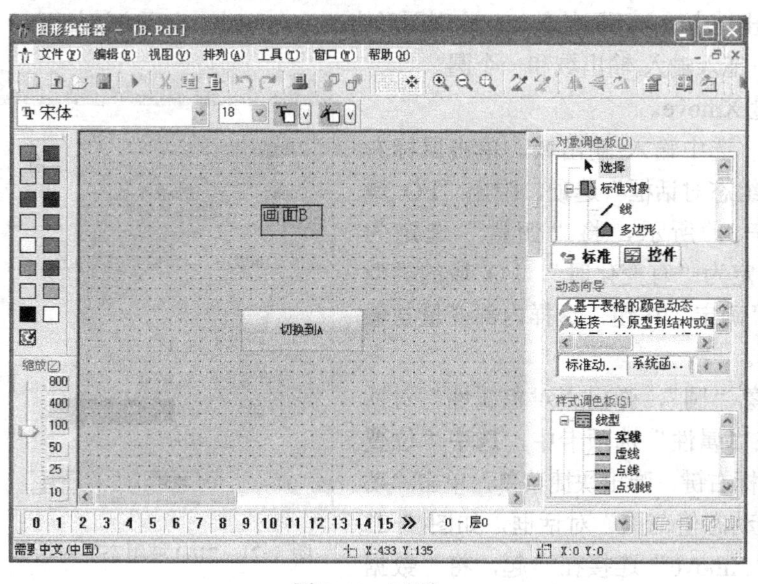

图 5-18 画面 B

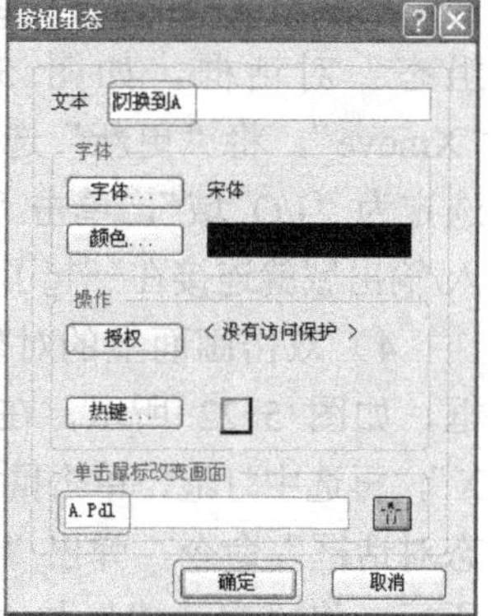

图 5-19 “按钮组态”对话框（2）

4）运行此工程，如图 5-20 所示，单击按钮“切换到 A”，画面会切换到画面 A。

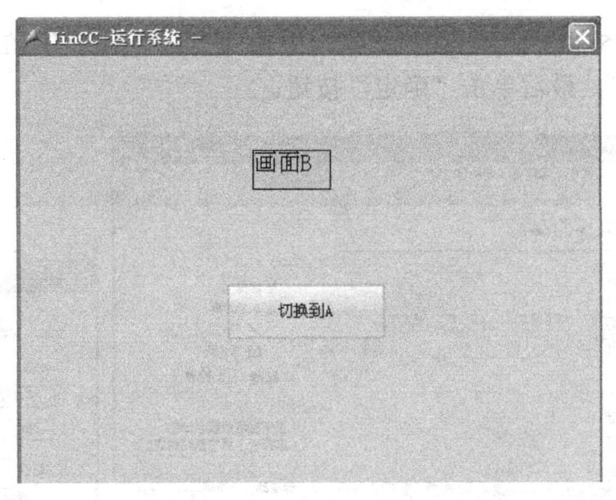

图 5-20　运行界面

5.3.3　使用动态对话框进行动态化

动态对话框用于动态化对象属性。在动态对话框中，使用变量、函数以及算术操作数构成表达式。在运行系统中，表达式的值、状态以及表达式内所使用变量的质量代码均可用于组成对象属性值。动态对话框可用于实现下列目的：

- 将变量的数值范围映射到颜色；
- 监视单个变量位，并将位值映射到颜色或文本；
- 监视布尔型变量，并将位值映射到颜色或文本；
- 监视变量状态；
- 监视变量的质量代码；

【例 5-2】 在输入/输出域中输入不同的数值，实现图形的 X 方向移动。实现方法如下：

1）在图形编辑器中，拖入输入/输出域和一个圆。

2）创建一个内部变量 Xmove。

3）在图形编辑器中，选中输入/输出域，单击鼠标右键，单击快捷菜单中的“组态对话框”选项，弹出“I/O 域组态”对话框，如图 5-21 所示，将“变量”选定为“Xmove”，将“更新”选定为“有变化时”，I/O 域的类型选定为“I/O 域”，单击“确定”按钮，这样内部变量与输入/输出域就连接在一起了。

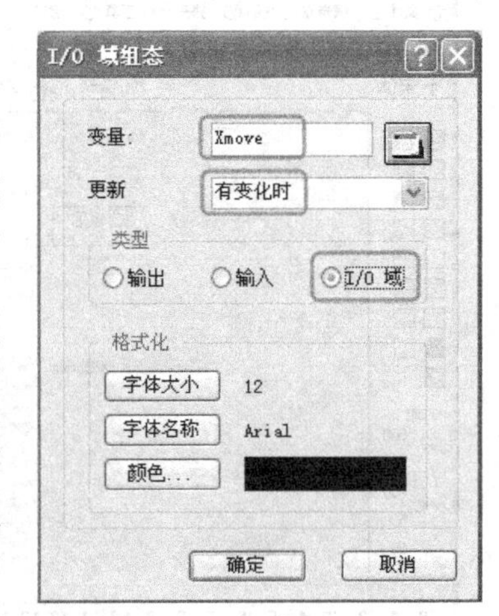

图 5-21 “I/O 域组态”对话框

4）双击画面上的对象“圆”，弹出“对象属性”对话框，如图 5-22 所示，在“属性”选项卡中，选中“位置 X”，再选中灯泡，单击鼠标右键，弹出快捷菜单，单击“动态对话框”命令，弹出“动态值范围”对话框，如图 5-23 所示。将“表达式”与“Xmove”连接在一起，将“数据类型”选为“直接”，最后单击“应用”按钮。

5）运行系统，在输入/输出域中输入一个数值（本例为 88），可以看到圆的 X 坐标移到 88 处。运行界面如图 5-24 所示。

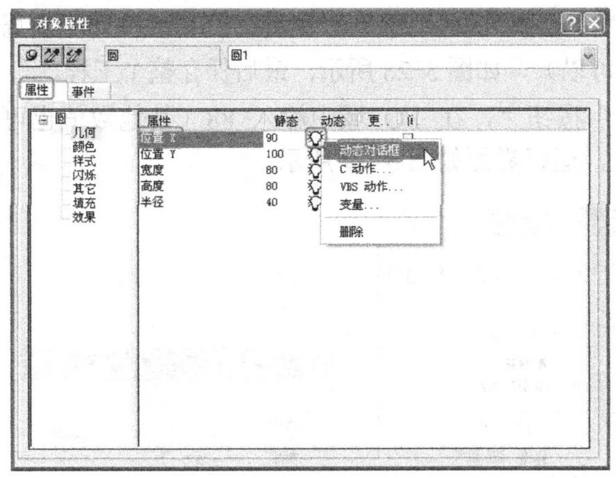

图 5-22 “对象属性”对话框

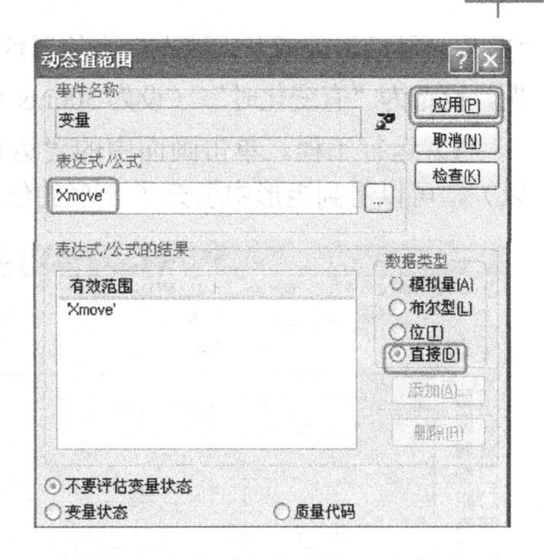

图 5-23 “动态值范围”对话框

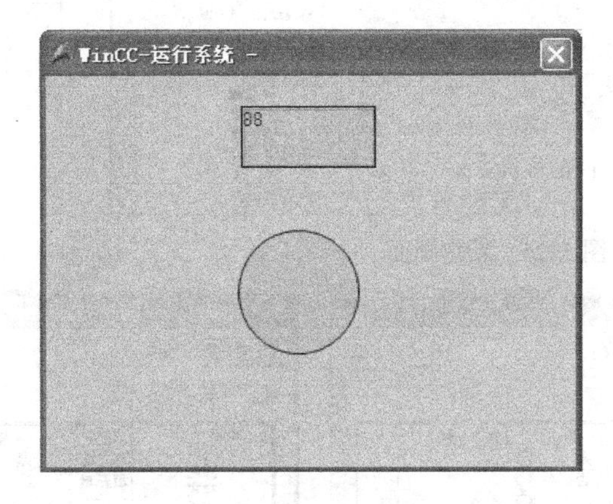

图 5-24 运行界面

5.3.4 通过变量连接进行动态化

当变量与对象的属性连接时，变量的值将直接传送给对象属性。这意味着，例如，I/O 域可直接影响变量值。

如果希望将变量的值直接传送给对象属性，则应始终使用该类型的动态化。下面用一个例子说明。

【例 5-3】 有一个矩形，其填充量由一个 I/O 域中的数值大小控制。

1）新建一个工程，新建一个无符号 16 位内部变量“C_fill”，再创建一个画面，在画面中拖入一个矩形和一个 I/O 域，如图 5-25 所示。

2）将变量 C_fill 与 I/O 域关联。先选中画面中的 I/O 域，单击鼠标右键，单击快捷菜单中的“组态对话框”选项，弹出“I/O 域组态”对话框，如图 5-26 所示，变量选定为 C_fill，最后单击“确定”按钮。

3）将变量 C_fill 与矩形的填充量关联。先选中画面中的矩形，单击鼠标右键，单击快捷菜单中的“属性”选项，弹出“对象属性”对话框，如图 5-27 所示，将选项卡“效果”中的属性“全局颜色方案”改为“否”。再将选项卡“填充”中的属性“动态填充”改为

“是”，最后将选项卡“填充”中的属性“填充量”的“动态”与变量 C_fill 关联，更新周期，设定为“有变化时”（设为 500ms 也可以），如图 5-28 所示，最后保存整个工程。

4）运行工程。单击画面中的“运行”按钮，在 I/O 域中输入 88（其他数值也可以），可以看到矩形中填充了 88%的红色，运行界面如图 5-29 所示。

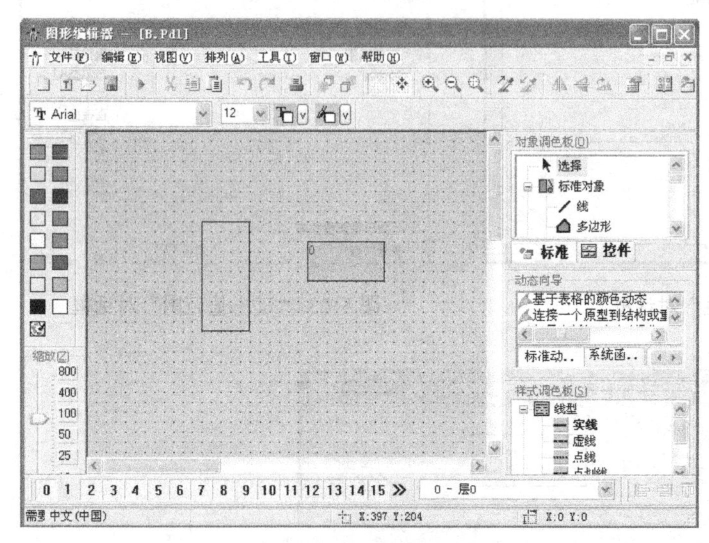

图 5-25 新建画面

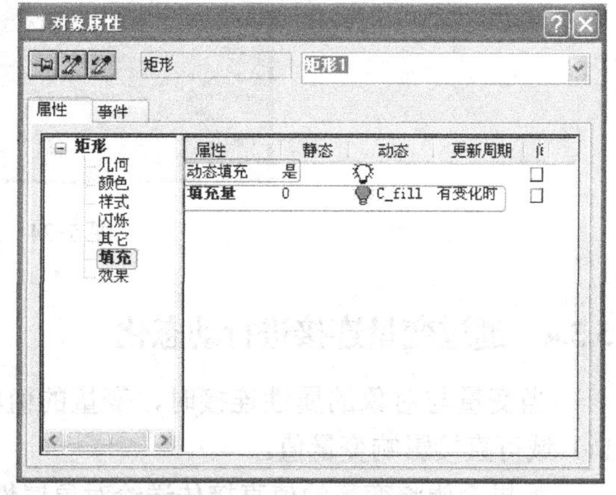

图 5-26 I/O 域组态

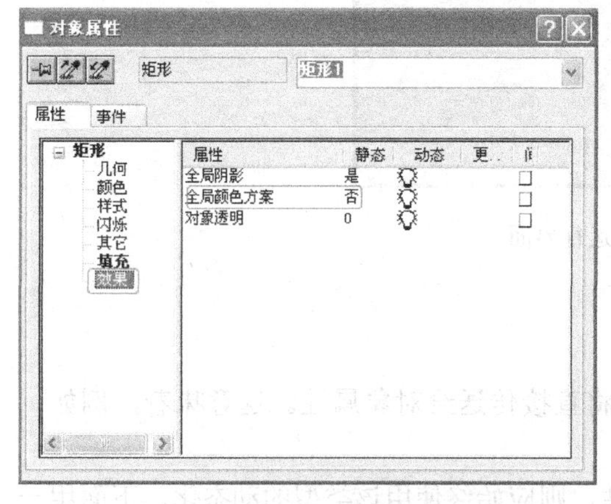

图 5-27 “对象属性（效果）”对话框

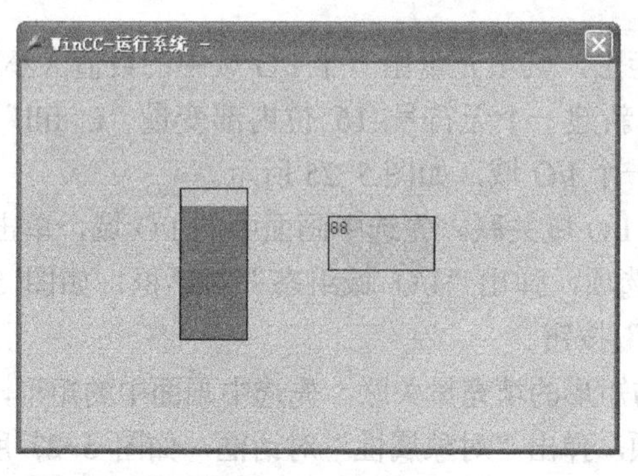

图 5-28 “对象属性（填充）”对话框

图 5-29 运行界面

5.3.5 用动态向导建立画面切换

利用动态向导，可使用 C 动作使对象动态化。当执行一个向导时，预组态的 C 动作和触发器事件被定义，并被传送到对象属性中。如果必要，可使用“事件”标签改变对象属性中的 C 动作。

预组态的 C 动作分为下列 6 个组，分别是系统功能、标准动态、画面组件、导入功能、画面功能和 SFC。以下用一个例子介绍用动态向导实现画面切换。

【例 5-4】 有两个画面，每个画面中有一个按钮，单击画面中按钮实现两个画面的相互切换。

1）在管理器界面中，新建两个画面，分别为“A.Pdl” 和“B.Pdl”，如图 5-15 所示。

2）打开画面 A，拖入按钮，将按钮的文本属性改为“切换到 B”，选中此按钮，再选中“画面功能”选项卡，单击“单个画面改变”选项，如图 5-30 所示。

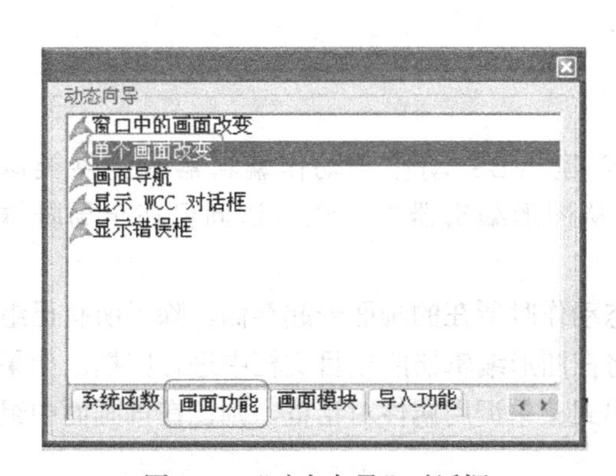

图 5-30 “动态向导”对话框

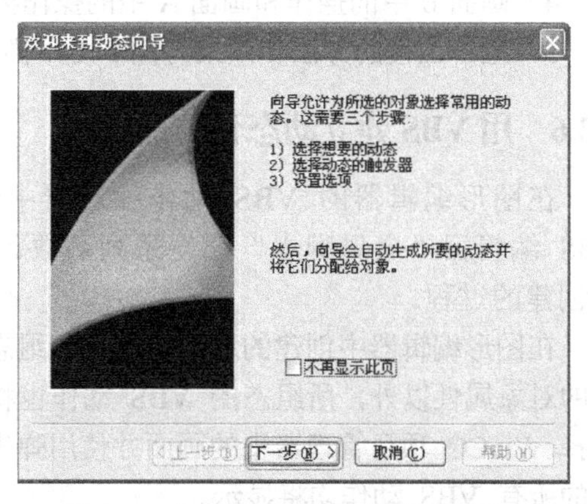

图 5-31 “欢迎来到动态向导”对话框

3）如图 5-31 所示，在“欢迎来到动态向导”对话框单击“下一步”按钮，弹出“选择触发器”对话框，如图 5-32 所示，选择“鼠标左键”触发，再单击“下一步”按钮，弹出“设置选项”对话框，如图 5-33 所示。单击□按钮，弹出“画面浏览器”对话框，选定“B.Pdl”，单击“确定”按钮，如图 5-34 所示，再单击“下一步”按钮，弹出“完成”对话框，如图 5-35 所示，单击“完成”按钮即可。

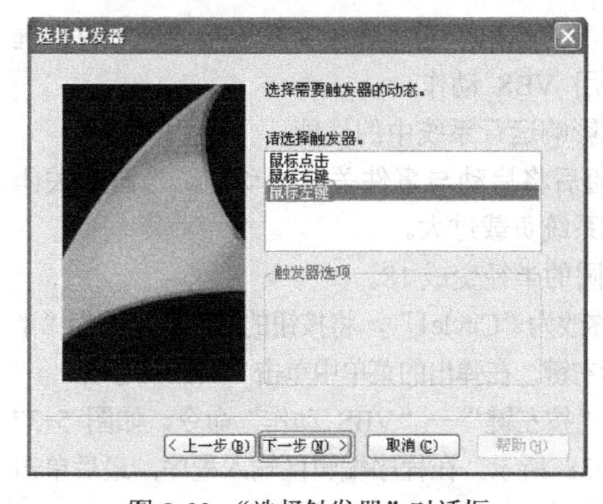

图 5-32 “选择触发器”对话框

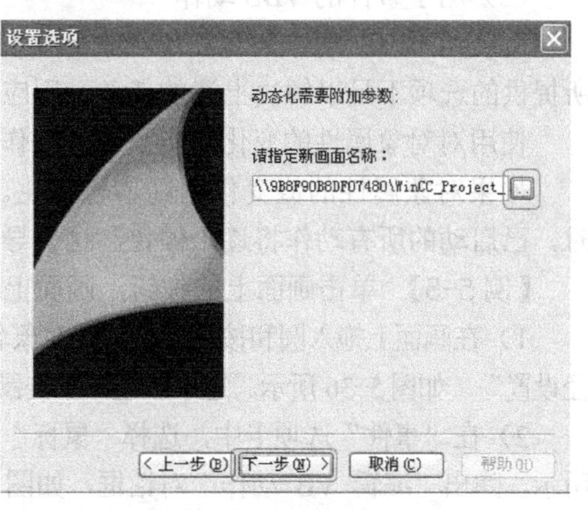

图 5-33 “设置选项”对话框

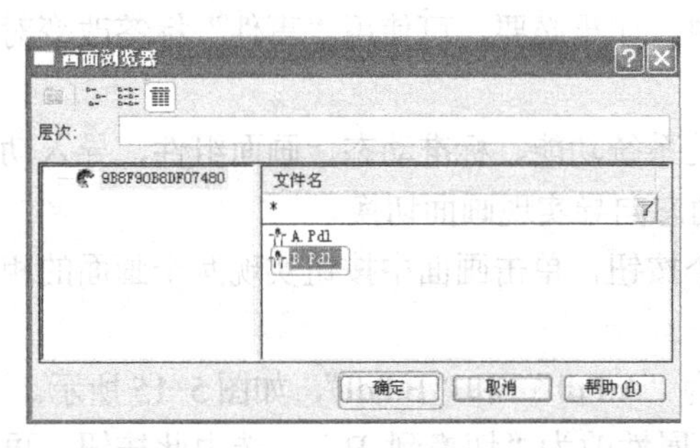

图 5-34 “画面浏览器”对话框

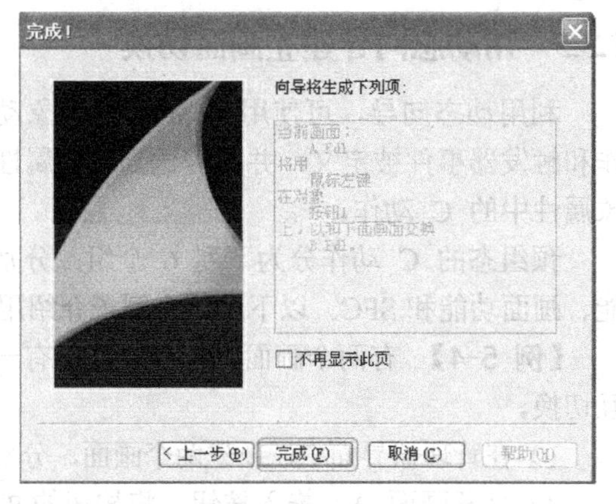

图 5-35 “完成”对话框

4）画面 B 中的操作和画面 A 中的操作类似，在此不作赘述。

5）运行工程的方法和效果与例 5-1 一样。

5.3.6 用 VBS 建立动态化的过程

在图形编辑器的 VBS 动作编辑器中创建 VBS 动作。动作编辑器将提供类似 VBS 编辑器“全局脚本”的一系列函数。从图形编辑器中，还可访问已在全局脚本中创建的过程。

在图形编辑器中创建的动作将总是和组态动作时所在的画面一起存储。除了所有已组态的对象属性以外，所组态的 VBS 动作也将在图形编辑器的项目文档中进行归档。如果选择 WinCC 项目管理器中的画面并使用弹出式菜单调用属性对话框，则已在该画面中组态的所有 VBS 动作均将显示。

VBS 有两种应用情况：

（1）用于动态化对象属性的 VBS 动作

可使用 VBS 动作来进行对象属性的动态化。可在运行系统中根据触发器、变量或其他对象属性的状态来动态化对象属性的值。如果变量连接或动态对话框所提供的选项不足以解决上述的任务，则应使用 VBS 动作。

（2）用于事件的 VBS 动作

可使用 VBS 动作来对图形对象上发生的事件作出反应。如果变量连接或动态对话框所提供的选项不足以解决上述的任务，则应使用 VBS 动作。

使用对对象属性的变化作出反应的动作将影响运行系统中的性能。

如果对象属性的值变化，则事件发生。随后将启动与事件关联的动作。当画面关闭时，已启动的所有动作将逐个停止。这会导致系统负载过大。

【例 5-5】 单击画面上的按钮，画面上的圆的半径变成 18。

1）在画面上拖入圆和按钮，将圆的对象名称改为“Circle1”，将按钮的文本名称改为“半径设置”，如图 5-36 所示。选中按钮，单击鼠标右键，在弹出的菜单中单击“属性”选项。

2）在“事件”选项卡中，选择“鼠标”→“按左键”→“VBS 动作”命令，如图 5-37 所示，弹出“编辑 VB 动作”对话框，如图 5-38 所示，在程序编辑区输入程序，最后单击“确定”按钮。

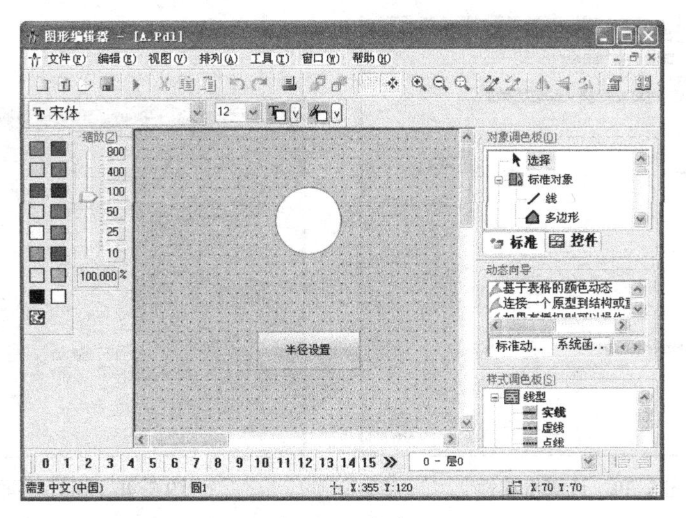

图5-36 画面A

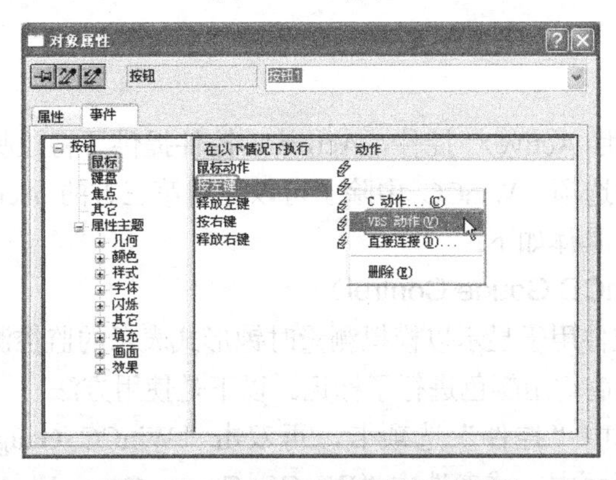

图5-37 按钮“对象属性”对话框

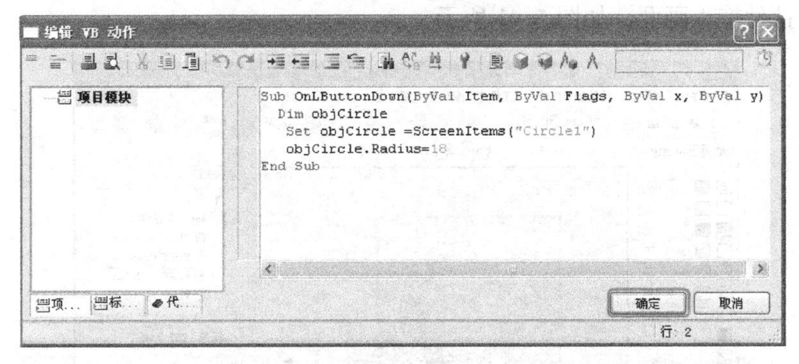

图5-38 “编辑VB动作”对话框

3）在资源管理器中，选中“计算机”，单击鼠标右键，打开“计算机属性”对话框，如图5-39所示，选择“启动”选项卡，勾选“全局脚本运行系统”、“变量运行系统”和“图形运行系统”，单击“确定”按钮。

【关键点】 默认状态时，“全局脚本运行系统”没有勾选，这样脚本不能运行，这点初学者容易忽略。

4）运行工程，单击按钮，可以看到，圆的半径变成18，如图5-40所示。

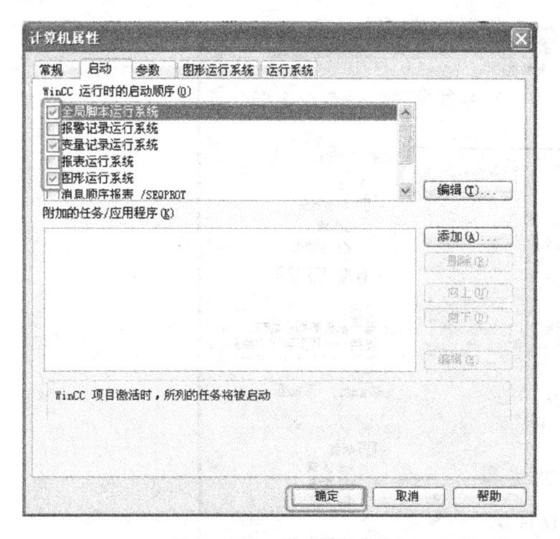

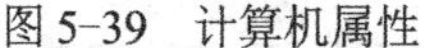

图 5-39　计算机属性

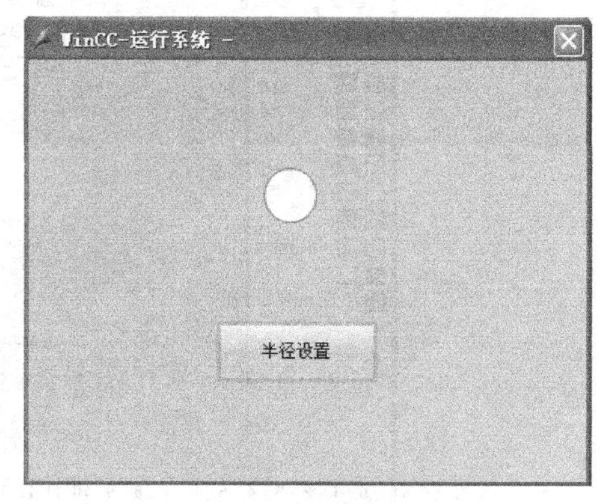

图 5-40　运行界面

5.4　控件

WinCC 中可以使用 ActiveX 控件，ActiveX 控件提供了将控制和监控系统过程的元素集成到过程画面中的选项。WinCC 中除了可以使用第三方的 ActiveX 控件外，还自带了一些 ActiveX 控件。具体如下：

1．量表控件（WinCC Gauge Control）

“WinCC 量表”控件用于显示以模拟测量时钟形式表示的监控测量值。警告和危险区域以及指针运动的极限值均用颜色进行了标记。以下是使用方法：

1）插入控件。选中“控件”选项卡，再双击“WinCC Gauge Control”（量表控件），控件自动插入画面中。或者选中“WinCC Gauge Control”（量表控件），按住鼠标左键，将控件拖入画面，如图 5-41 所示。

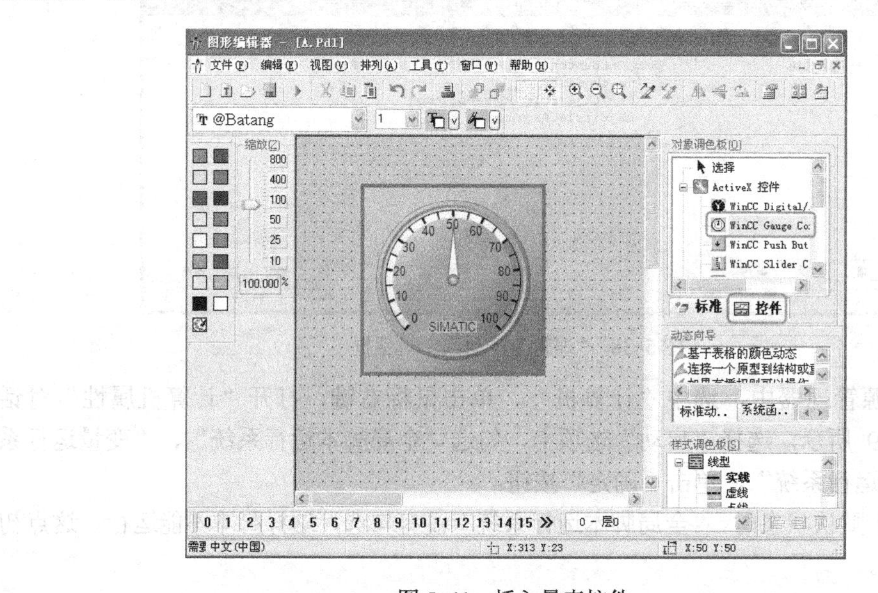

图 5-41　插入量表控件

2）控件与变量关联。在图形编辑区，选中量表控件，单击鼠标右键，弹出快捷菜单，单击“属性”选项，如图 5-42 所示。选中“数值”属性，用鼠标右键单击右侧的灯泡图标，单击快捷菜单中的变量”命令找到与之关联的变量（如 C_fill）即可，这样当 C_fill 变化时，量表的指针也随之摆动。量表的其他属性的使用比较简单，在此不作介绍。

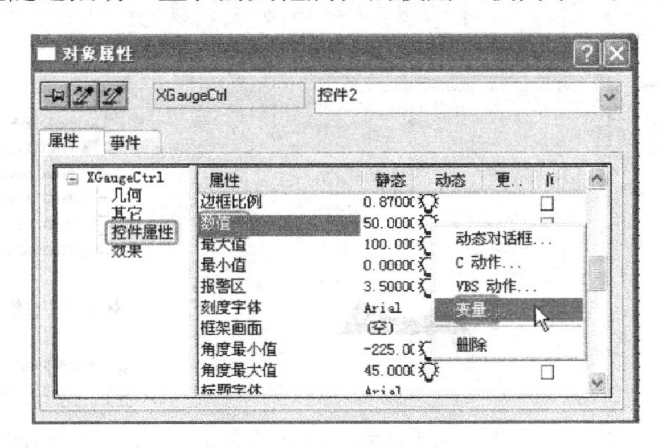

图 5-42　“对象属性”对话框

2. 时间控件

WinCC 数字/模拟时钟控件用于将时间显示集成到过程画面中。时间控件的使用很简单，只要插入图形编辑器并运行即可。

3. 在线趋势控件

WinCC 函数趋势控件用于显示随其他变量改变的变量的数值，并将该趋势与设定值趋势进行比较。

4. WinCC 标尺控件

标尺控件在统计窗口或标尺窗口中显示过程数据评估。标尺控件的使用方法与量表控件的使用方法类似。

5. WinCC 在线表格控件

在线表格控件可用于以表格形式显示归档变量中的值。

5.5　图像库

WinCC 中虽然提供了一些标准对象用于绘制图形，但对于一些比较复杂的图形，用标准对象绘制不仅费时费力，而且也不够美观，因此是不现实的。WinCC 提供了标准图库供用户使用。以下以插入一个泵的过程为例说明图库的使用，具体使用方法如下：

1）单击图形编辑器中工具栏上的“显示库”按钮，打开图库。

2）打开的“库”对话框如图 5-43 所示，展开全局库下的“PlantElements”，选中“Pumps”

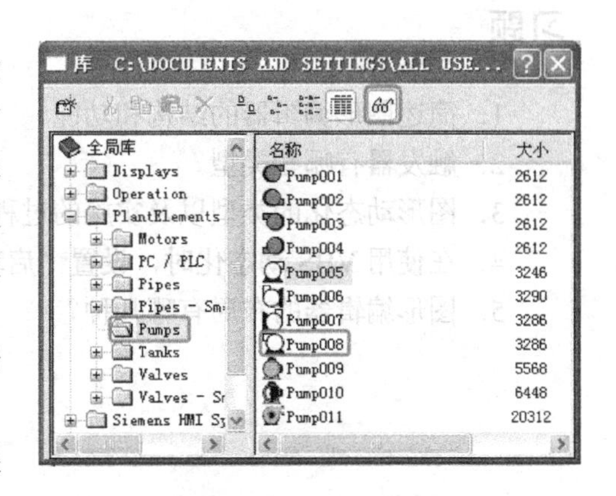

图 5-43　“库”对话框

（泵）下的一个选项（本例为 Pump008），将其拖入图形编辑器画面即可，如图 5-44 所示。注意：如果按下工具栏中的“预览”按钮，则可显示泵的外形，方便选择合适的泵。

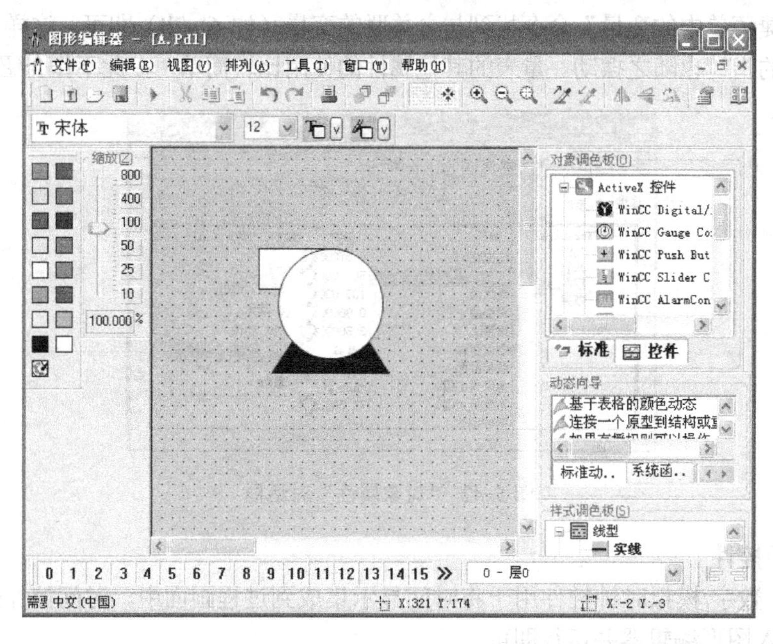

图 5-44　插入泵后的界面

小结

重点难点总结

本章的内容较多，重点难点也较多。

1．图形编辑器的结构和功能，这是基础知识。

2．图形的动态化，这是本章重中之重的内容，必须要理解。

3．控件和库也是创建 WinCC 项目必须要掌握的。

习题

1．简述图形编辑器的结构和功能。

2．触发器有哪些类型？

3．图形动态化的类型以及实施的过程？

4．在使用 VBS 动态化时，设置“启动”项要注意什么？

5．图形编辑器的布局有哪几种？

第二部分　提　高　篇

第6章

报　警　记　录

消息系统处理由在自动化级别以及在 WinCC 系统中监控过程动作的函数所产生的结果。消息系统通过图像和声音的方式指示所检测的报警事件，并进行电子归档和书面归档。直接访问消息和各消息的补充信息确保了能够快速定位和排除故障。

6.1　报警记录基础

报警分为两个组件：组态系统和运行系统。报警记录的组态系统为报警记录编辑器。报警记录定义显示是何种报警、报警内容和报警的时间。使用报警记录系统可对报警消息进行组态，以便将其以期望的形式显示在运行系统中。报警运行系统主要负责过程值的监控、控制报警输出、管理报警确认。

6.1.1　报警的消息块

在系统运行期间，消息的状态改变将显示在消息行中。这些信息内容就是消息块。消息块分为 3 个区域。

1．系统块

系统块将启用预定义的且无法随意使用的信息规范，例如日期、时间、持续时间以及注释。在消息行中显示该消息块的值（如时间）。

2．文本块

利用用户文本块可以将消息分配给多达十个可自由定义的不同文本，消息行将显示所定义文本的内容。用户文本块的消息文本还能显示过程值，并可为它定义输出格式。

3．过程值块

通过使用过程值块，可在消息行中显示变量值，为此使用的格式用户不能自由定义。每个信息系统允许有多达 10 个可组态的过程值块。

6.1.2 消息类型和类别

1. 消息类别

消息类别用于定义消息的多个基本设置。关于确认方法，各消息类别互不相同。在报警记录中，预组态以下消息类别："错误"、"系统，需要确认"和"系统，没有确认"。最多可定义 16 个消息类别，具有相同确认方法的消息可以归入单个消息类别。

2. 消息类型

消息类型为消息类别的子组，并可根据消息状态的颜色分配进行区分。最多可为每个消息类别创建 16 个消息类型。

6.1.3 报警归档

在报警记录编辑器中，可以对短期和长期消息进行归档。短期归档主要用于电源故障之后，将组态的消息重新装载到消息窗口。

长期归档可以设置归档尺寸，包含有所分段的最大尺寸和单个归档尺寸，还可设置归档时间。

6.2 报警记录的组态

6.2.1 报警记录编辑器的结构

报警记录界面由导航窗口、数据窗口和表格窗口组成，如图 6-1 所示。

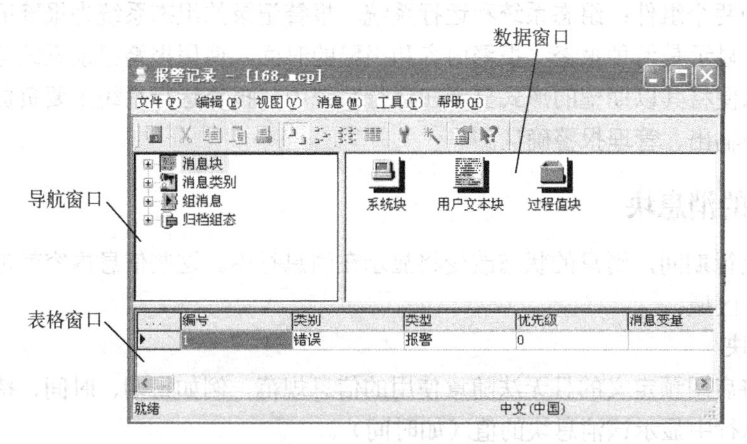

图 6-1 报警记录界面

1. 表格窗口

表格窗口包含一个具有所有已生成的单个消息和已组态的属性的表格。可通过双击编辑单个域。使用"查找"菜单可以在所有列或选定列中搜索术语和数字。

2. 导航窗口

要组态消息，可在导航窗口中按指定顺序访问树形视图中的文件夹，通过弹出的快捷菜单可访问单个区域和其元素。

3. 数据窗口

数据窗口包含可用对象的图标，双击对象可访问相应的消息系统设置。可使用快捷菜单显示对象属性，这些属性随选定的对象不同而不同。

6.2.2 报警组态的过程

报警组态的过程比较复杂，为了便于读者理解，用一个例子说明报警组态的过程。

【例 6-1】 组态一个油箱的高油位报警过程，高油位是布尔型变量。

1. 新建报警变量

在资源管理器界面中，新建内部变量“H_level”和“C_fill”，变量类型是 16 位无符号整型，如图 6-2 所示。

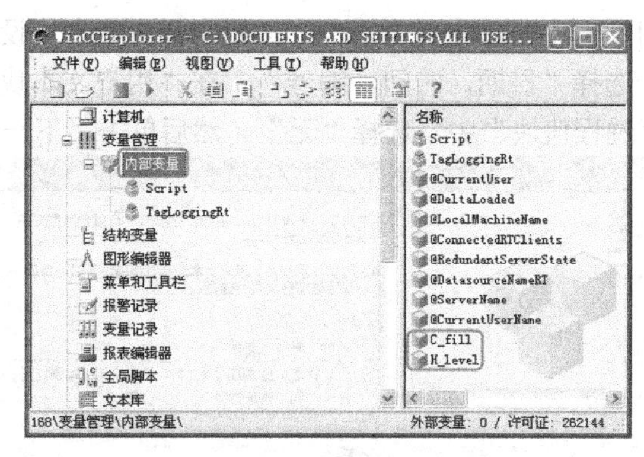

图 6-2 新建变量

2. 打开报警记录编辑器

在资源管理器界面中，选中“报警记录”，单击鼠标右键，弹出快捷菜单，单击“打开”命令，如图 6-3 所示，即可弹出报警记录编辑器界面。

3. 打开报警向导

在报警编辑器中，单击工具栏中的“报警向导”按钮，弹出“选择向导”界面，如图 6-4 所示，选定“系统向导”选项，单击“确定”按钮，弹出“系统向导”对话框，如图 6-5 所示。

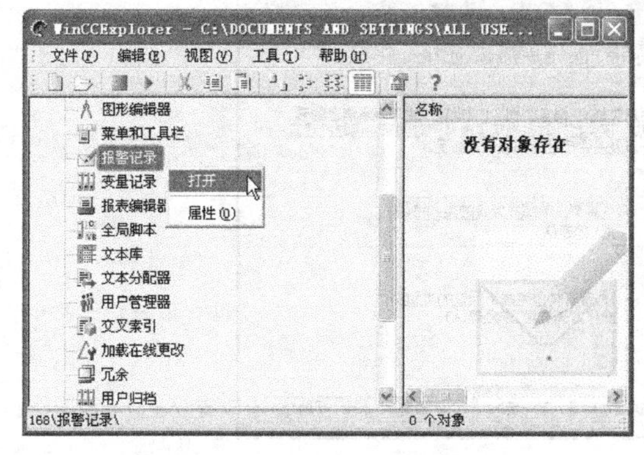

图 6-3 打开报警记录编辑器

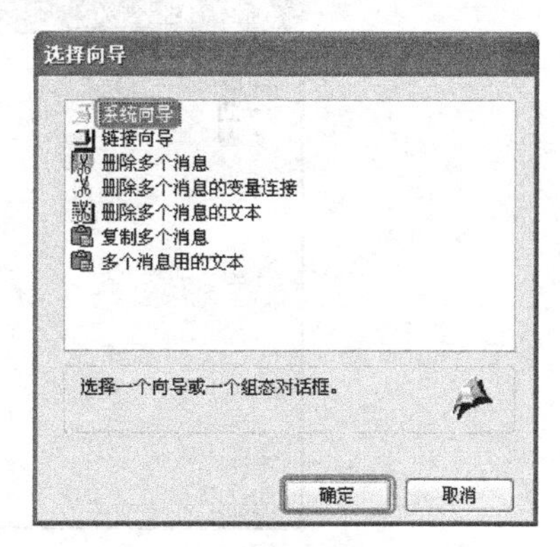

图 6-4 “选择向导”界面

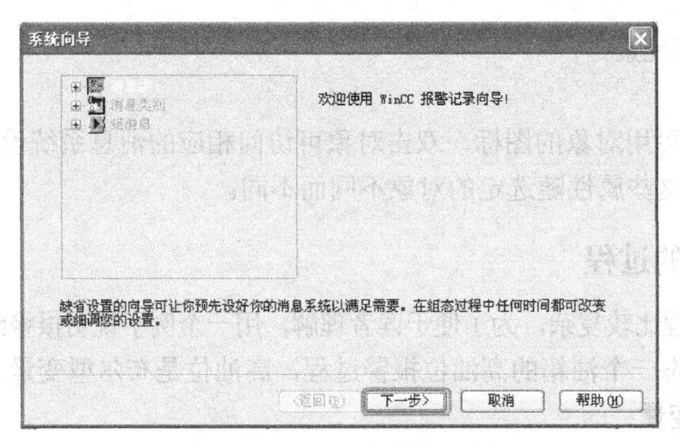

图 6-5 “系统向导”对话框

4. 设置消息块

在图 6-5 所示的对话框中，单击“下一步”按钮，弹出消息块设置界面，如图 6-6 所示，在“系统块”中，选择“日期，时间，编号”，在“用户文本块”中，选择“消息文本，错误位置”，在“过程值块”中，选择“无”，然后单击“下一步”按钮。

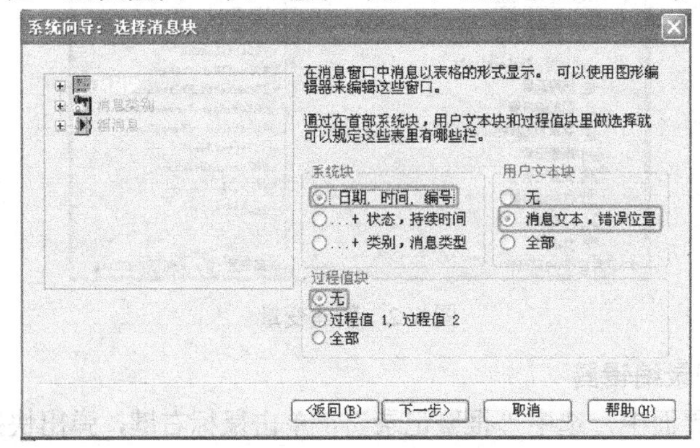

图 6-6 消息块设置界面

5. 设置消息类别

选中“带有报警，故障和警告的类别错误”，单击“下一步”按钮，如图 6-7 所示，弹出“结局”对话框，如图 6-8 所示，最后单击“完成”按钮。

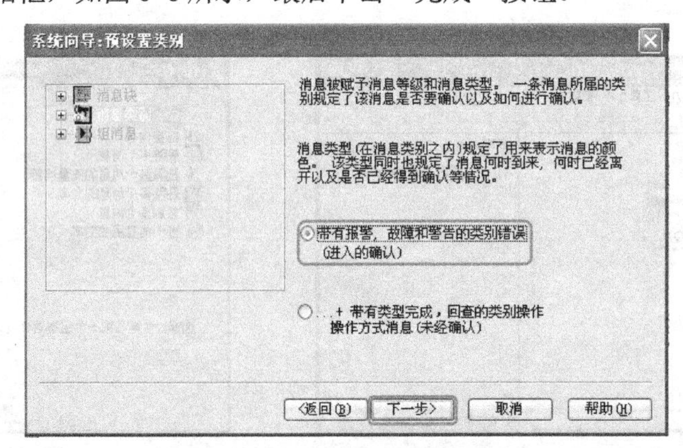

图 6-7 设置消息类别

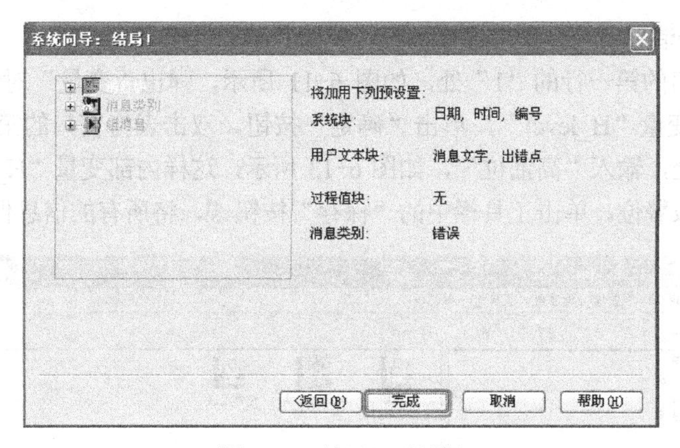

图6-8 “结局”对话框

6. 更改用户文本块中“消息文本”的文本长度

展开报警记录浏览器窗口的“消息块”选项，选中“用户文本块”，双击“消息文本”图标，弹出“消息块”对话框，如图6-9所示，将消息文本的长度由10改成30，单击“确定”按钮。

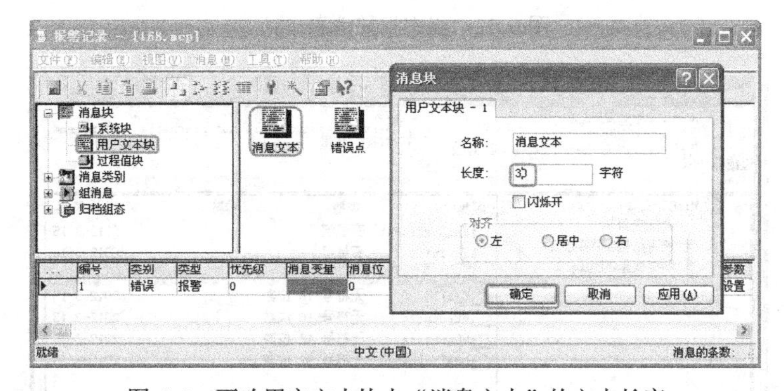

图6-9 更改用户文本块中“消息文本”的文本长度

7. 更改用户文本块中“错误点”的文本长度

展开报警记录浏览器窗口的“消息块”选项，选中“用户文本块”，双击“错误点”图标，弹出“消息块”对话框，如图6-10所示，将消息文本的长度由10改成20，单击“确定”按钮。

图6-10 更改用户文本块中“错误点”的文本长度

8．组态报警消息

双击表格窗口的第一行的“1”处，如图 6-11 所示，弹出“变量”对话框，如图 6-12 所示，选中内部变量“H_level”，单击“确定”按钮。双击表格窗口的第一行的“消息文本”下面的空白处，输入“高油位”，如图 6-13 所示，这样内部变量“H_level”的第 0 位就是油位过高的报警位。单击工具栏中的“保存”按钮，将所有的信息保存起来。

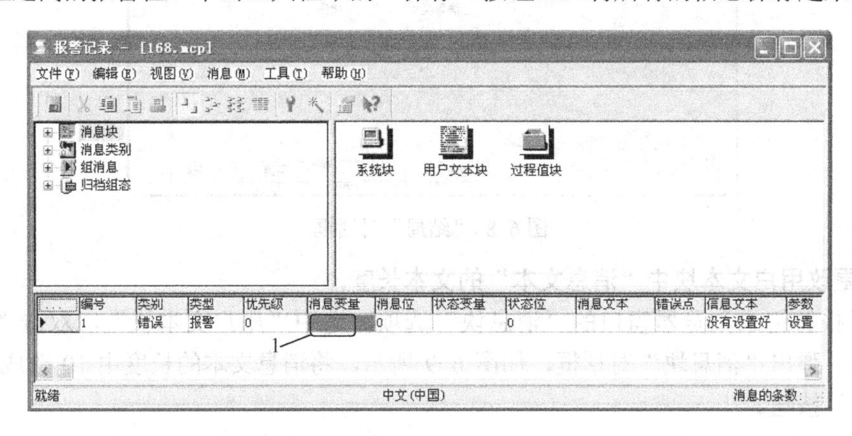

图 6-11　组态报警消息（1）

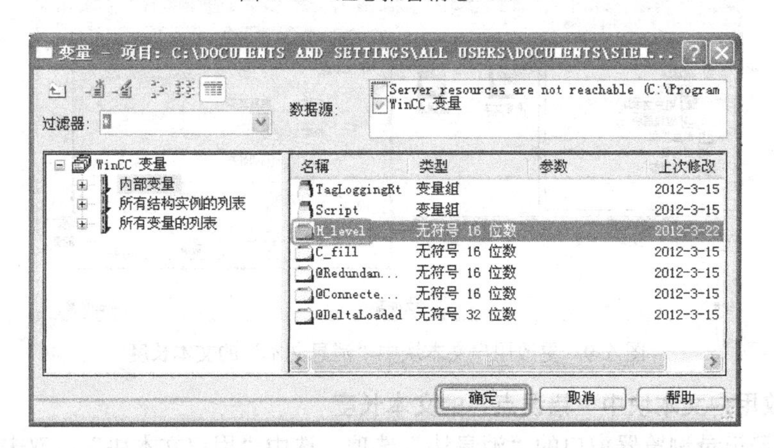

图 6-12　组态报警消息（2）

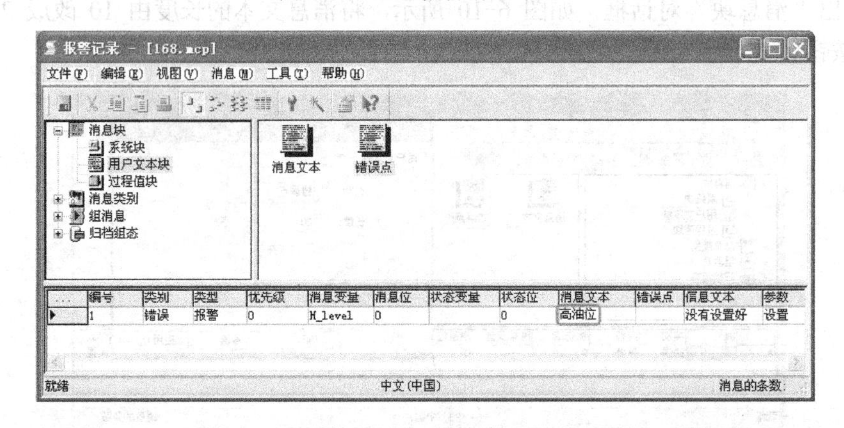

图 6-13　组态报警消息（3）

9. 组态报警消息的颜色

展开报警记录浏览器窗口的“消息类别”选项，选中“系统，需要确认”，双击“过程控制系统”图标，弹出如图 6-14 所示的对话框，可修改“进入”和“离开”时的文本颜色和背景颜色，单击“确定”按钮即可。

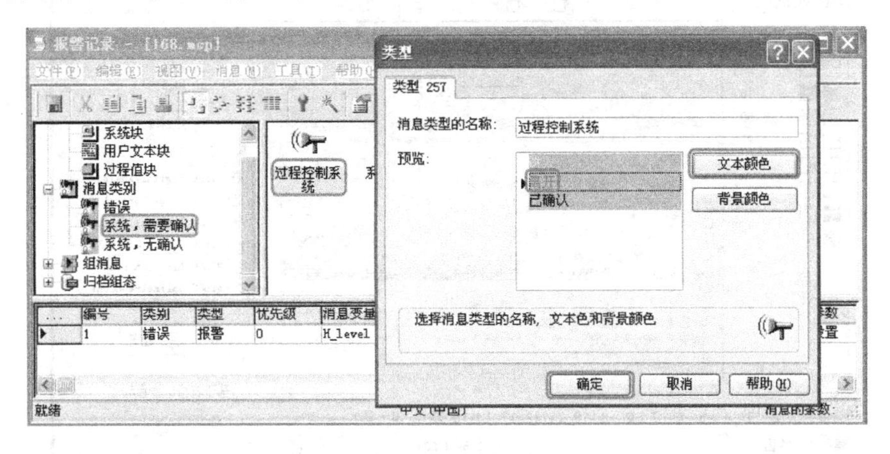

图 6-14　组态报警消息的颜色

10. 关联“输入/输出域”与变量

向图形编辑器中拖入“输入/输出域”，双击“输入/输出域”，弹出“对象属性”对话框，如图 6-15 所示。选中“输入/输出域”的“输入/输出”选项，再选中“输出值”，然后选中右侧的灯泡图标并用鼠标右键单击，弹出快捷菜单，单击“变量”命令，如图 6-15 所示，之后选中变量“H_level”，使“输入/输出域”与变量“H_level”关联，操作完成后如图 6-16 所示。

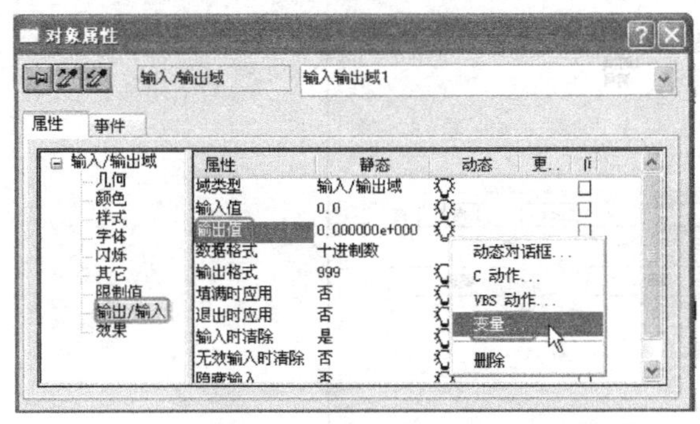

图 6-15　对象属性（1）

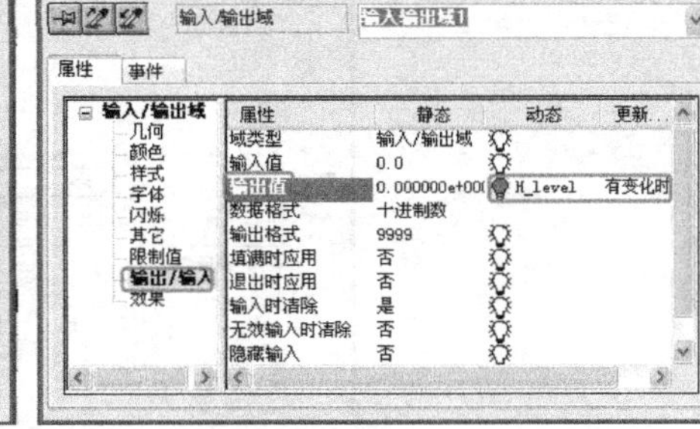

图 6-16　对象属性（2）

11. 报警显示

WinCC AlarmControl 作为显示消息事件的消息视图使用。通过使用报警控件，用户可以获得高度的灵活性，因为希望显示的消息视图、消息行和消息块均可在图形编辑器中进行组态。在 WinCC 运行系统中，报警事件将以表格的形式显示在画面中。以下是报警显示的具体过程。

1）如图 6-17 所示，在“对象调色板”中，先选中“控件”，再选中“WinCC

AlarmControl”控件，将其拖入画面，并用鼠标调整其大小，直到合适为止。

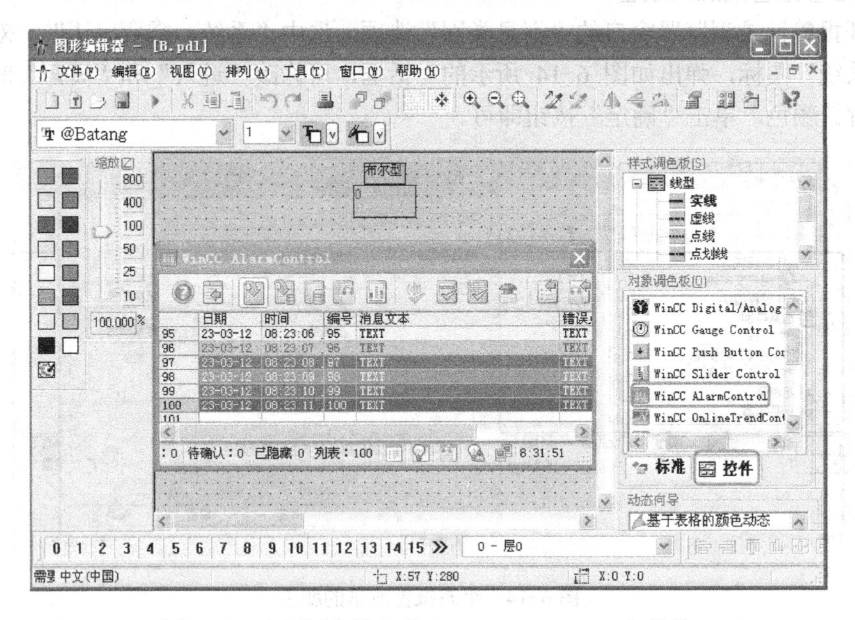

图 6-17 向画面中插入“WinCC AlarmControl”控件

2）双击“WinCC AlarmControl”控件，弹出控件属性，选中“消息列表”选项卡，接着选中“消息文本”和“错误点”，再单击“添加”按钮[>]，如图 6-18 所示，这样“消息文本”和“错误点”就会添加到消息行，就可以显示了。

图 6-18 添加消息行元素

3）修改启动中的选项。如图 6-19 所示，在资源管理器中，选中“计算机”，再选中右侧的计算机名（与不同的计算机相关），单击鼠标右键，弹出快捷菜单，单击“属性”命令，打开“计算机属性”对话框，如图 6-20 所示，选中“启动”选项卡，勾选“报警记录运行系统”和“图形运行系统”，单击“确定”按钮即可。

【关键点】初学者往往会忽略激活“报警运行系统”，这样是不会激活报警的。

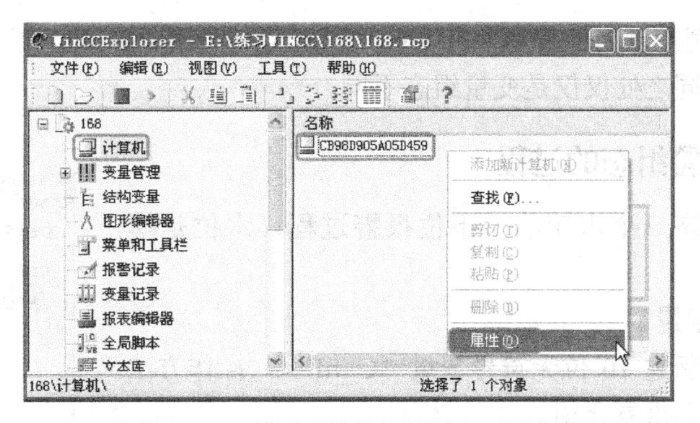

图 6-19 打开“计算机属性”对话框

图 6-20 激活“报警运行系统”

4）运行系统。在图形编辑器中，单击“运行系统”按钮▶，在“输入/输出域”中输入“1”，如图 6-21 所示，就会激发“油箱”中的“高油位”，因为“油箱”中的“高油位”是与 16 位无符号变量“H_level”的第 0 位关联的，而输入/输出域也是与“H_level”关联的，当“H_level”=1 时，也就是“H_level”的第 0 位为 1，激发报警。

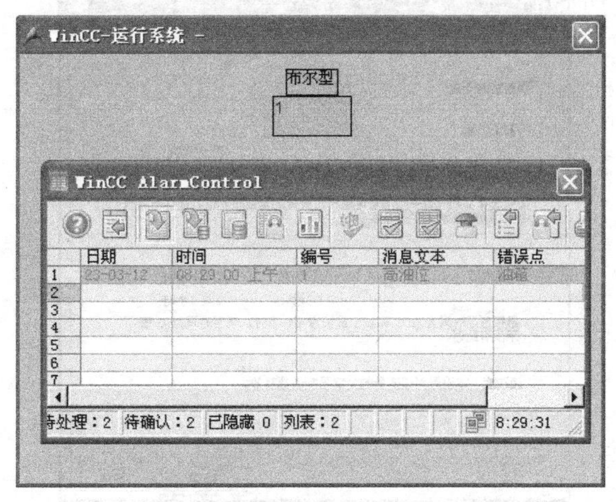

图 6-21 运行后的效果

【关键点】本例是以内部变量“H_level”为例讲解报警组态的，过程变量的报警组态过程是类似的，不同之处仅仅是变量组态不同。

6.2.3 模拟量报警组态的过程

【例 6-2】 组态一个水箱的上下位报警过程，水位是模拟量。

1. 新建报警变量

新建工程，并新建 16 位无符号变量“C_fill”，操作方法如前所述，在此不再重复介绍。

2. 打开模拟量报警附加项

单击报警工具栏上的“附加项”按钮，勾选“模拟量报警”，单击“确定”按钮，如图 6-22 所示。

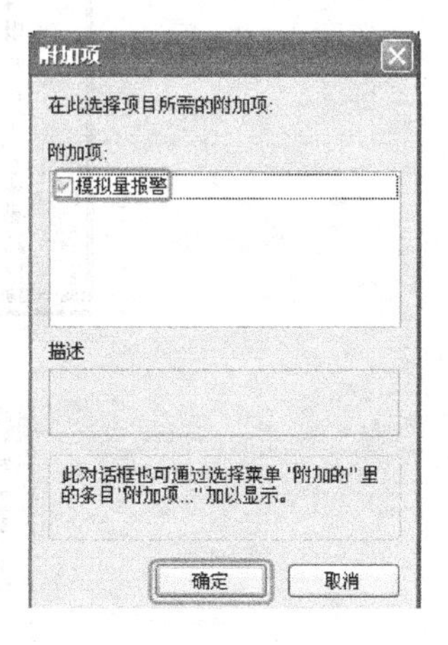

图 6-22 附加项

3. 新建模拟量报警

选中“模拟量报警”，单击鼠标右键，弹出快捷菜单，单击“新建”命令，如图 6-23 所示，弹出“属性”对话框，如图 6-24 所示，单击按钮…，将“要监视的变量”设定为“C_fill”，最后单击“确定”按钮。

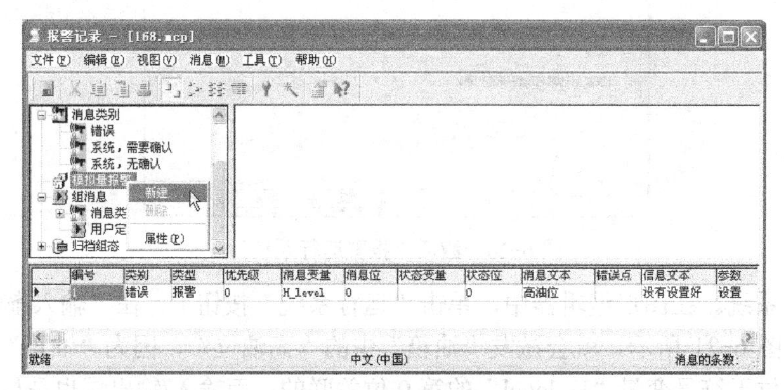

图 6-23 新建模拟量报警

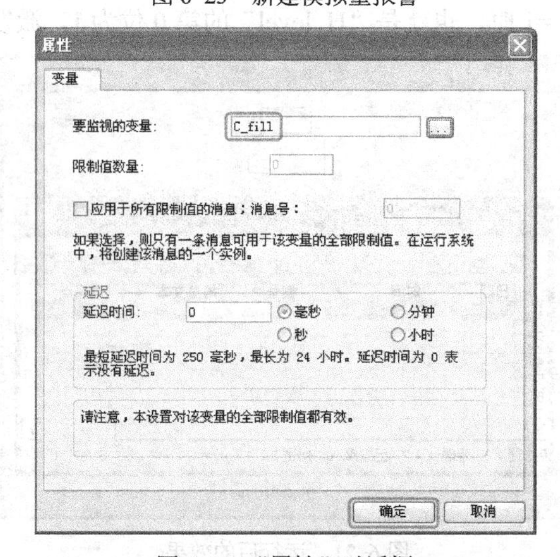

图 6-24 “属性”对话框

4. 设定限制值

选中浏览器中的“模拟量报警”，再选中“C_fill”，单击鼠标右键，弹出快捷菜单，单击“新建”命令，如图 6-25 所示。之后弹出“属性”对话框，在“限制值”选项卡中，选择“上限”，上限值设定为“60”（当然也可以根据实际情况改变），消息编号为“2”（因为编号 1 已经被占用），最后单击“确定”按钮，如图 6-26 所示。

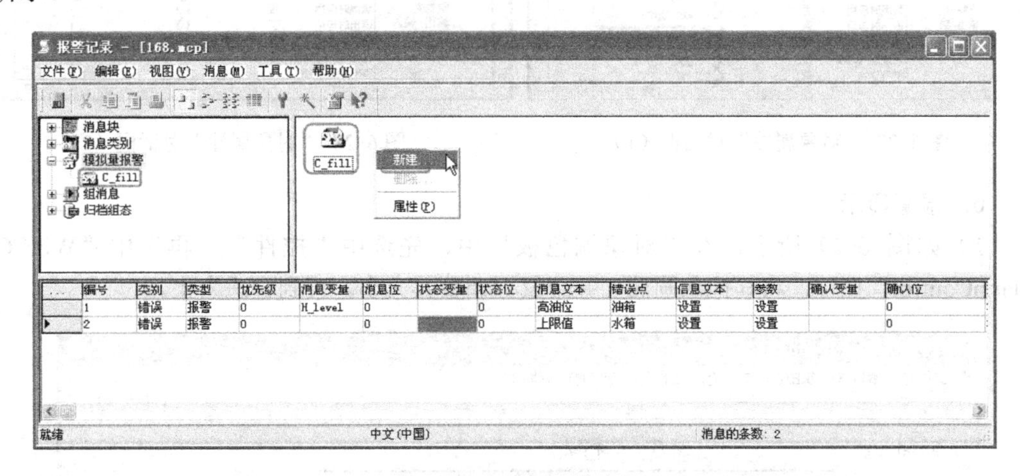

图 6-25 新建

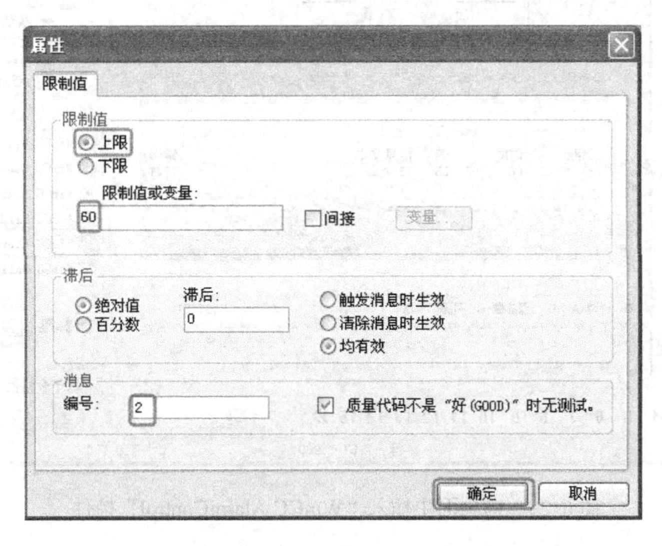

图 6-26 设定上限值

5. 关联“输入/输出域”与变量

向图形编辑器中拖入“输入/输出域”，双击“输入/输出域”，弹出“对象属性”对话框，如图 6-27 所示，选中“输入/输出域”的“输出/输入”选项，再选中“输出值”，然后选中右侧的灯泡图标并用鼠标右键单击，弹出快捷菜单，单击“变量”命令，之后选中变量“C_fill”，使输入/输出域与变量“C_fill”关联，操作完成后如图 6-28 所示。

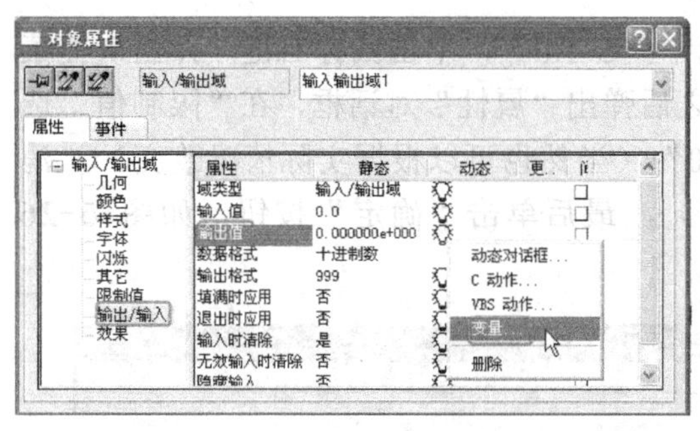

图 6-27 “对象属性”对话框（1）

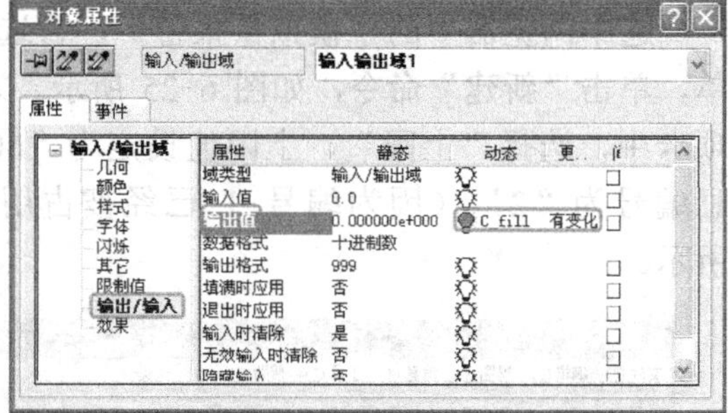

图 6-28 “对象属性”对话框（2）

6. 报警显示

1）如图 6-29 所示，在“对象调色板”中，先选中“控件”，再选中“WinCC AlarmControl”控件，将其拖入画面，并用鼠标调整其大小，直到合适为止。

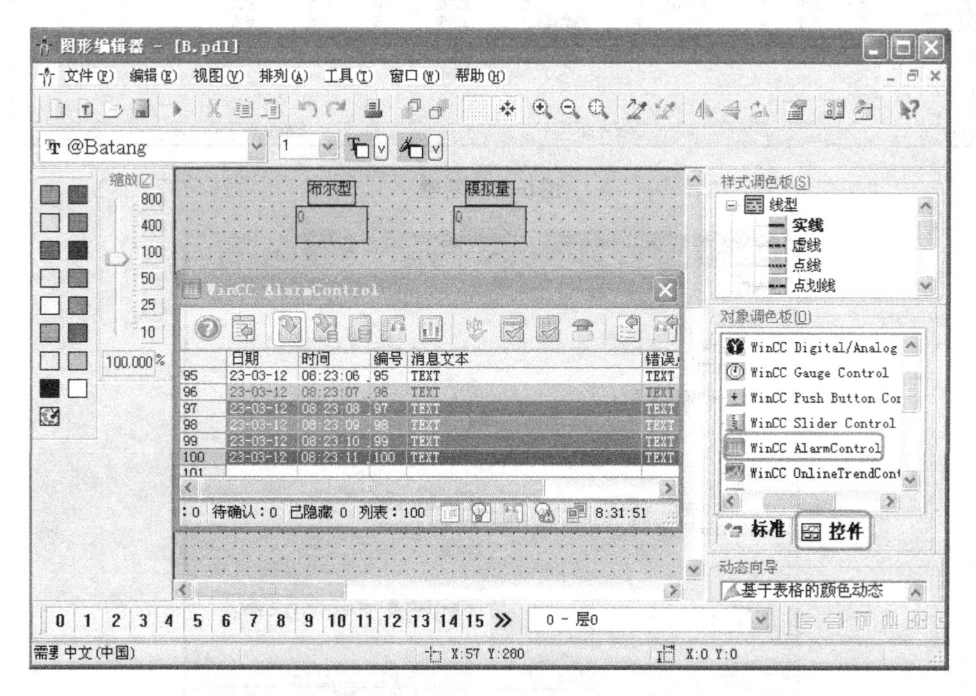

图 6-29 向画面中插入“WinCC AlarmControl”控件

2）双击“WinCC AlarmControl”控件，弹出控件属性，选中“消息列表”选项卡，接着选中“消息文本”和“错误点”，再单击“添加”按钮 > ，如图 6-30 所示，这样“消息文本”和“错误点”就会添加到消息行，就可以显示了。

3）修改启动中的选项。如图 6-31 所示，在资源管理器中，选中“计算机”，再选中右侧的计算机名（与不同的计算机相关），单击鼠标右键，弹出快捷菜单，单击“属性”命令，打开“计算机属性”对话框，如图 6-32 所示，选中“启动”选项卡，勾选“报警记录运行系统”和“图形运行系统”，单击“确定”按钮即可。

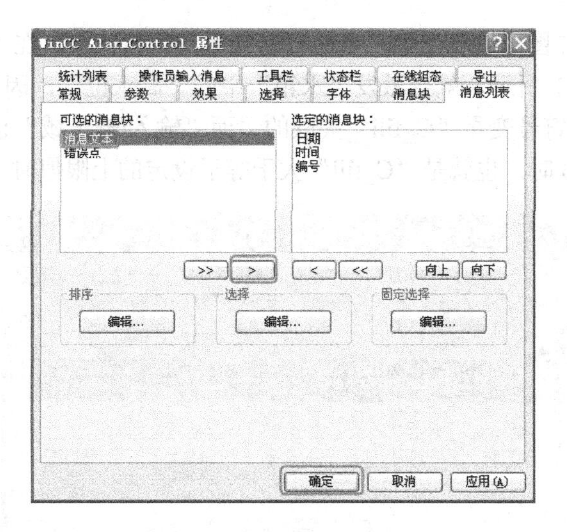

图 6-30　添加消息行元素

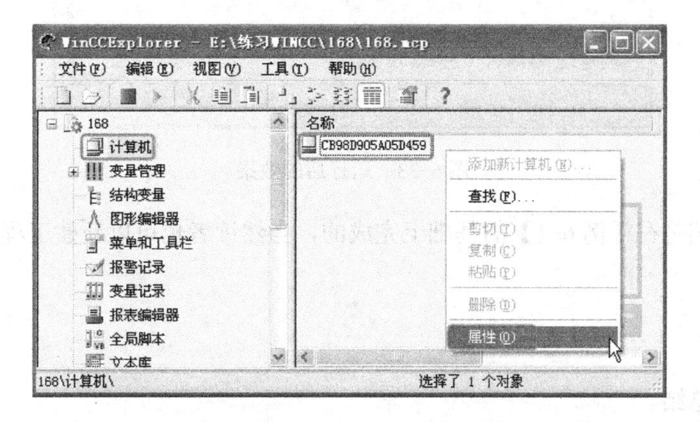

图 6-31　打开“计算机属性”对话框

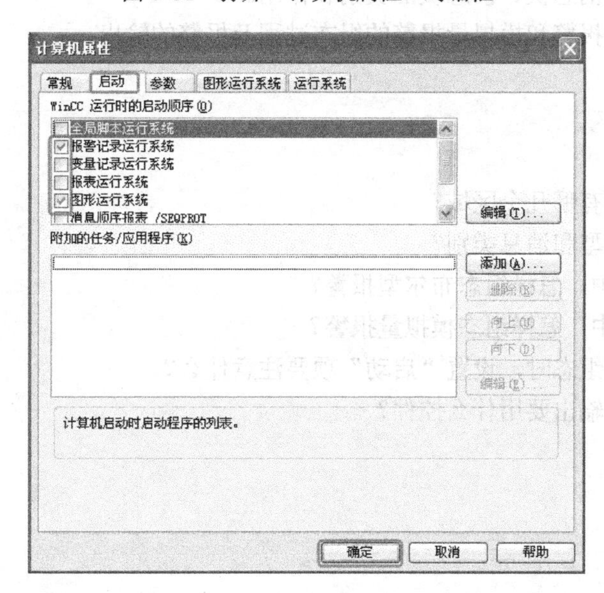

图 6-32　激活“报警运行系统”

4）运行系统。在图形编辑器中，单击“运行系统”按钮，在“输入/输出域”中输入“98”，如图 6-33 所示，就会激发“水箱”中的“高水位”，因为“水箱”中的“高水位”是与 16 位无符号变量“C_fill”关联的，而“输入/输出域”也是与“C_fill”关联的，当“C_fill”≥60 时，也就是“C_fill”大于等于设定的上限值时，激发报警。

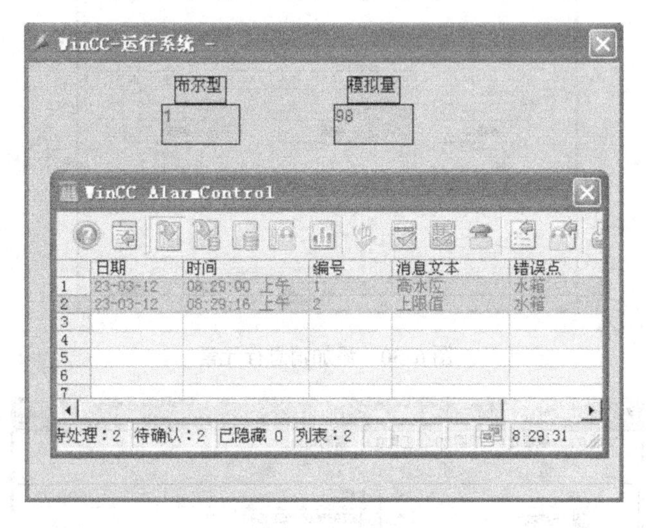

图 6-33 运行后的效果

说明：本例是在【例 6-1】的基础上完成的，当然读者也可以新建工程组态。

小结

重点难点总结

1. 要理解报警消息快、消息块的类别和作用。
2. 掌握布尔型报警和模拟量报警的组态过程及报警的输出。

习题

1. 指出消息块有哪几个区域？
2. 何谓消息类型和消息类别？
3. 在 WinCC 中，怎样组态布尔型报警？
4. 在 WinCC 中，怎样组态模拟量报警？
5. 在运行报警组态时，设置“启动”项要注意什么？
6. 报警组态的输出要用什么控件？

第7章

变 量 记 录

本章介绍过程值归档的原理、过程值归档的组态过程和过程值归档的输出。

7.1 过程值归档基础

过程值归档的目的是采集、处理和归档工业现场的过程数据。由此获得的过程数据可根据与设备操作状态有关的重要经济和技术标准进行过滤。

7.1.1 过程值归档的概念和原理

1. 相关概念

过程值归档涉及下列 WinCC 子系统：

1）自动化系统（AS）：存储通过通信驱动程序传送到 WinCC 的过程值。

2）数据管理器（DM）：处理过程值，然后通过过程变量将其返回到归档系统。

3）归档系统：处理采集到的过程值（例如，产生平均值）。处理方法取决于组态归档的方式。

4）运行系统数据库（DB）：保存要归档的过程值。

5）采集周期：确定何时在自动化系统中读出过程变量的数值。例如，可以为过程值的连续周期性归档组态一个采集周期。

6）归档周期：确定何时在归档数据库中保存所处理的过程值。例如，可以为过程值的连续周期性归档组态一个归档周期。

7）启动事件：当指定的某事件产生时，例如当设备启动时，启动过程值归档。例如，可以为过程值有选择的周期性归档组态一个启动事件。

8）停止事件：当指定的事件发生时（例如，当设备停止运行时）终止过程值归档。例如，可以为过程值有选择的周期性归档组态一个停止事件。

9）事件控制的归档：过程值将在发生某一事件时归档，例如，超出边际值时。可在过程值的非周期性归档中组态受事件控制的归档。

10）在改变期间将过程值归档：过程值仅在被改变后才可归档。可在过程值的非周期性归档中组态归档。

2. 过程值归档的原理

要归档的过程值在运行系统的归档数据库中进行编译、处理和保存。在运行系统中，可以以表格或趋势的形式输出当前过程值或已归档过程值。此外，也可将所归档的过程值

作为草案打印输出。

归档系统负责运行状态下的过程值归档。归档系统首先将过程值暂存于运行数据库，然后写到归档数据库中。过程值归档的原理如图 7-1 所示。

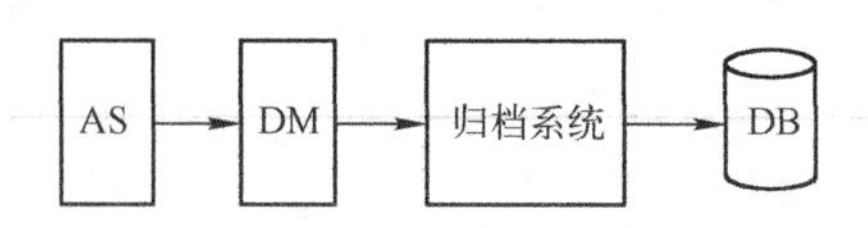

图 7-1 过程值归档的原理

7.1.2 过程值归档的方法

可以使用不同的归档方法来归档过程值。例如，用户可以在任意时间监控单个过程值并使该监控依赖于某些事件。可以快速归档变化的过程值，而不会导致系统负载的增加。用户可以压缩已归档的过程值来减少数据量。过程值归档有如下方法：

1. 过程值的连续周期性归档

连续的过程值归档（例如监控一个过程值）。运行系统启动时，过程值的连续周期性归档也随之开始。过程值以恒定的时间周期采集并存储在归档数据库中。运行系统终止时，过程值的连续周期性归档也随之结束。

2. 周期的选择性过程值归档

受事件控制的连续的过程值归档，例如，用于在特定时段内对某过程值进行监视。一旦发生启动事件，便在运行系统中开始周期的选择性过程值归档。过程值以恒定的时间周期采集并存储在归档数据库中。

周期性过程值归档会在发生以下情况时结束：

1）发生停止事件时。

2）终止运行系统时。

3）启动事件不再存在时。

起始事件或停止事件由该值或已组态变量或脚本的返回值决定。可在“动作”区域过程值变量的属性中的变量记录内组态变量或脚本。

3. 非周期性的过程值归档

事件控制的过程值归档（例如，当超出临界限制值时，对当前过程值进行归档）。在运行期间，非周期性过程值归档仅将当前过程值保存在归档数据库中。在以下情况下归档：

1）每次改变过程值时。

2）触发变量指定值为“1”，然后再次采用值“0”时。先决条件是已针对非周期性过程值归档组态了与变量相关的事件。

3）脚本收到返回值“TRUE”，然后再次采用返回值“FALSE”时。先决条件是已针对非周期性过程值归档创建了与脚本相关的事件。

4. 在改变期间将过程值归档

过程值仅在被改变后才可进行非周期性归档。

5. 过程控制的过程值归档

对多个过程变量或快速变化的过程值进行归档。过程控制的过程值归档用于归档多个过程变量或快速改变过程值，过程值被写入由归档系统解码的报文变量，以这种方式采集的过程值之后将存储在归档数据库中。

6. 压缩归档

压缩单个归档变量或整个过程值归档（例如，对每分钟归档一次的过程值求每小时的平均数）。为了减少归档数据库中的数据量，可对指定时期内的归档变量进行压缩。为此，须创建一个压缩归档，将每个归档变量存储在压缩变量中。归档变量将保留，但也可以复制、移动或删除它们。压缩归档以与过程值归档相同的方式存储在归档数据库中。

压缩归档的操作模式。压缩通过应用数学函数而实现。为此，在指定时间段内，下列函数之一被应用于归档过程值：

1）最大值：将最大过程值保存在压缩变量中。

2）最小值：将最小过程值保存在压缩变量中。

3）平均值：将过程值的平均值保存在压缩变量中。

4）加权平均值：将过程值的加权平均值保存在压缩变量中。在加权平均值的计算中，记录值具有相同值的时间跨度会被考虑在内。

5）总和：将过程值的总和保存在压缩变量中。

7.2 过程值归档的组态

7.2.1 变量记录编辑器的结构

可在变量记录中对归档、要归档的过程值以及采集时间和归档周期进行组态。此外，还可以在变量记录中定义硬盘上的数据缓冲区以及如何导出数据。变量记录编辑器的结构如图 7-2 所示。

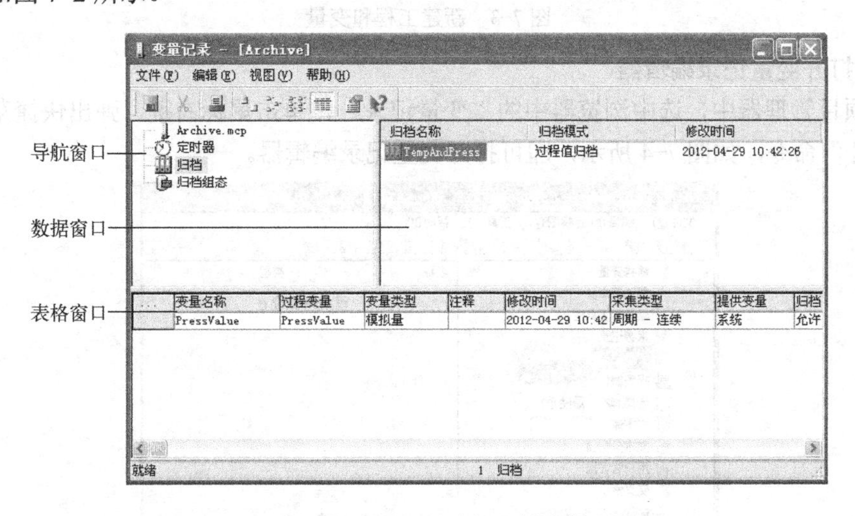

图 7-2　变量记录编辑器的结构

1. 导航窗口

此处选择是否想要编辑时间或归档。

2. 数据窗口

根据在导航窗口中所作的选择，可在此处编辑已存在的归档或定时，或者创建新的归档或定时。

3. 表格窗口

表格窗口是显示归档变量或压缩变量的地方，这些变量存储于在数据窗口中所选的归档中。可以在此改变显示的变量的属性或添加一个新的归档变量或压缩变量。

7.2.2 过程值归档组态的过程

以下将用一个例子介绍过程值归档组态和过程值输出的过程，供读者模仿学习。

【例 7-1】 某设备上的控制系统中有两个重要的参数，即压力值和温度值，需要存储和输出显示，请用 WinCC 的过程值归档，并用趋势图和表格进行显示。

1. 新建工程和变量

新建 WinCC 工程，本例为“Archive”，新建两个内部变量，分别是“TempValue”和“PressValue”，如图 7-3 所示。

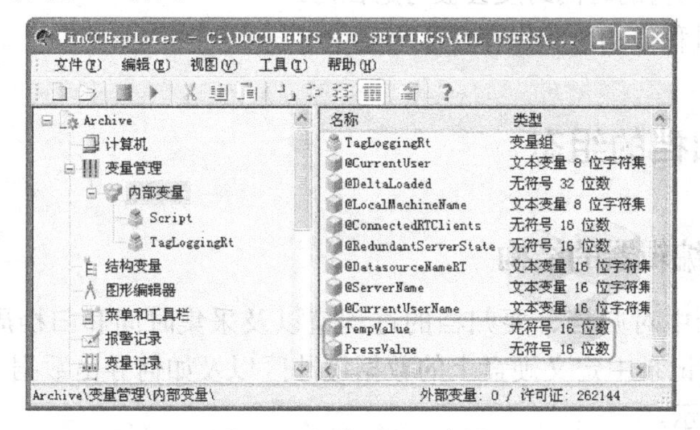

图 7-3 新建工程和变量

2. 打开变量记录编辑器

在项目管理器中，选中浏览器中的“变量记录”，单击鼠标右键，弹出快捷菜单，单击“打开”命令，如图 7-4 所示，即可打开变量记录编辑器。

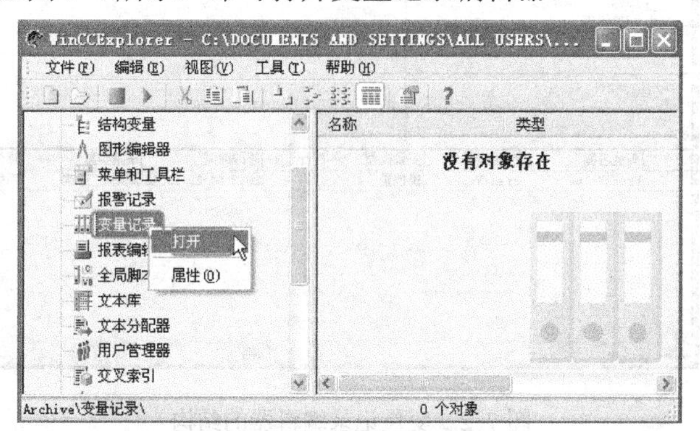

图 7-4 打开变量记录编辑器

3. 组态定时器

如果使用默认周期，这一步可省略。选中“变量记录”右边“浏览器”中的“定时

器”，单击鼠标右键，弹出快捷菜单，单击“新建”命令，如图 7-5 所示。

如图 7-6 所示，将新建的定时器命名为“2s”，基准为“1s”，系数为“2”，勾选“另外，系统关闭时触发循环”和“输入循环起始点”选项，最后单击“确定”按钮。

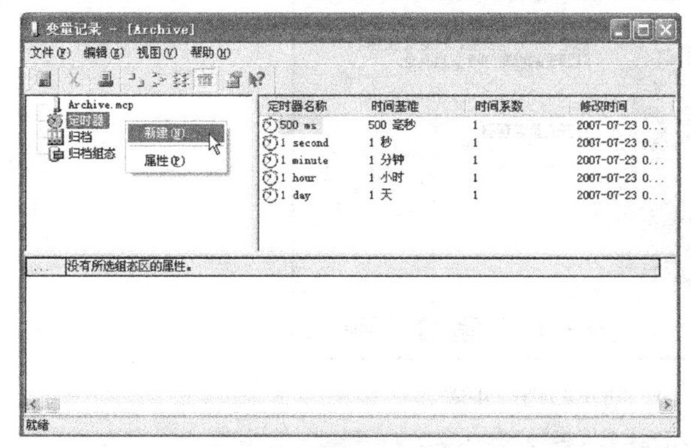

图 7-5 新建定时器

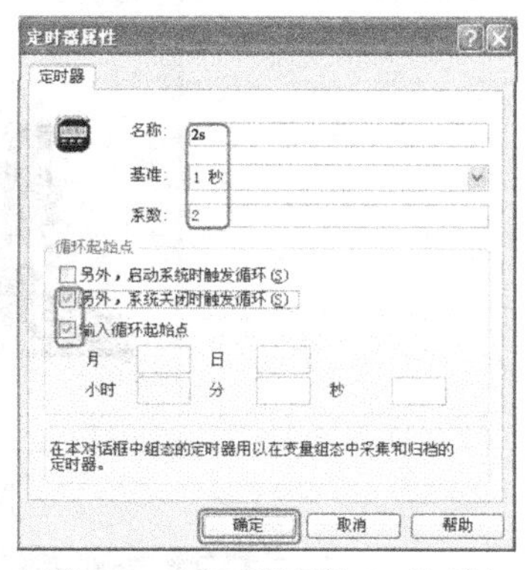

图 7-6 “定时器属性”对话框

4．创建归档

选中“变量记录”右边“浏览器”中的“归档”，单击鼠标右键，弹出快捷菜单，单击“归档向导”命令，如图 7-7 所示。弹出“创建归档”界面，如图 7-8 所示，单击“下一步”按钮。

将归档名称命名为“TempAndPress”，选择“过程值归档”选项，单击“下一步”按钮，如图 7-9 所示。

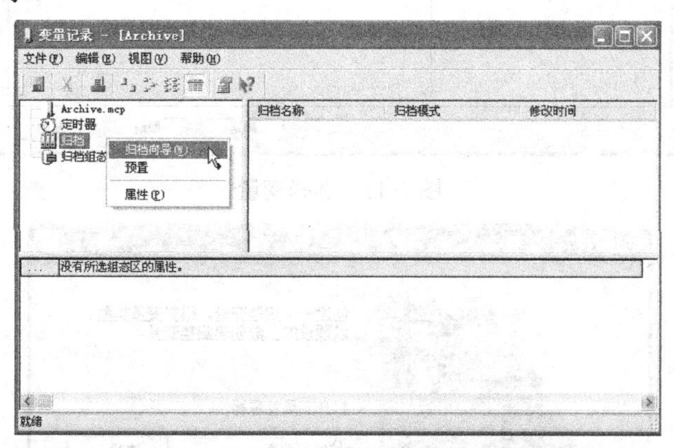

图 7-7 打开归档向导

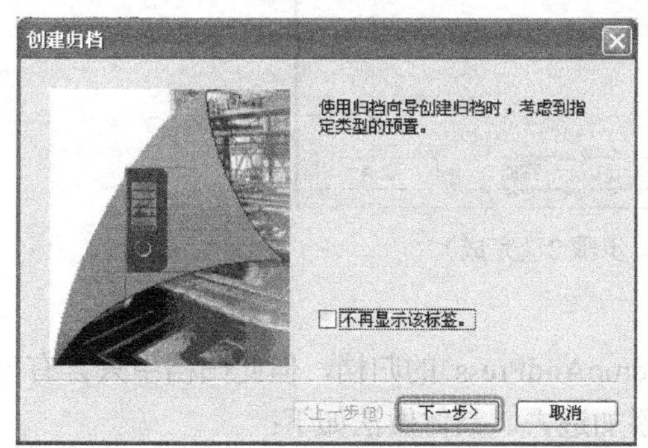

图 7-8 “创建归档”界面

图 7-9 创建归档：步骤 1

在图 7-10 所示的界面中，单击“选择”按钮，弹出如图 7-11 所示的界面。选择变量“PressValue”，单击“确定”按钮，弹出如图 7-12 所示的界面，单击“完成”按钮即可。

图 7-10　创建归档：步骤 2

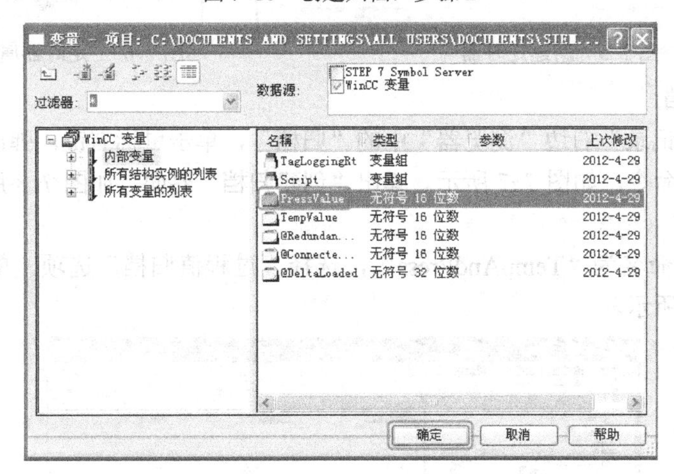

图 7-11　选择变量

图 7-12　创建归档：步骤 2（完成）

5. 添加变量

通过以上步骤的操作，已经产生了一个 TempAndPress 的归档，但此归档中只含有一个参数，必须将另一个参数“TempValue”也添加进去。具体做法如下：

选中“变量记录”上面“数据窗口”中的“TempAndPress”，单击鼠标右键，弹出

快捷菜单，单击“新建变量”命令，如图 7-13 所示，选择内部变量“TempValue”即可，最终如图 7-14 所示。

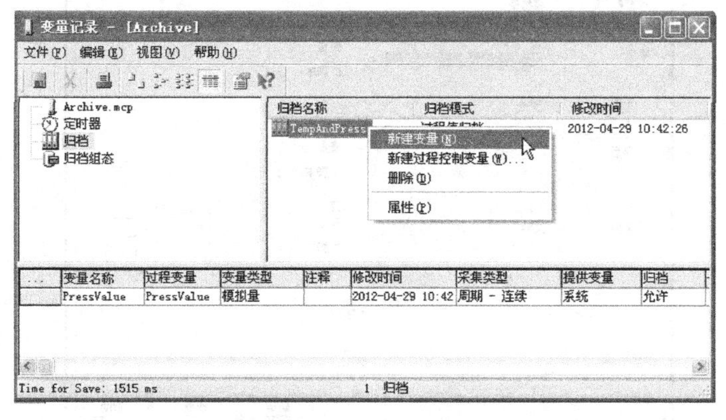

图 7-13　添加变量

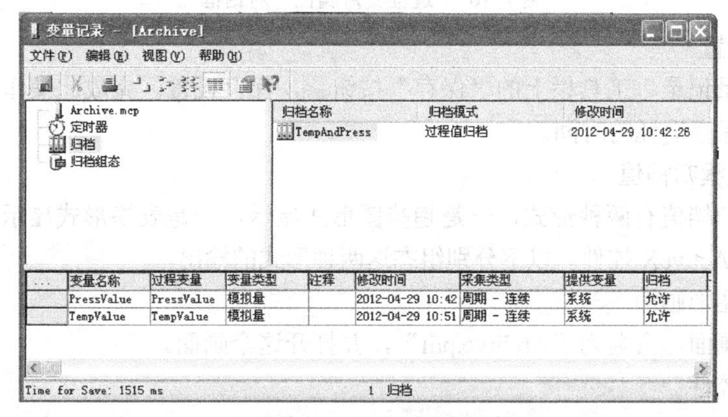

图 7-14　添加变量后

6. 归档设置

选中“变量记录”下面“表格窗口”中的“PressValue”，单击鼠标右键，弹出快捷菜单，单击“属性”命令，如图 7-15 所示，选择“归档”选项卡，把归档周期和采集周期都选择为 2s，最后单击“确定”按钮，如图 7-16 所示。用同样的方法更改“TempValue”的归档周期和采集周期。

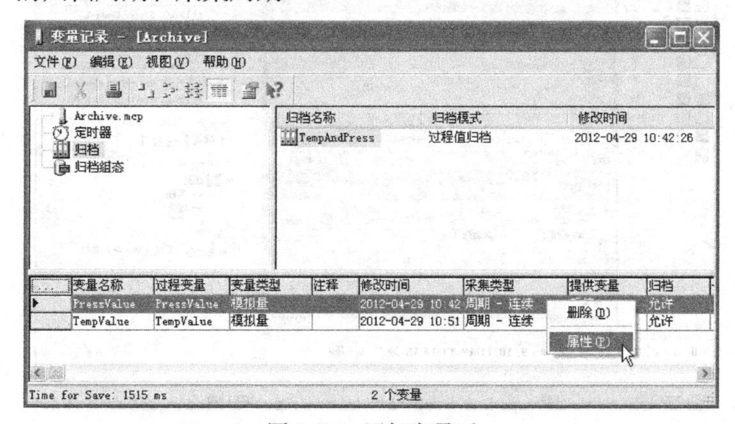

图 7-15　添加变量后

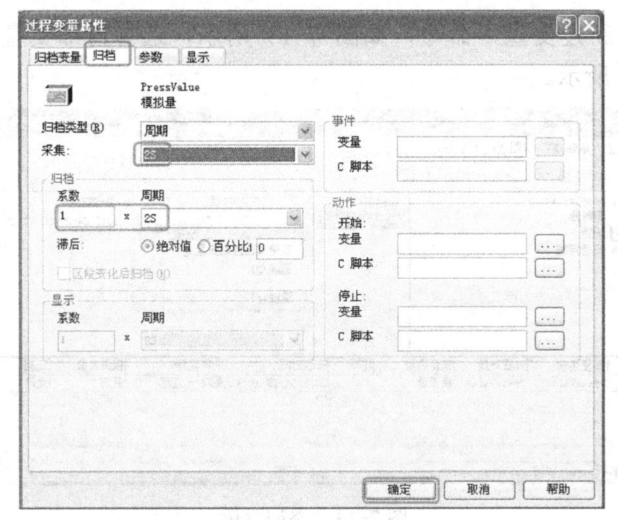

图 7-16 “过程变量属性”对话框

7. 保存设置

单击“变量记录”工具栏上的“保存”按钮，保存设置。完成此操作后，界面的最下一行会显示保存消耗的时间。

8. 输出过程归档值

输出过程归档值有两种形式，一是趋势图形式显示，一是表格形式显示，都需要用到 WinCC 提供的 ActiveX 控件。以下分别组态这两种形式的输出。

（1）新建图形画面

新建图形画面，命名为“Archive.pdl”，并打开这个画面。

（2）拖入控件

将 ActiveX 控件拖入图形编辑器中。选中“对象调色板”，将“控件”选项卡中的控件“WinCC OnlineTrendControl”（趋势图控件）和“WinCC OnlineTableControl”（在线表格控件）拖入图形编辑器的图形编辑区，如图 7-17 所示。

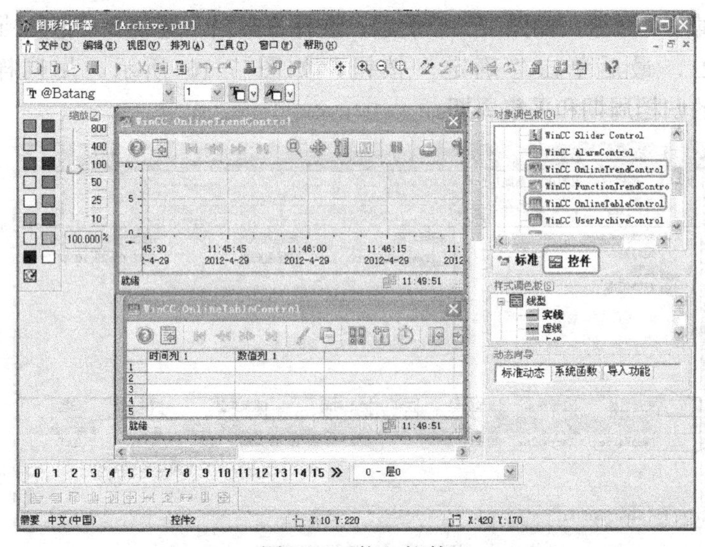

图 7-17 拖入控件

（3）编辑趋势图属性

双击图形编辑器中的趋势图控件，弹出趋势图控件的属性界面，如图 7-18 所示，选中“趋势”选项卡，在对象名称中输入“压力值”，数据源为“归档变量”，单击按钮，选中变量为“PressValue”。这一步非常关键，实际是将归档变量“PressValue”与趋势图控件相关联，不完成这一步，趋势图是不会有曲线显示的，请读者务必注意。

选中“趋势”选项卡，单击“新建”按钮，在对象名称中输入“温度值”，数据源为“归档变量”，单击按钮，选中变量为“TempValue”，如图 7-19 所示。这一步也非常关键，实际是将归档变量“TempValue”与趋势图控件相关联。

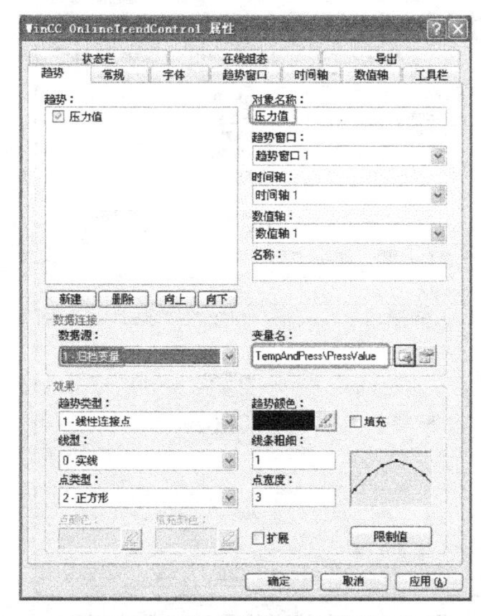

图 7-18　趋势图属性（趋势 1）

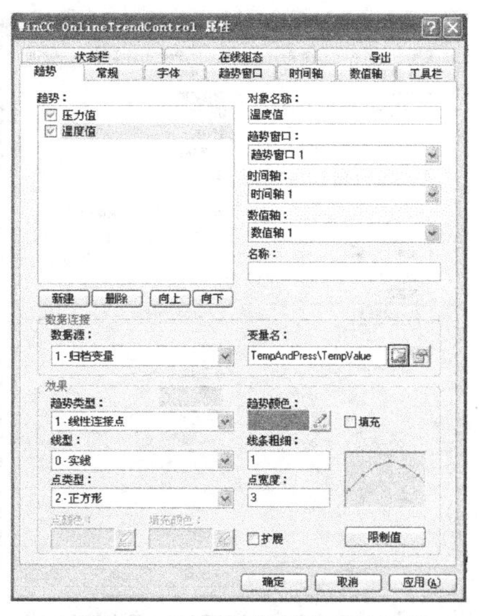

图 7-19　趋势图属性（趋势 2）

选中“常规”选项卡，在“文本”中输入“压力和温度实时显示”，如图 7-20 所示。

选中“时间轴”选项卡，在“时间范围”中输入“5×1 分钟”，最后单击“确定”按钮，如图 7-21 所示。时间范围可以依据工程实际进行调整。

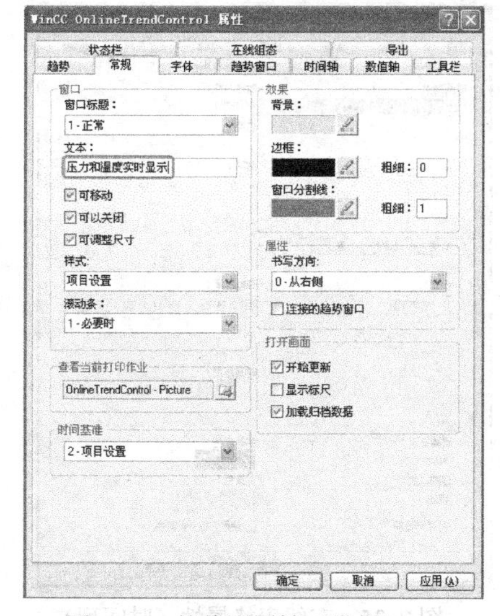

图 7-20　趋势图属性（常规）

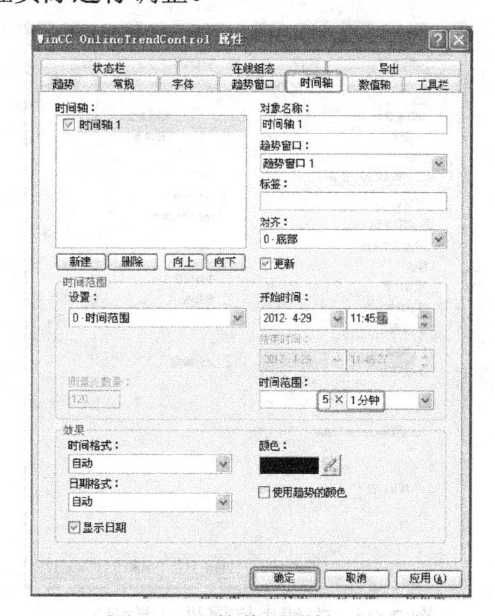

图 7-21　趋势图属性（时间轴）

（4）编辑在线表格的属性

在图形编辑器中，双击在线表格控件，选中“数值列”选项卡，在“对象名称”中输入“压力值”，数据源为“归档变量”，单击按钮，选中变量为“PressValue”，如图 7-22 所示。这一步非常关键，实际是将归档变量“PressValue”与在线表格控件相关联，不完成这一步，在线表格是不会有数据显示的，请读者务必注意。

选中“数值列”选项卡，单击“新建”按钮，在“对象名称”中输入“温度值”，数据源为“归档变量”，单击按钮，选中变量为“TempValue”，如图 7-23 所示。这一步也非常关键，实际是将归档变量“TempValue”与在线表格控件相关联。

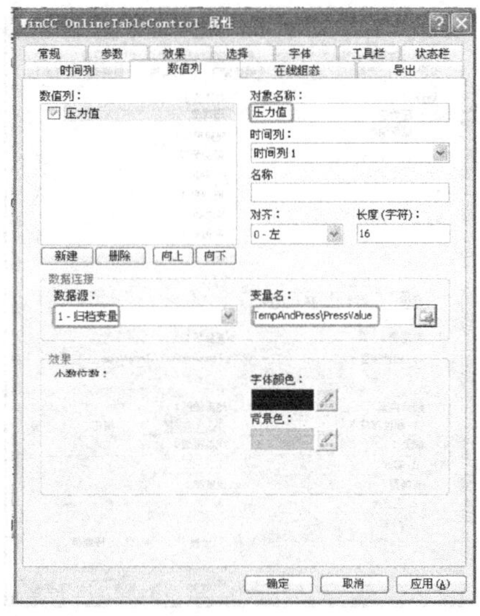

图 7-22　在线表格属性（数值列 1）

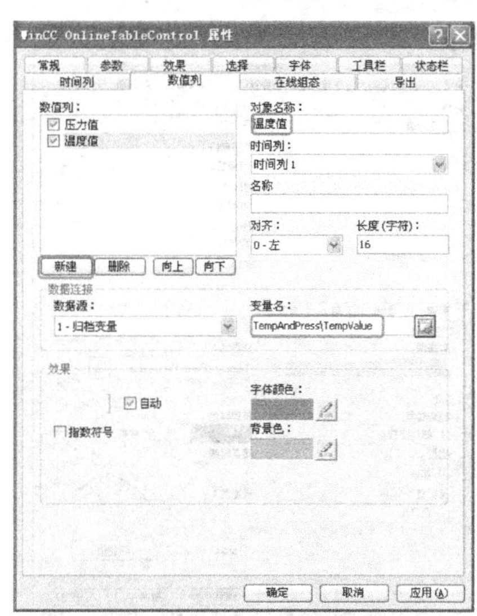

图 7-23　在线表格属性（数值列 2）

选中“常规”选项卡，在“文本”中输入“压力和温度实时显示”，如图 7-24 所示。

选中“时间列”选项卡，在“时间范围”中输入“5×1 分钟”，最后单击“确定”按钮，如图 7-25 所示。时间范围可以依据实际情况进行调整。

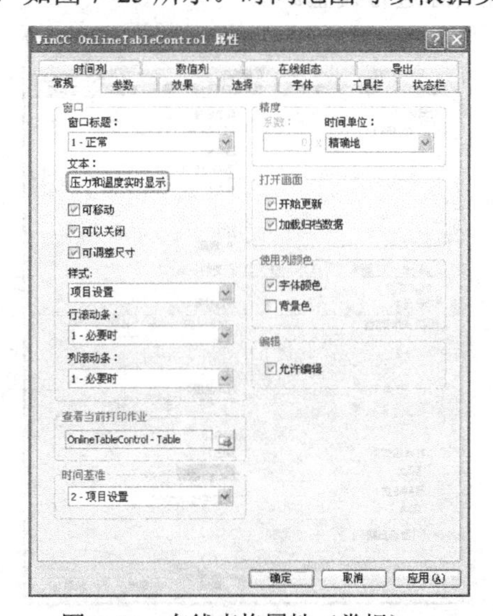

图 7-24　在线表格属性（常规）

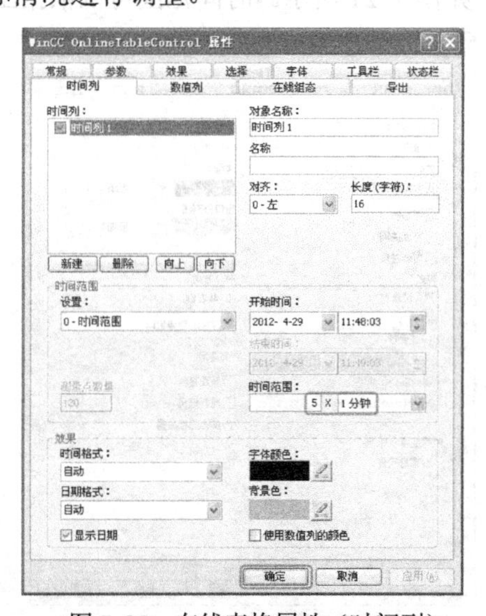

图 7-25　在线表格属性（时间列）

（5）保存设置

在图形编辑器中，单击工具栏上的“保存”按钮，保存整个工程。

（6）运行输出

1）打开仿真器。单击“所有程序”→“SIMATIC”→“WinCC”→“Tools” →“WinCC Tag Simulator”命令，打开仿真器，如图 7-26 所示，单击“Edit”→“New Tag”命令，新建仿真器变量，并使此仿真器与变量“TempValue”相关联，也就是说仿真器将产生的数据值将赋值给变量“TempValue”。

2）启动仿真器。用仿真器产生一条正弦曲线，选中“Properties”（属性）选项卡，选择正弦曲线的振幅，并勾选“active”（激活）选项，如图 7-27 所示。再选择“List of Tag”（变量列表）选项卡，单击“Start Simulation”（开始仿真）按钮，开始产生正弦曲线，如图 7-28 所示。

3）修改“启动”项。打开“计算机属性”界面，选中“启动”选项卡，勾选“变量记录运行系统”和“图形运行系统”两项，如图 7-29 所示。

4）运行输出。单击图形编辑器中工具栏上的“激活”按钮，归档和显示如图 7-30 所示。

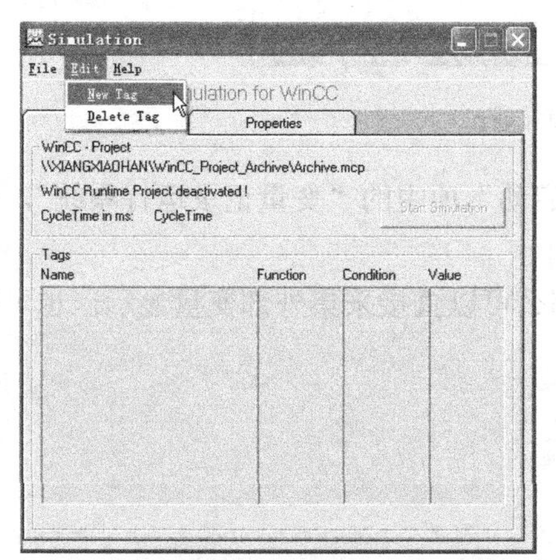

图 7-26　打开仿真器

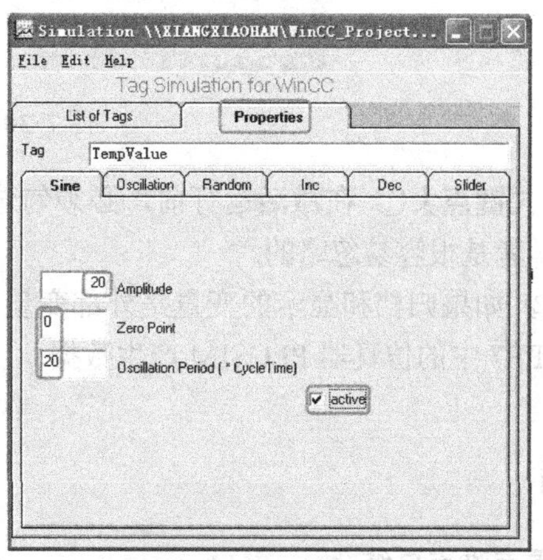

图 7-27　属性

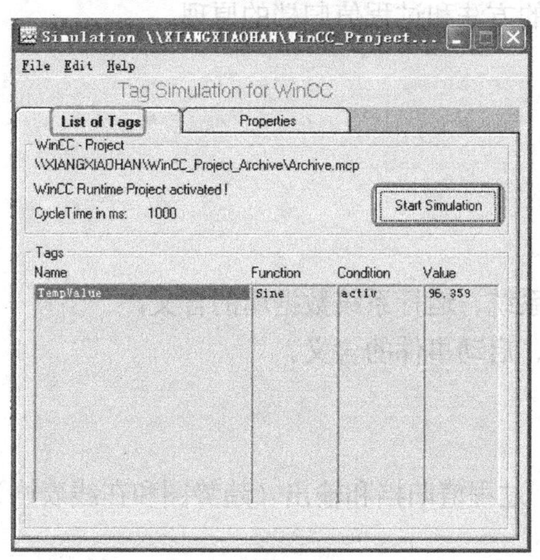

图 7-28　变量列表

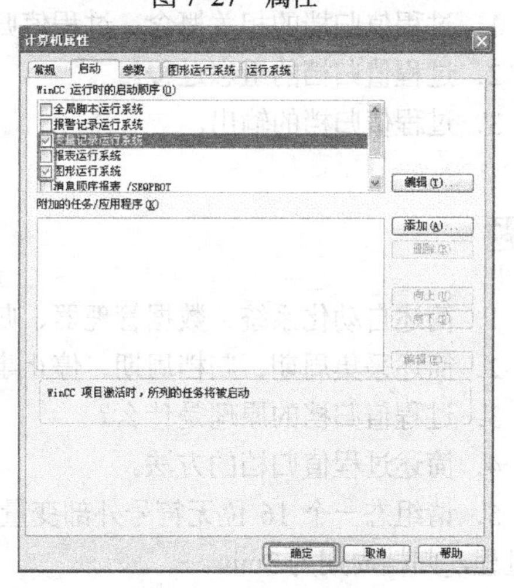

图 7-29　更改“启动”项

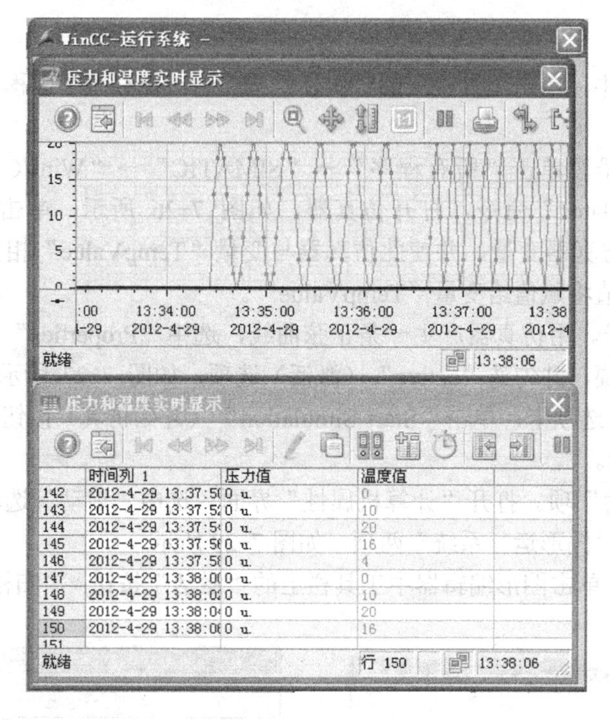

图 7-30　仿真运行

【关键点】① 在激活运行前，必须勾选“启动”项中的“变量记录运行系统”，这对于初学者是很容易忽略的。

② 如果归档和显示的变量是外部变量，那么可以直接采集外部变量显示，也可以使用 STEP7 中的仿真器 PLCSIM 产生数据。

小结

重点难点总结

1. 过程值归档的相关概念、过程值归档的方法和过程值归档的原理。
2. 过程值归档的组态过程。
3. 过程值归档的输出。

习题

1. 简述自动化系统、数据管理器、归档系统、运行系统数据库的含义。
2. 简述采集周期、归档周期、停止事件、启动事件的含义。
3. 过程值归档的原理是什么？
4. 简述过程值归档的方法。
5. 请组态一个 16 位无符号外部变量 PV 过程值归档和输出（趋势图和在线表格）的全过程，归档周期为 3min。

第8章

报 表 编 辑

报表编辑器是 WinCC 基本软件包的一部分，提供报表的创建和输出功能。创建是指创建报表布局；输出是指打印输出报表。

8.1 报表编辑基础

WinCC 系统中的变量记录、报警记录、用户归档、实时数据等有时需要生成报表。一般的报表输出需要满足数据准确、格式规范、趋势分析和条件灵活这 4 个要求。

为了对组态和运行系统数据进行归档，将在 WinCC 中创建带有预定义布局的报表和日志。这些预定义的布局将涵盖对数据进行归档的大部分情况。可使用报表编辑器来编辑预定义的布局或创建新的布局。

8.1.1 组态和运行系统数据的文档

为了对组态和运行系统数据进行归档，将在 WinCC 中创建带有预定义布局的报表和日志。这些预定义的布局将涵盖对数据进行归档的大部分情况。可使用报表编辑器来编辑预定义的布局或创建新的布局。

1. 应用

使用报表系统可以输出：

- 报表中的组态数据；
- 日志中的运行系统数据。

2. 用途

组态数据文档称为项目文档，它用于在报表中输出 WinCC 项目的组态数据。

运行系统数据文档称为运行系统文档，它用于在运行期间将过程数据输出到日志中。为了输出运行系统数据，在运行系统中必须有相应的应用程序。

报表编辑器提供了用来输出报表和日志的打印作业，在打印作业中定义了时序表、输出介质和输出范围。报表编辑器的动态对象用于数据输出，这些动态对象均与相应的应用程序相关联。

输出数据的选择与应用程序有关，将在创建布局、创建打印作业或启动打印时进行选择。当前视图或表格内容将使用 WinCC V7 控件以及相应的布局和打印作业进行输出。在输出报表和日志期间，会提供动态对象及其当前值。用于项目文档的报表结构和组态与用于运行系统文档的日志结构和组态基本相同，其本质差异在于与动态对象的数据源的连接

以及打印的启动。

3. 输出介质

报表和日志可采用下列布局进行输出：

- 打印机；
- 文件；
- 屏幕。

4. 输出格式

报表和日志可采用下列布局进行输出：

- 页面布局；
- 行布局（仅适用于消息顺序报表）。

8.1.2 在页面布局中设置报表

1. 划分页面布局的区域

页面布局在几何上分割为多个不同的区域。页面范围对应于布局的整个区域。可为该区域定义打印页边距。正确的操作是，首先为页眉、页脚或公司标志组态可打印区域的页边距，然后才对用于报表数据输出的其余可打印区域进行组态。在可打印区域内定义的该区域称为“页面主体”。页面布局如图 8-1 所示。

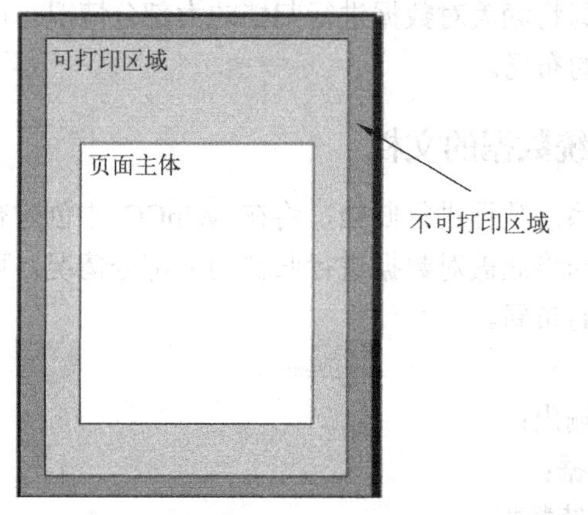

图 8-1 页面布局

报表和日志布局包括静态层和动态层。静态层包括布局的页眉和页脚，用于输出公司名称、公司标志、项目名称、布局名称、页码、时间等。动态层包括输出组态和运行系统数据的动态对象。

2. 页面布局中的页面

每个页面布局由 3 个页面组成：

(1) 封面

封面是页面布局的固定组件。因此，可以为各个报表设计一个单独的封面。

(2) 报表内容

在页面布局的该部分中，定义了报表输出时的结构和内容。可以使用系统对象来定义报表内容。报表内容具有静态组件和动态组件（组态层）。

如果有必要，报表内容的动态部分在输出时将分散为各种不同的后续页面，因为直到输出时才能知道存在多少数据。

（3）封底

封底是页面布局的固定部分。因此，可以为每个报表设计一个单独的封底。

8.2 页面布局编辑器

页面布局编辑器提供用于创建页面布局的对象和工具。启动 WinCC 项目管理器中的页面布局编辑器。页面布局编辑器的结构如图 8-2 所示。

页面布局编辑器是根据 Windows 标准构建的。它具有工作区、工具栏、菜单栏、状态栏和各种不同的选项板。打开页面布局编辑器后，将出现带默认设置的工作环境。可根据喜好排列选项板和工具栏或隐藏它们。

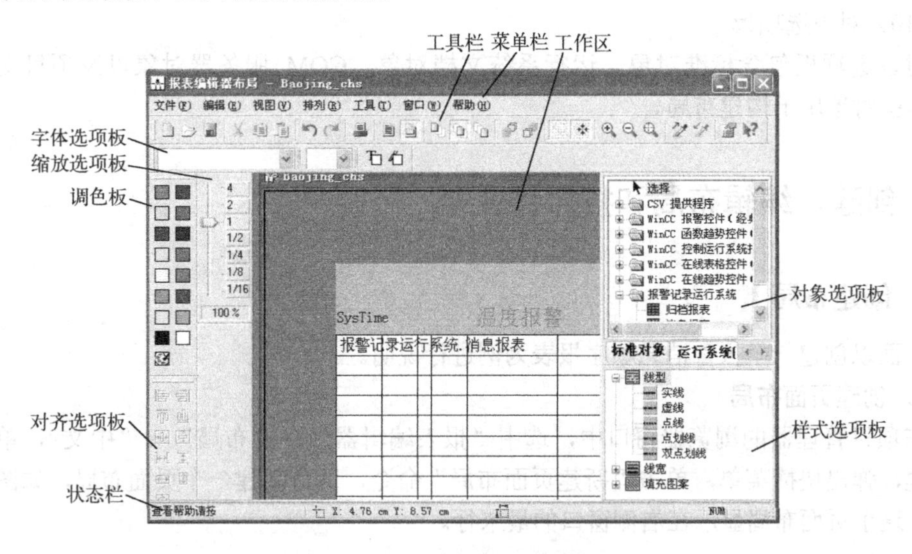

图 8-2 页面布局编辑器的结构

（1）工作区

页面的可打印区将显示为灰色区，而页体部分将显示为白色区。工作区中的每个画面都代表一个布局，并将保存为独立的 rpl 文件。布局可按照 Windows 标准进行扩大和缩小。

（2）菜单栏

菜单栏始终可见。不同菜单上的功能是否激活，取决于不同的状况。

（3）工具栏

工具栏提供一些按钮，以便快速地执行页面布局编辑器常用命令。根据需要，可在屏幕的任何地方隐藏或移动工具栏。

（4）字体选项板

字体选项板用于改变文本对象的字体、大小和颜色，以及标准对象的线条颜色。

（5）缩放选项板

缩放选项板提供了用于放大或缩小活动布局中对象的两个选项：使用带有标准缩放因

子的按钮或使用滚动条。

（6）调色板

调色板用于为选择的对象涂色。除了 16 种标准颜色之外，还可定义自己的颜色。

（7）对齐选项板

使用对齐选项板可改变一个或多个对象的绝对位置以及改变所选对象之间的相对位置，并可对多个对象的高度和宽度进行标准化。

（8）状态栏

状态栏位于屏幕的下边沿，可根据需要将其隐藏。其中，它显示提示、所选对象的位置信息以及键盘设置。

（9）样式选项板

样式选项板用于改变所选对象的外观。根据对象的不同，可改变线段类型、线条粗细或填充图案。

（10）对象选项板

对象选项板包含标准对象、运行系统文档对象、COM 服务器对象以及项目文档对象。这些对象用于构建布局。

8.3 创建、编辑布局和打印作业

8.3.1 创建布局

下面以创建一个报警消息顺序报表为例进行说明。

1．创建页面布局

在项目管理器的浏览器窗口中，选中“报表编辑器”→“布局”→“中文”，单击鼠标右键，弹出快捷菜单，单击“新建页面布局”命令，即可新建一个页面布局，如图 8-3 所示，这个页面布局显示在右侧窗口的最末行。

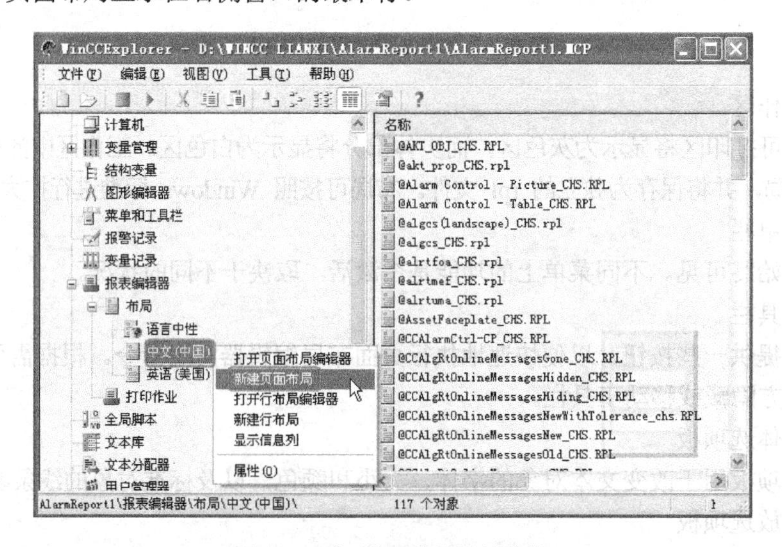

图 8-3 页面布局编辑器的结构

2. 重新命名页面布局

选中新建的页面布局，单击鼠标右键，弹出快捷菜单，单击“重命名页面布局”命令，弹出“新名称”对话框，如图8-4所示，单击“确定”按钮。

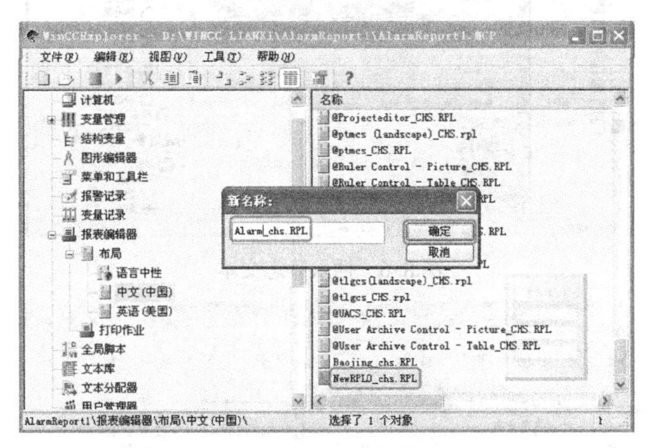

图8-4 重新命名页面布局

3. 打开页面布局

选中重命名的页面布局并双击，页面布局打开，如图8-5所示。

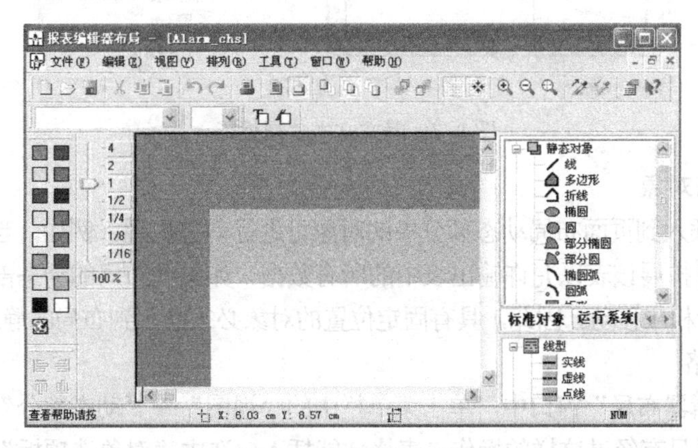

图8-5 打开页面布局

4. 编辑静态对象

静态对象用于创建可视化页面布局。只有静态对象和系统对象可插入到静态层。静态对象和动态对象均可插入动态层。

（1）插入静态文本

在报表编辑器布局中，单击菜单栏中的“视图”→“静态部分”，只有经过这样的操作，静态文本才能插入。选中“对象选项板”→“标准对象”→“静态对象”→“静态文本”，将静态文本拖入静态层即可，如图8-6所示。

（2）编辑静态文本

先在静态文本中输入标题（本例为“温度监控表”），选中静态文本，单击鼠标右键，弹出快捷菜单，单击“属性”命令，如图8-7所示，选中“样式”选项，将“填充图案”改为“透明”，将“线型”改为“无”。

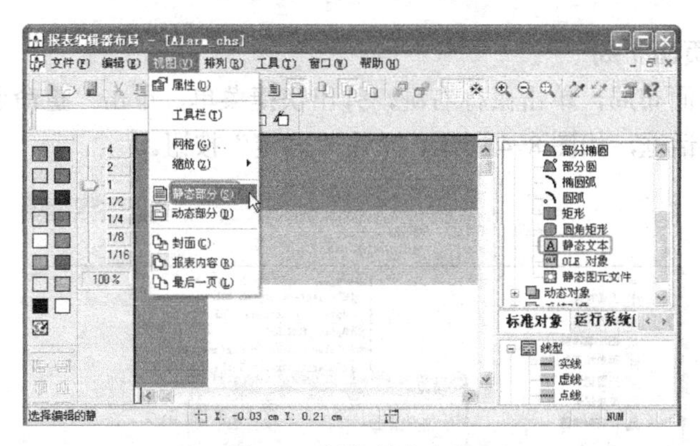

图 8-6　插入静态文本

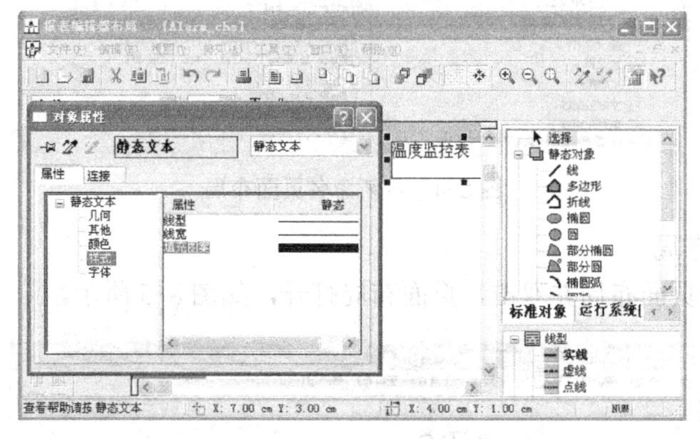

图 8-7　静态文本“属性”

5. 编辑动态对象

如果需要，插入到页面布局动态部分中的对象可进行动态扩展。例如，当动态表中的对象被提供数据时，可扩展该表以允许输出表中的所有数据。如果在布局的动态部分中还存在其他对象，则对其进行相应移动。因此，具有固定位置的对象必须插入到布局的静态部分中。

（1）插入表格

在“报表编辑器布局”窗口中，单击菜单栏中的“视图”→“动态部分”，由于前面是编辑静态对象，所以只有经过这样的操作，表格才能插入。选中“对象选项板”→“运行系统”→“报警记录运行系统”→“消息报表”，将消息报表拖入动态层即可，如图 8-8 所示。

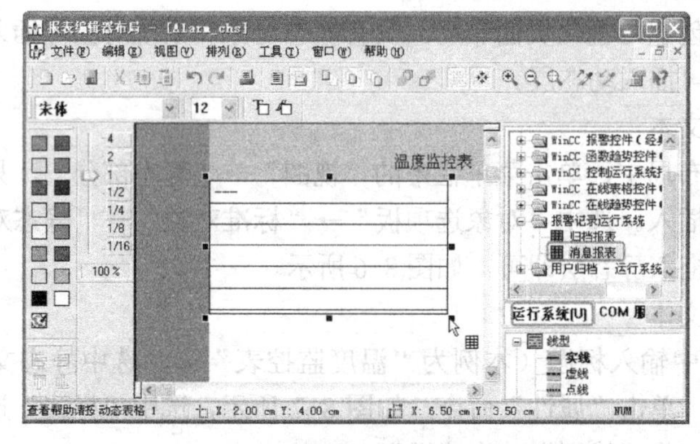

图 8-8　插入消息报表

（2）编辑表格

选中“消息表格”，单击鼠标右键，单击“属性”选项，弹出“对象属性”对话框，如图 8-9 所示，选择“连接”→“选择”，单击“编辑”按钮，如图 8-9 所示，弹出 8-10 所示的对话框。

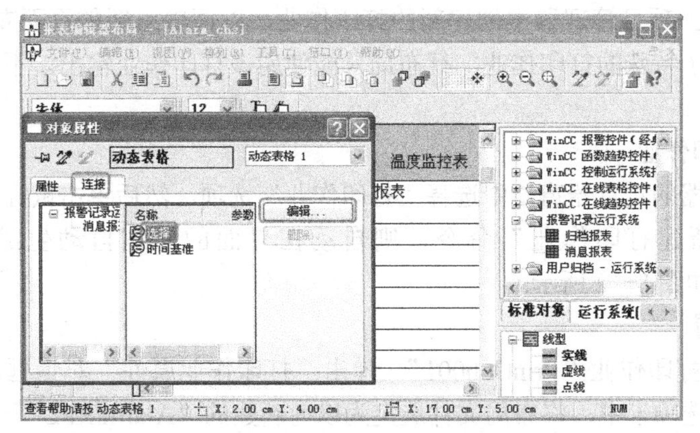

图 8-9 消息报表的“对象属性”对话框

如图 8-10 所示，选中“存放块”中的所有选项，单击 -> 按钮，最后单击“确定”按钮。

6. 设置打印纸的大小

单击“对象属性”对话框中的 按钮，“对象属性”对话框将会固定在顶部，不再移动。选中动态部分下的空白处，单击鼠标右键，然后单击“属性”选项，弹出“对象属性”对话框，如图 8-11 所示，选择“属性”→“几何”，将纸张大小选定为“A4 纸”。

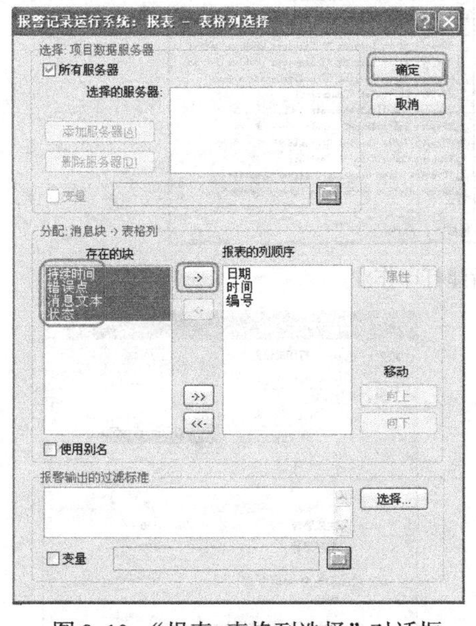

图 8-10 “报表-表格列选择”对话框

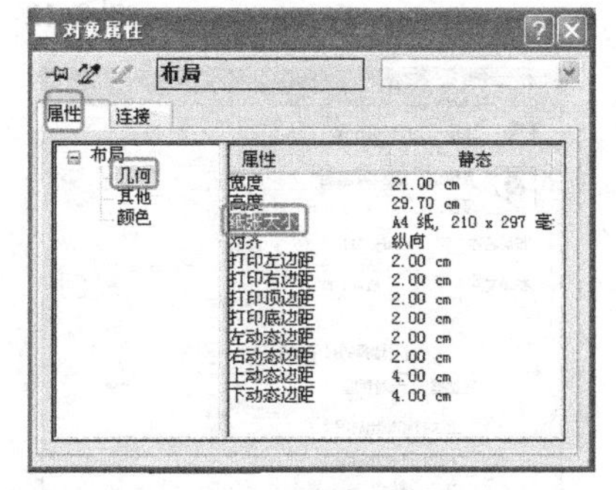

图 8-11 “对象属性”对话框

8.3.2 打印作业

WinCC 中的打印作业对于项目和运行系统文档的输出极为重要：在布局中它要组态输出的外观和数据源；在打印作业中它要组态输出介质、打印数量、开始打印的时间以及

其他输出参数。

每个布局必须与打印作业相关联，以便进行输出。WinCC 中提供了各种不同的打印作业，用于项目文档。这些系统打印作业均已经与相应的 WinCC 应用程序相关联。既不能将其删除，也不能对其重新命名。

可在 WinCC 项目管理器中创建新的打印作业，以便输出新的页面布局。WinCC 为输出行布局提供了特殊的打印作业，行布局只能使用该打印作业输出。不能为行布局创建新的打印作业。

1. 新建打印作业

在项目管理器的浏览器窗口中选择“打印作业”选项，然后单击鼠标右键，弹出快捷菜单，单击“新建打印作业”命令，则自动在界面的右侧自动生成一个打印作业（PrintJob001），如图 8-12 所示。

2. 打印设置

双击新建的打印作业“PrintJob001”，弹出“打印作业属性”对话框，如图 8-13 所示，在“常规”选项卡中，将布局文件选定为以前新建的“Alarm.RPL”。再选择“打印机设置”选项卡，如图 8-14 所示，选择与此计算机相连接的打印机（或者 PDF 等打印文档），最后单击“确定”按钮即可。这样打印机和要打印的布局与数据就绑定到一起了。

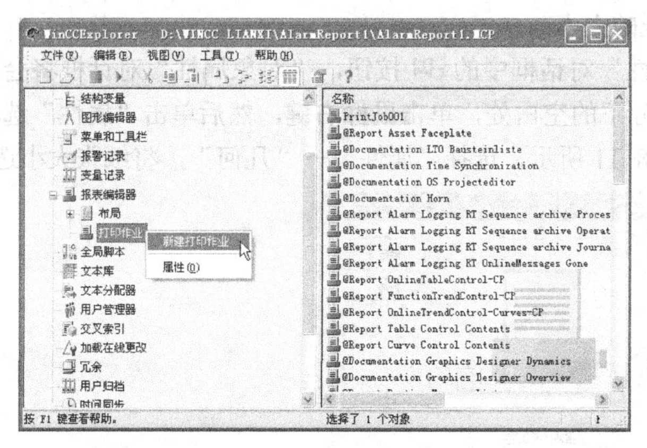

图 8-12　新建打印作业

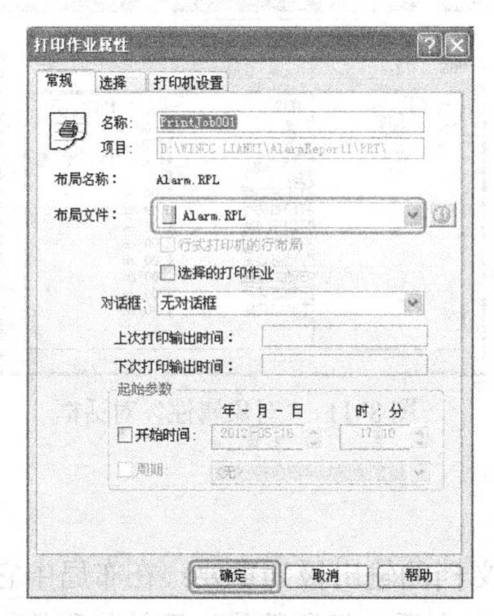

图 8-13　打印作业属性-常规

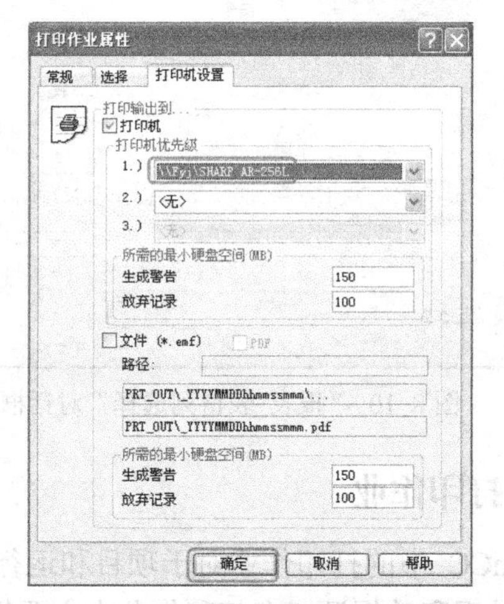

图 8-14　打印作业属性-打印机设置

3. 打印预览和打印

打印预览和打印都可以在一个界面中完成，如图 8-15 所示，选中要打印的作业，单击鼠标右键，弹出快捷菜单，单击“打印”或者“预览打印作业”命令即可完成打印或者打印预览。注意：打印和打印预览必须要在项目运行时才可以进行。

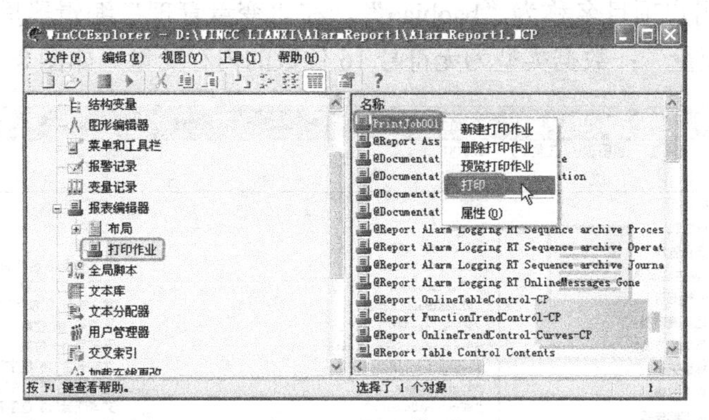

图 8-15　打印作业

打印也可以在图形编辑器中的报警控件中完成。具体方法如下：

双击图形编辑器中的“AlarmControl”控件，弹出“AlarmControl 属性”对话框，如图 8-16 所示，选择“常规”选项卡，单击按钮，弹出“选择打印作业”对话框，选择要打印的作业，单击“确定”按钮即可。

激活运行项目，如图 8-17 所示，单击工具栏上的“打印机”图标即可。

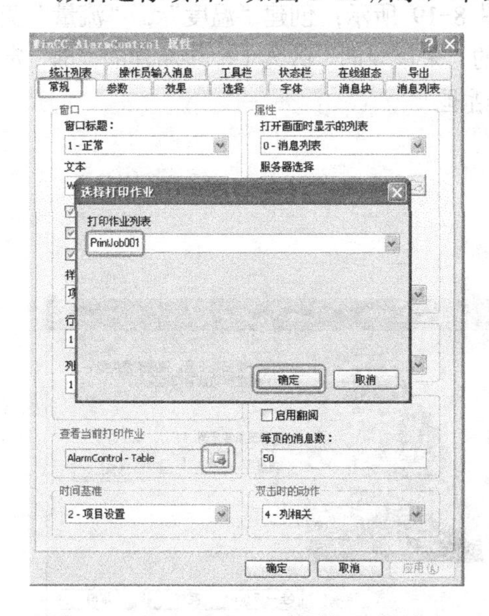

图 8-16 “AlarmControl 属性”对话框

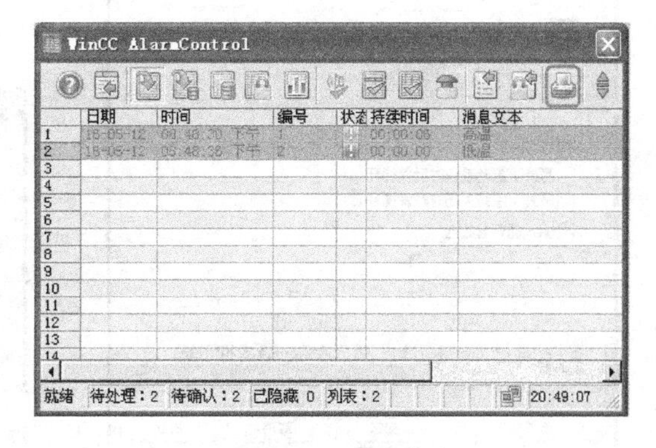

图 8-17　打印作业

8.4　应用实例

以一个简单的实例来具体介绍下报警记录与变量记录报表的创建过程。

【例 8-1】 有一个工程项目，有温度和流量两个变量，请创建一个项目，需要对这两个变量进行报警组态和变量记录组态，并可以打印参数报表。

【解】

1. 新建项目和变量

新建一个单用户项目名称为“baobiao”，在“变量管理”编辑器里，分别创建名称为“温度”和“流量”；数据类型为无符号 16 位数的内存变量，如图 8-18 所示。

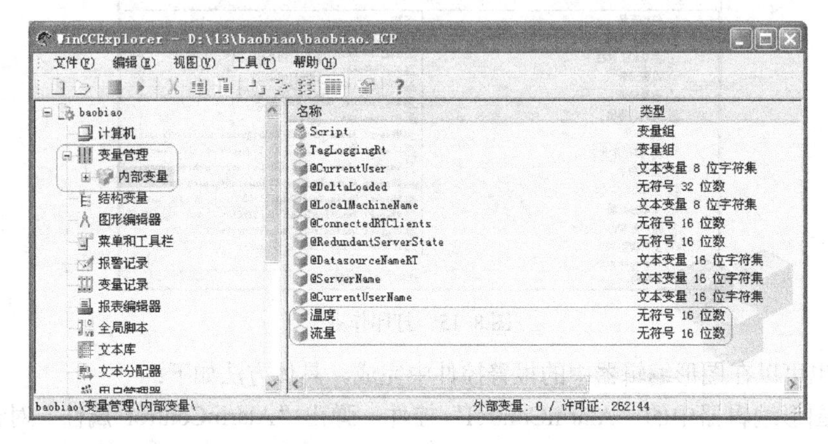

图 8-18　建立变量

2. 变量记录组态

新创建一个名称为“5s”的 5s 定时器，如图 8-19 所示；创建“温度”、“流量”变量归档，如图 8-20 所示；并将所创建的变量归档的“采集周期”改为上一步新建的“5s”定时器；保存“变量记录”，并关闭“变量记录”对话框。

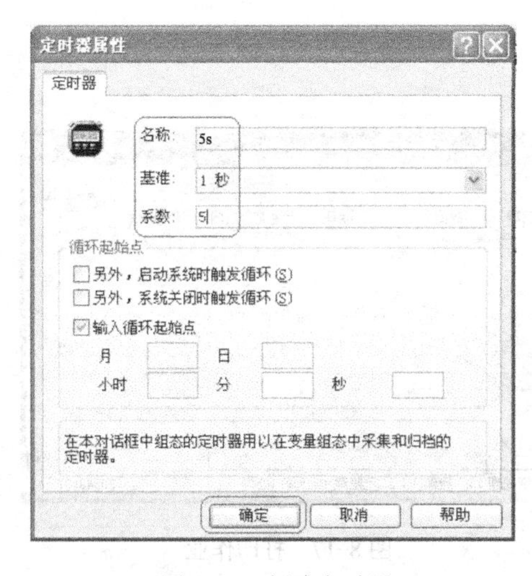

图 8-19　新建定时器

图 8-20　创建归档

3. 报警组态

打开“报警记录”窗口，将“消息块”下的“用户文本块”所对应的“消息文本”与“错误点”的字符长度均改为“20”。

单击“报警记录”对话框下工具栏里的“附加项”图标，添加“模拟量报警”；用鼠标右键单击新建的“模拟量报警”，选择“新建”，分别新建“温度”、“流量”两个模拟量报警。

展开“模拟量报警”前面的“+”，用鼠标右键单击所新建的“温度”模拟量报警，选择“新建”，展开“属性”→“限制值”选项，分别创建“上限值”为“80”、“编号”为“1”；“下限值”为“60”，“编号”为“2”，如图8-21所示。

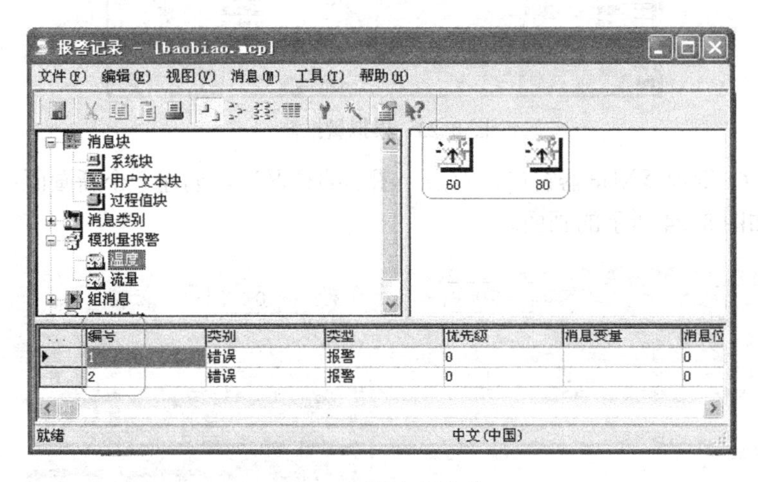

图8-21 模拟量报警

编号为“1”、“2”所对应的“消息变量”选择所创建的“温度”变量；“消息位”分别设置为“0”、“1”；“消息文本”分别输入“温度过高”、“温度过低”；“错误点”均输入“电机”，如图8-22所示。

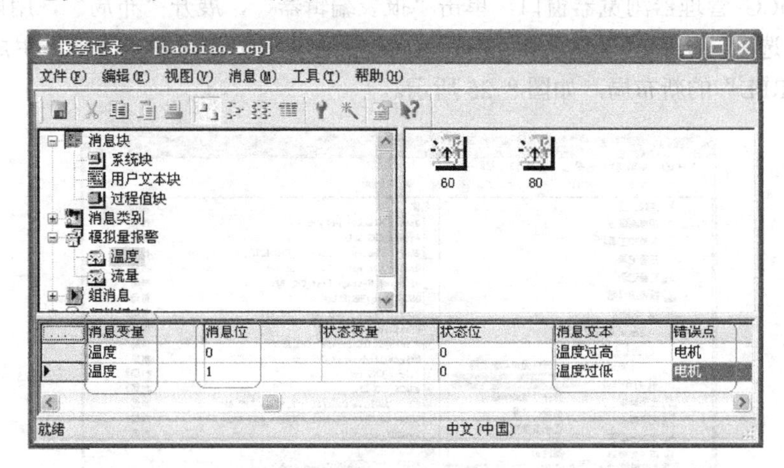

图8-22 模拟量报警

同样地，创建“流量”变量的“上限值”、“下限值”分别为“15”、“5”；“编号”分别为“3”、“4”；“消息位”分别设置为“2”、“3”；“消息文本”分别输入“流量过高”、“流量过低”；“错误点”均输入“冷却水”，如图8-23所示；单击“保存”按钮，保存报警组态。

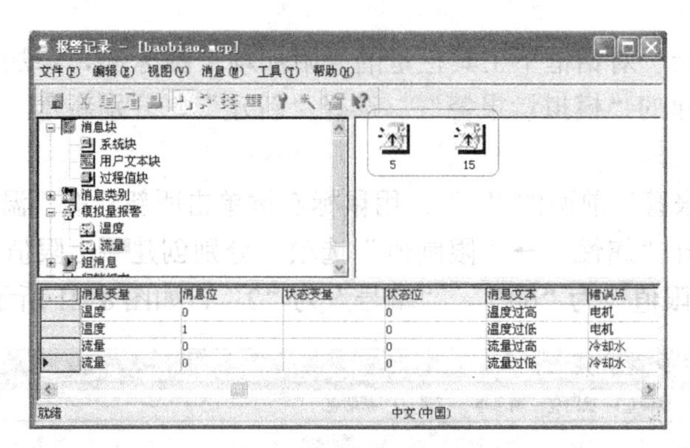

图 8-23 模拟量报警

在 WinCC 管理器浏览器窗口，双击“图形编辑器”，创建一个新画面；在图形编辑器中，创建如图 8-24 所示的画面。

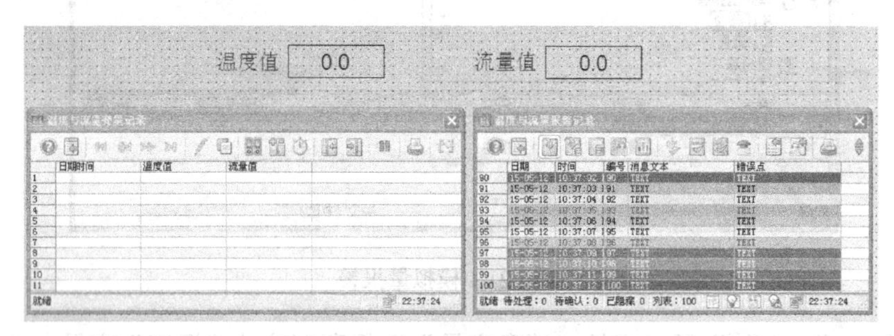

图 8-24 创建画面

4．新建页面布局

在 WinCC 管理器浏览器窗口，单击“报表编辑器”，展开“布局”，用鼠标右键单击“中文”选项，选择“新建页面布局”，在右侧“布局”列表的最下方生成一个名为“NewRPL0.RPL”的新布局，如图 8-25 所示。

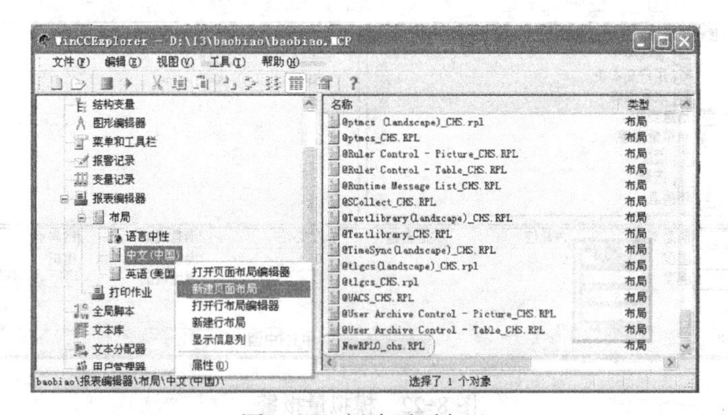

图 8-25 新建页面布局

用鼠标右键单击“NewRPL0.RPL”，在弹出的菜单中选择“重命名页面布局”，在弹出的对话框中输入“baojing_chs.RPL”；用同样的方法创建一个名称为 bianliang_chs.RPL 的新布局。

双击所建的“baojing_chs.RPL”布局，弹出“报表编辑器布局”窗口，单击工具栏的“视图”选项，选择下拉菜单中的“静态部分”命令，如图 8-26 所示。

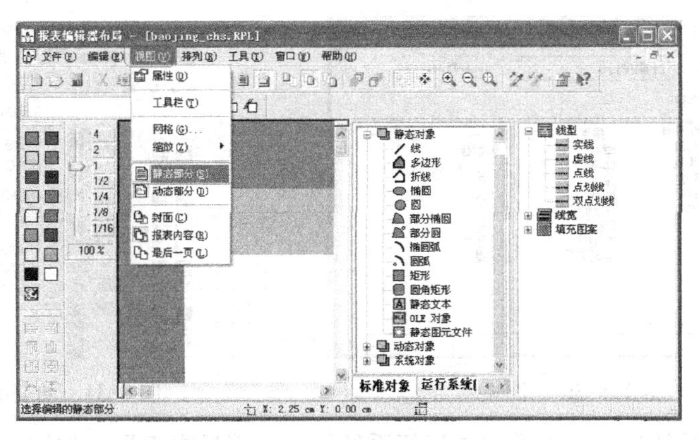

图 8-26 静态文本

选择右侧“标准对象”下的“系统对象”中的“日期/时间”，如图 8-27 所示；在编辑区域中灰色区域的左上角处，拖动鼠标到合适大小，然后释放鼠标即可，如图 8-28 所示。

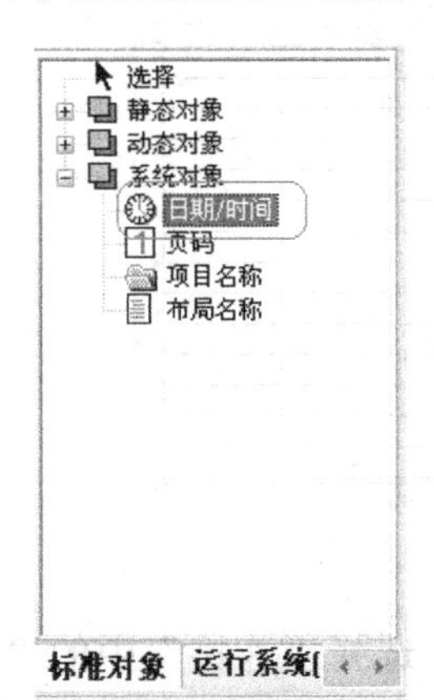

图 8-27 日期/时间

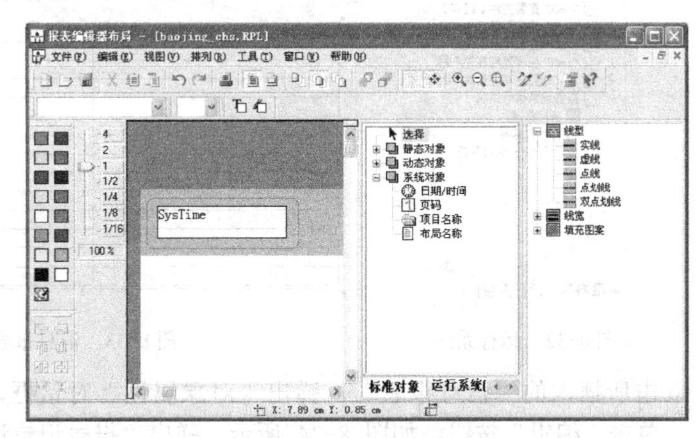

图 8-28 插入日期/时间

选中所插入的“日期/时间”，单击鼠标右键，弹出“对象属性”对话框；选择“属性”→“样式”→“线型”，将“线型”改为“无”，单击“确定”按钮，如图 8-29 所示。选择“字体”，将“X 对齐”、“Y 对齐”均改为“居中”，如图 8-30 所示。

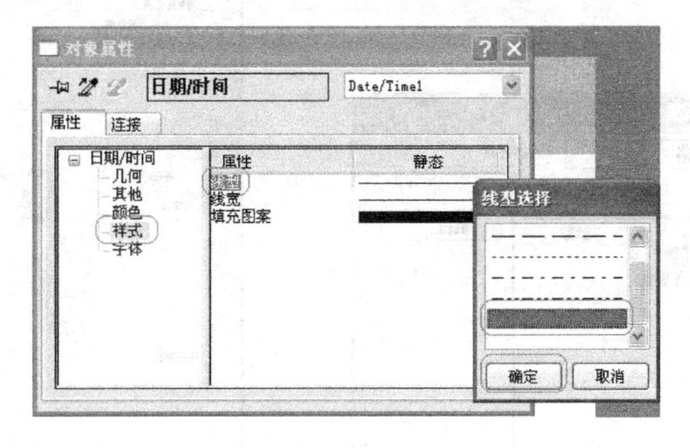

图 8-29 线型

单击菜单栏中的“视图”，选择下拉菜单下的“动态部分”命令，如图 8-31 所示。

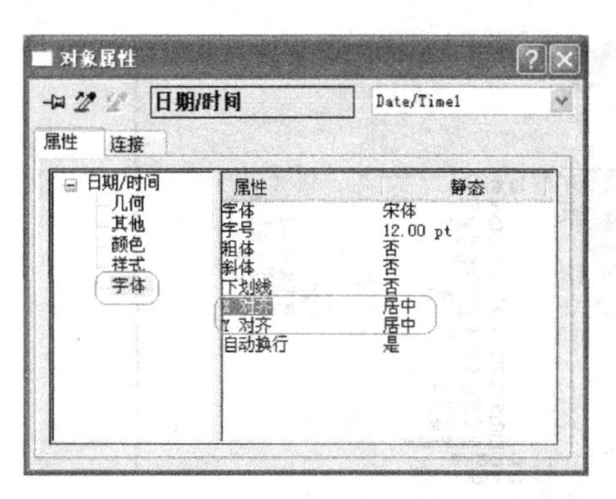

图 8-30　字体

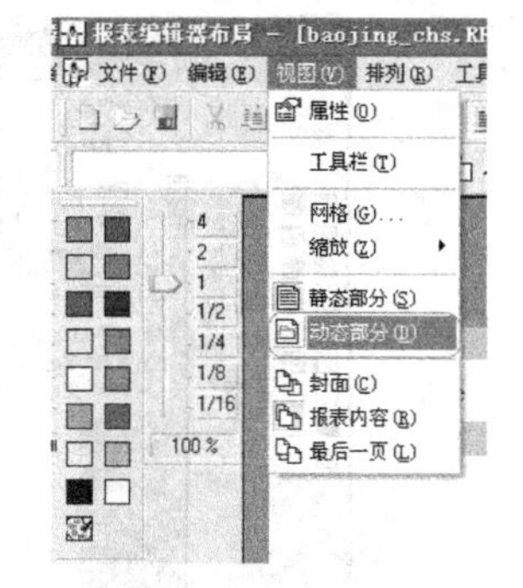

图 8-31　动态部分

选择“运行系统”→“报警记录运行系统”→“消息报表”，如图 8-32 所示；在左侧的白色区域合适位置拖动鼠标到合适大小，如图 8-33 所示。

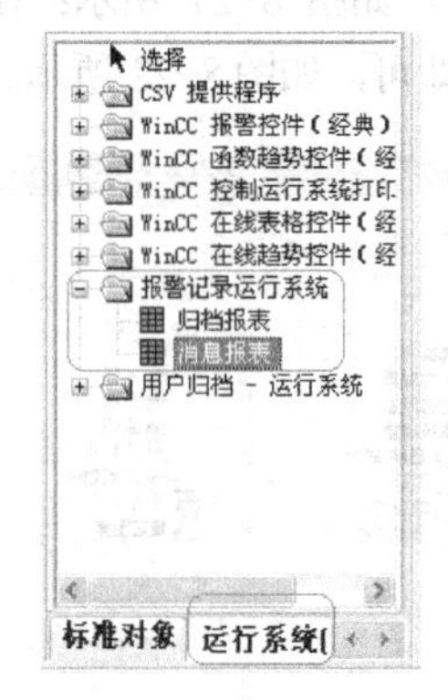

图 8-32　运行系统

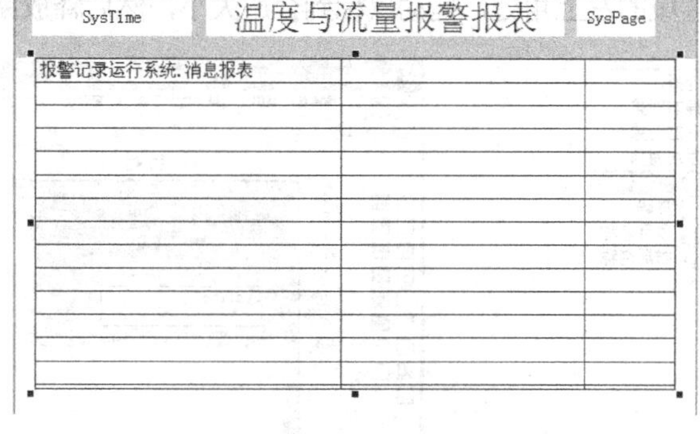

图 8-33　消息报表

双击所插入的“消息报表”，弹出“对象属性”对话框，选择“连接”中的“选择”，单击“编辑”按钮，如图 8-34 所示；弹出“报表记录运行系统：报表-表格列选择”对话框，单击»图标，将“错误点”、“消息文本”添加到“报表的列顺序”中，如图 8-35 所示；单击“确定”按钮，回到“对象属性”窗口。

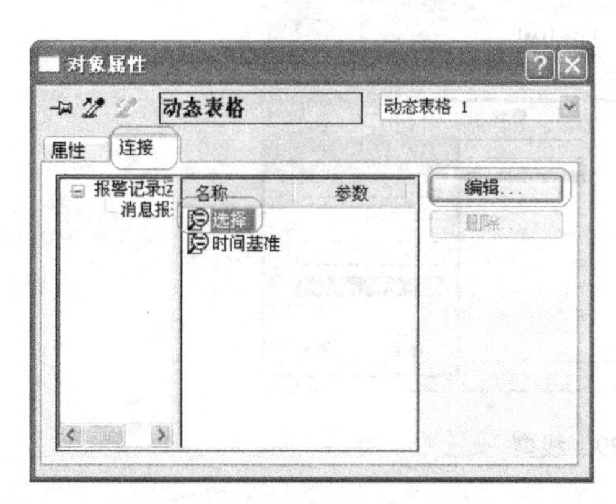

图 8-34　“对象属性”对话框

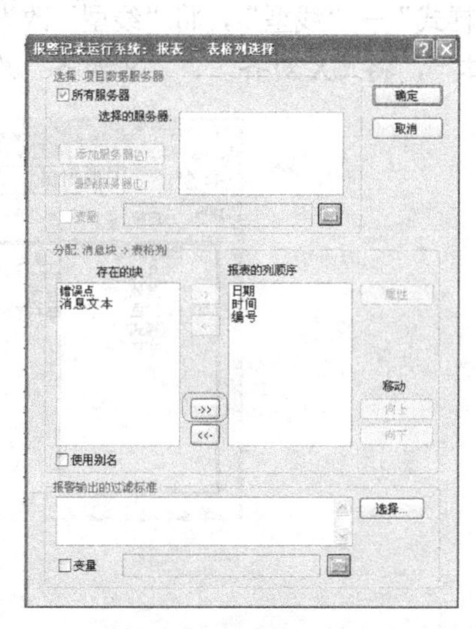

图 8-35　报表记录运行系统：报表-表格列选择

单击“对象属性”的图标，右键报表空白的地方，弹出“布局”的“对象属性”对话框，选择“属性”→“布局”→“几何”→“纸张大小”→选择“A4 纸”。

关闭“对象属性”对话框，单击“保存”按钮，保存报表编辑器布局。

用同样的方法编辑“bianliang_chs.RPL”布局的报表页眉，如图 8-36 所示。

图 8-36 报表页眉

单击菜单栏中的“视图”，选择下拉菜单下的“动态部分”；选择“运行系统”→“WinCC 在线表格控件（经典）” →“表格”，如图 8-37 所示；在左侧的白色区域合适位置拖动鼠标到合适大小，如图 8-38 所示。

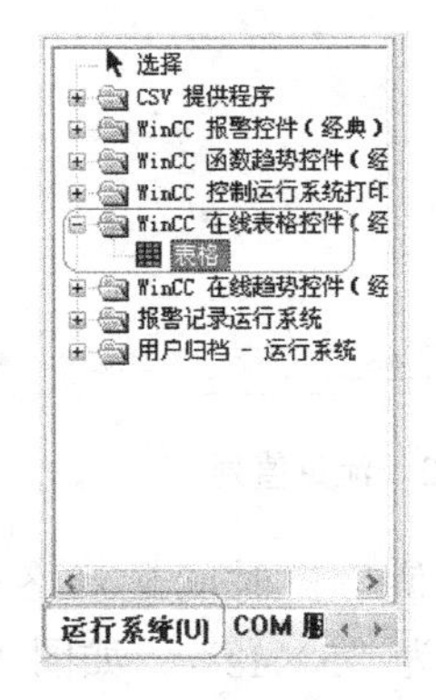

图 8-37 表格

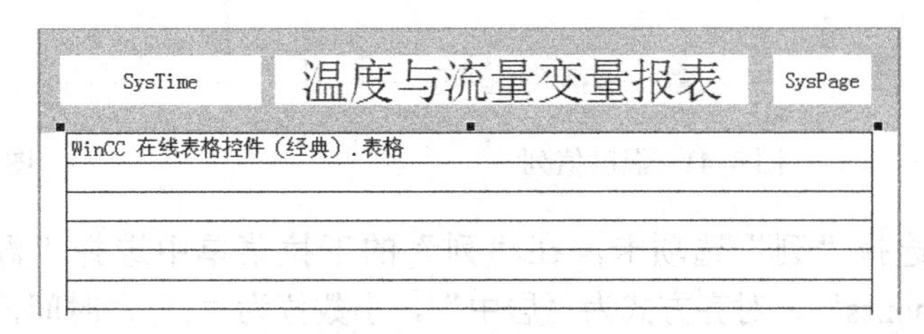

图 8-38 插入表格

双击所插入的“表格”，弹出“对象属性”对话框，选择“连接”中的“分配参数”，单击“编辑”按钮，如图 8-39 所示；弹出“WinCC 在线表格控件的属性”对话框，如图 8-40 所示。

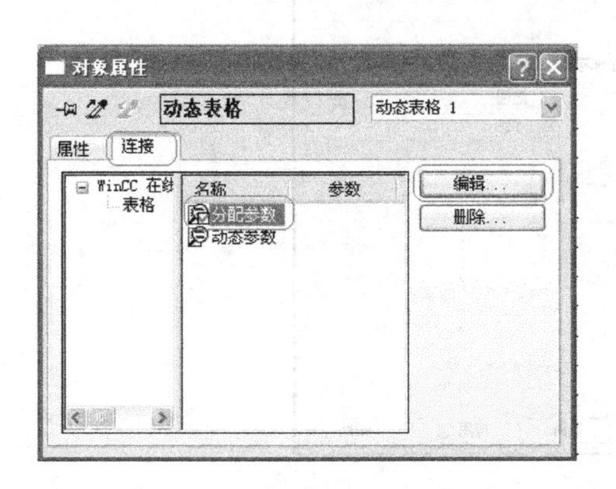

图 8-39 “对象属性”对话框

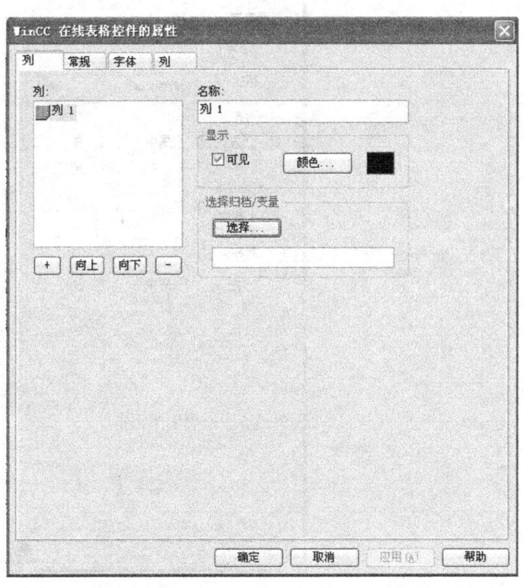

图 8-40 “WinCC 在线表格控件的属性”对话框

在图 8-40 所示的对话框中选择“列”选项卡，将名称“列 1”改为“温度值”，单击“选择归档变量”下的［选择...］按钮，选择“温度”变量，如图 8-41 所示；单击［+］按钮，新增加一列，并将名称改为“流量值”，选择“流量”变量，如图 8-42 所示。

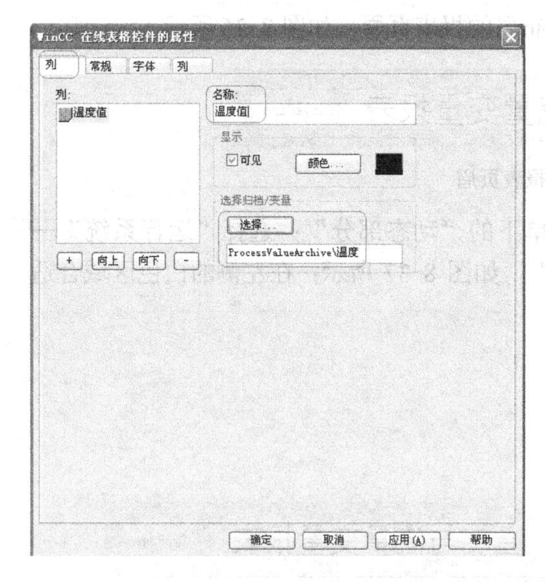

图 8-41　温度值列

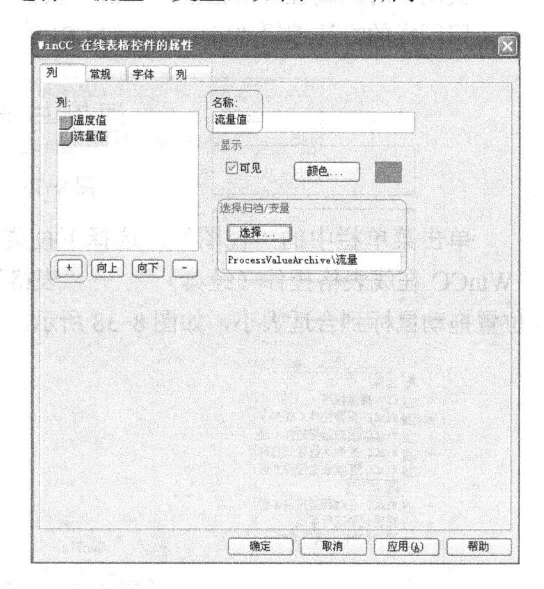

图 8-42　流量值列

选择“列”选项卡，在“列”的下拉菜单中选择“温度值”，时间显示格式为“hh:mm:ss”，对齐方式为“居中”，小数位为“1”，时间范围为“5×1s”，如图 8-43 所示；用同样的方法设置“流量值”，单击“确定”按钮。

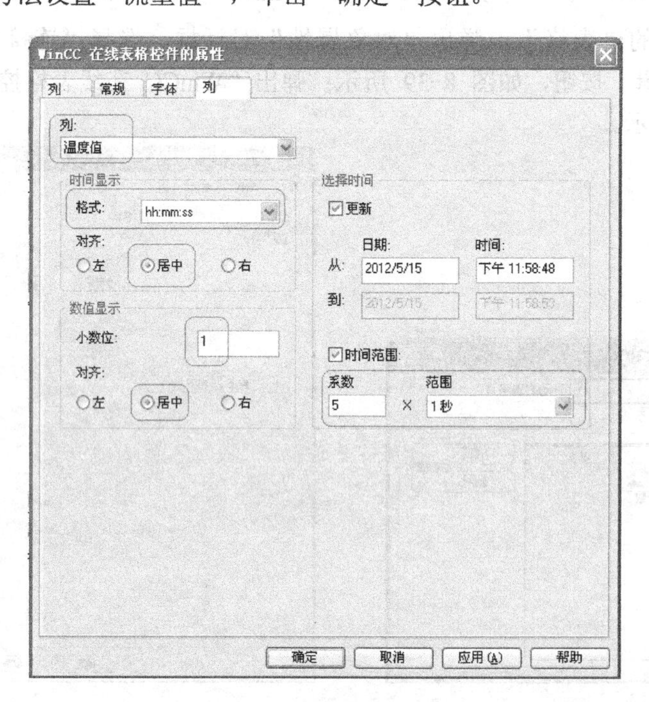

图 8-43　温度值设置

单击“对象属性”的图标，单击报表空白的地方，弹出“布局”的“对象属性”对话框，选择“属性”→“布局”→“几何”→“纸张大小”→选择“A4纸”。

关闭“对象属性”对话框，保存并关闭报表编辑器布局窗口。

5. 打印作业

在 WinCC 管理器浏览窗口中，单击“报表编辑器”→“打印作业”，选择“@Report Alarm Logging RT Message sequence”选项并双击，如图8-44所示，弹出“打印作业属性”对话框，选择“常规”选项卡，选择“布局文件”下拉列表中的“baojing.RPL”，注意“行式打印机的行布局”不勾选，如图8-45所示。

选择“打印机设置”选项卡，在“打印机优先级”下的“1.）”的下拉菜单中选择“Adobe PDF”打印机，然后单击“确定”按钮，如图8-46所示。

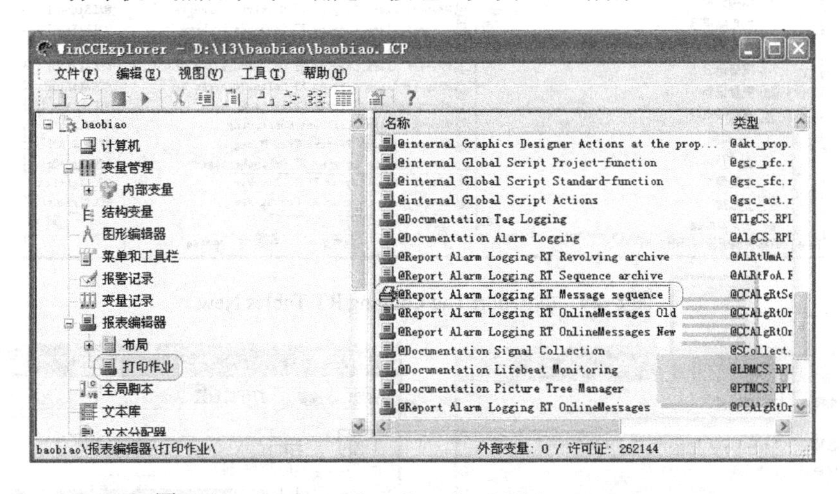

图8-44 @Report Alarm Logging RT Message sequence

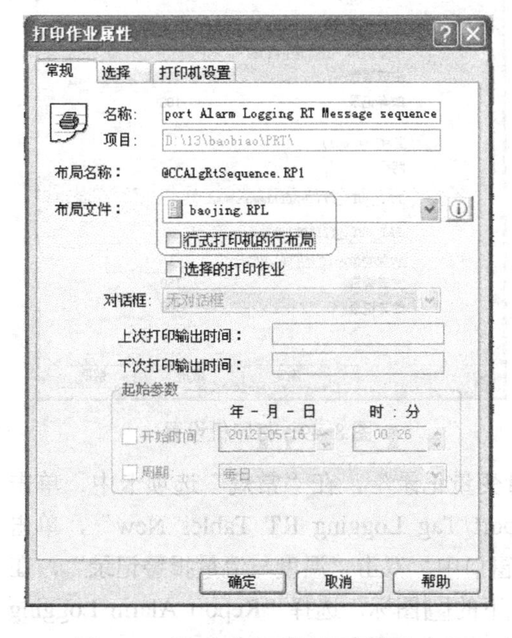

图8-45 “打印作业属性”对话框（1）

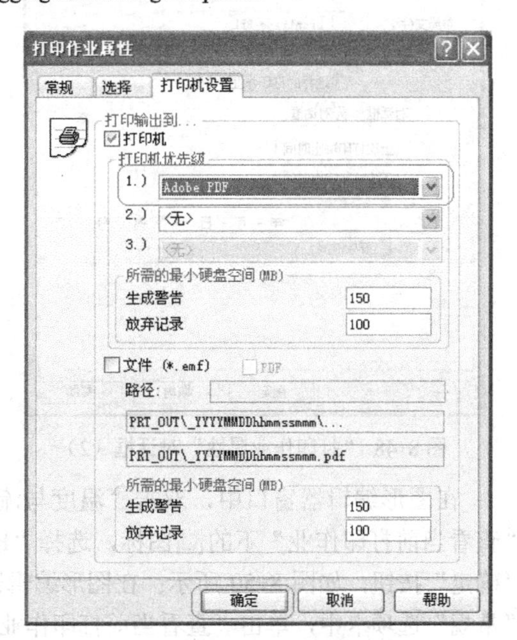

图8-46 打印机设置

回到“打印作业”界面，选择“@Report Tag Logging RT Tables New”并双击，如图 8-47 所示，弹出“打印作业属性”对话框，单击“常规”选项卡，选择“布局文件”下拉列表中的“bianliang.RPL”，如图 8-48 所示。

单击“打印机设置”选项卡，在“打印机优先级”下的“1.）”的下拉列表中选择“Adobe PDF”打印机，然后单击“确定”按钮，如图 8-49 所示。

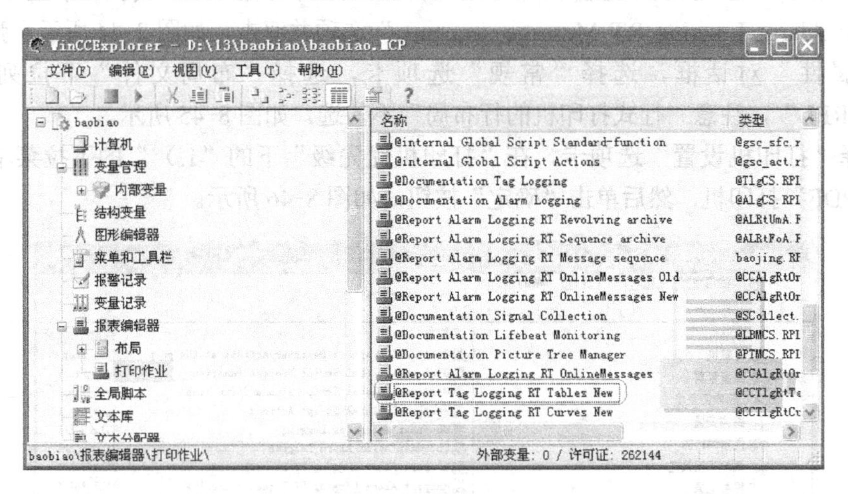

图 8-47 @Report Tag Logging RT Tables New

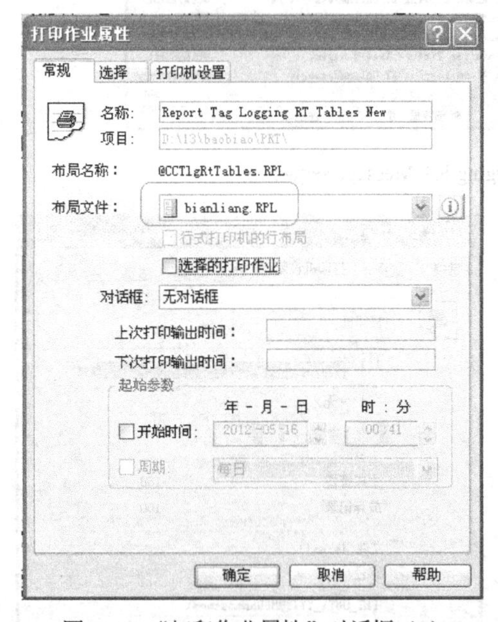

图 8-48 “打印作业属性”对话框（2）

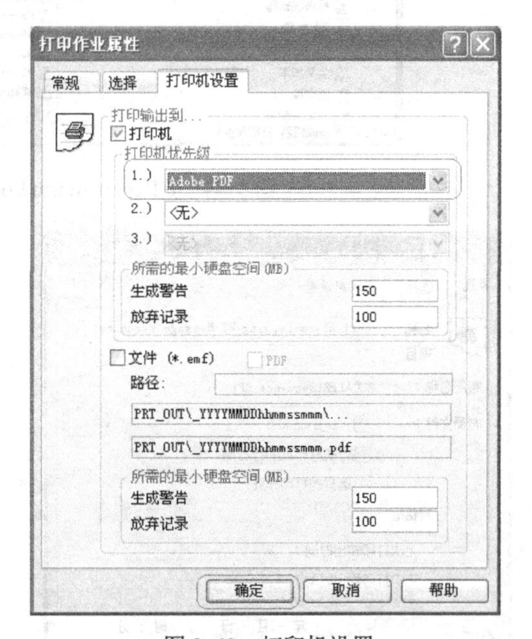

图 8-49 打印机设置

在图形编辑器窗口中，双击“温度与流量变量记录”，在“常规”选项卡中，单击“查看当前打印作业”下的图标，选择“Report Tag Logging RT Tables New”，单击“确定”按钮，如图 8-50 所示；在图形编辑器窗口中，双击“温度与流量报警记录”，在“常规”选项卡中，单击“查看当前打印作业”下的图标，选择“Report Alarm Logging RT Message sequence”，如图 8-51 所示，单击“确定”按钮，并保存。

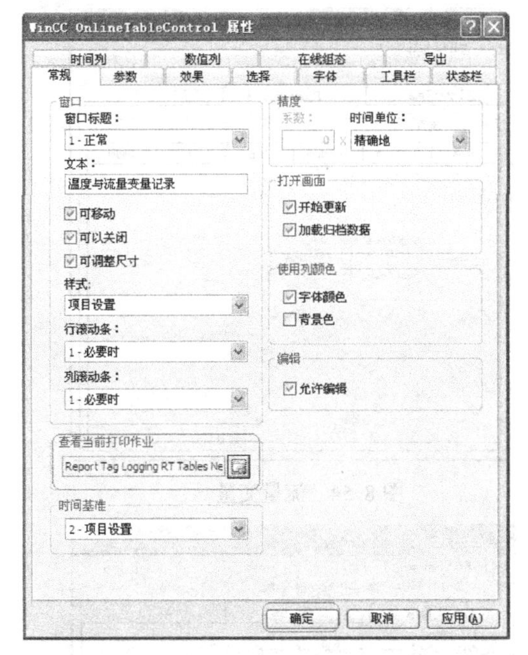

图 8-50　选择 Report Tag Logging RT Tables New

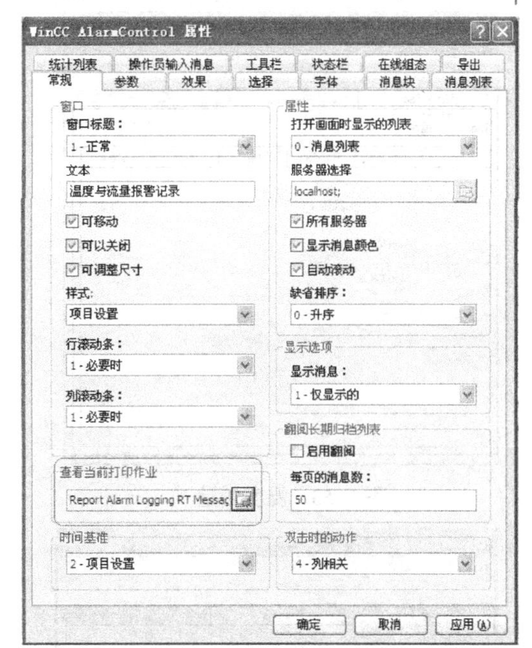

图 8-51　选择 Report Alarm Logging RT Message sequence

激活工程，在 WinCC 资源管理器浏览器窗口中，用鼠标右键单击“计算机”选项，在弹出的快捷菜单中选择“属性”，打开“计算机属性”对话框，在“启动”项中，选择“报警记录运行系统、变量记录运行系统、报表运行系统、图形运行系统”复选框，如图 8-52 所示。

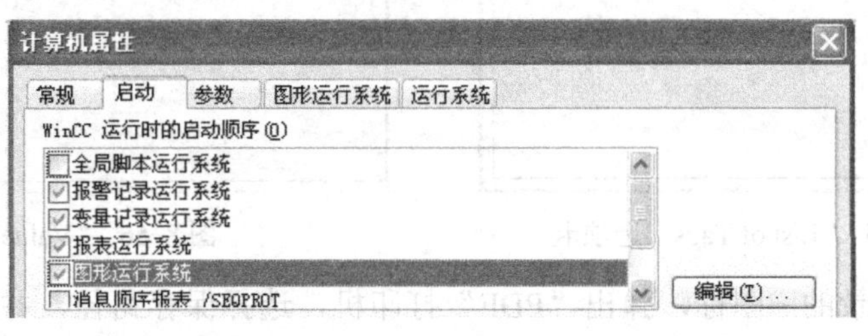

图 8-52“启动”设置

6. 产生仿真数据

启动 WinCC 内部变量模拟器，单击“开始”→“所有程序”→“SIMATIC”→“WinCC”→“Tools”→“WinCC TAG Simulator”，启动 WinCC 内部变量模拟器；单击“Edit”（编辑）菜单，选择“New Tag”（变量），单击“Properties”（属性）下的“Inc”（增加），将“Start Value”（开始值）设置为 0，“Stop Value”（停止值）设置为 100，选中“active”（激活）选项，如图 8-53 所示；用同样的方法设置变量“流量”，将“Start Value”设置为 0，“Stop Value”设置为 20，选中“active”选项，如图 8-54 所示。

单击“List of Tags”（变量列表）选项卡，可以看到“温度”与“流量”两个变量已添加进来，如图 8-55 所示。

单击 WinCC 项目管理器中的“激活”按钮 ▸，激活项目；在“Simulation”（仿真）窗口，单击 Start Simulation 按钮，可以看到对应“温度”、“流量”变量后的“Value”的值在不断地变化，同时 Start Simulation 图标会变成 Stop Simulation，如图 8-56 所示。

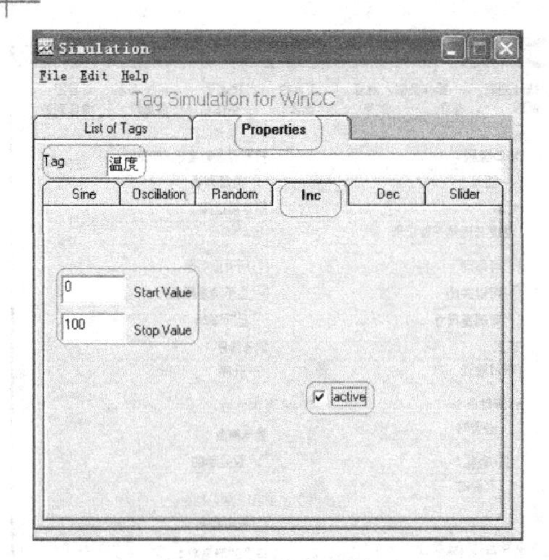

图 8-53 温度变量

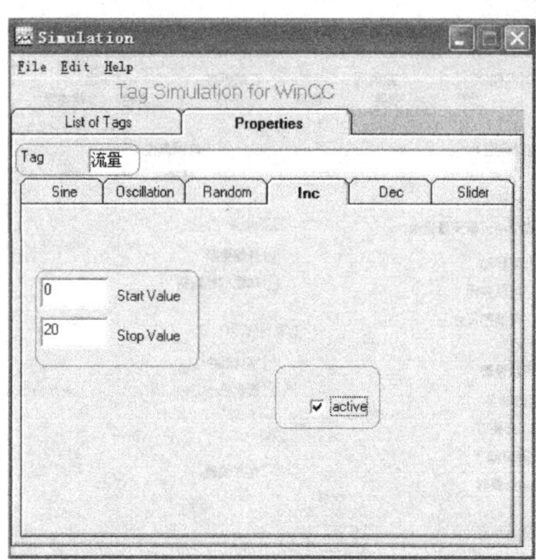

图 8-54 流量变量

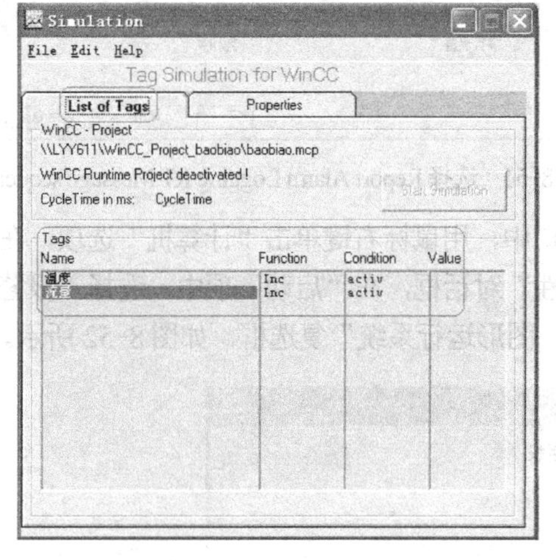

图 8-55 “List of Tags”选项卡

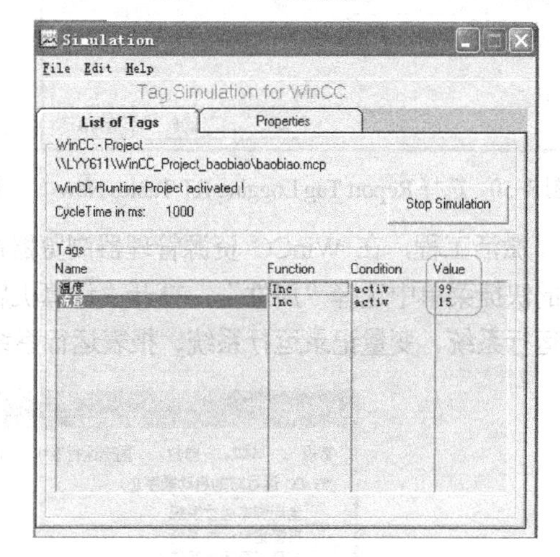

图 8-56 “Value”的值

单击报警记录的图标，弹出“PDF”打印机，选择保存路径，并单击“保存”按钮，如图 8-57 所示；提示“正在创建 Adobe PDF”，打印效果如图 8-58 所示。

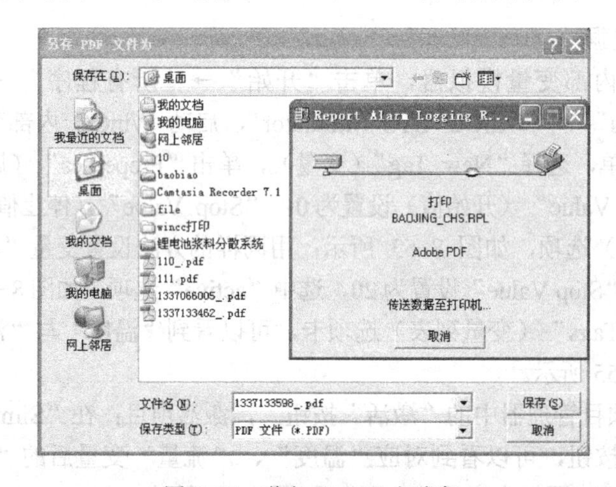

图 8-57 弹出“PDF”打印机

2012-5-16 10:11:20　　温度与流量报警报表　　2

日期	时间	编号	错误点	消息文本
16/05/2012	10:11:10	3	冷却水	流量过大
16/05/2012	10:11:14	4	冷却水	流量过低
16/05/2012	10:11:15	2	电机	温度过低
16/05/2012	10:11:16	1	电机	温度过高

图 8-58　报警打印效果

同样地，单击变量记录的图标，弹出“PDF”打印机，选择保存路径并单击“保存”，提示“正在创建 Adobe PDF”，打印效果如图 8-59 所示。

2012-5-16 10:12:18　　温度与流量变量记录　　2

日期/时间	温度值	日期/时间	流量值
12-05-16 10:12:04 上午	0.0	12-05-16 10:12:04 上午	10.0
12-05-16 10:12:09 上午	5.0	12-05-16 10:12:09 上午	15.0

图 8-59　变量记录打印效果

小结

重点难点总结

1. 新建和编辑页面布局。
2. 新建和打印作业。

习题

1. 怎样新建一个布局？怎样对布局重命名？

2. 在编辑布局时，先进行了静态文本操作，在转向动态对象编辑之前，需要进行什么操作步骤？

3. 已知报警组态已经完成，请创建一个新布局（包含系统时间、页码、工程名称和一个变量的报警表格），并新建、打印预览和打印这个打印作业，要求打印作业是 PDF 文档。

4. 已知变量记录组态已经完成，请创建一个新布局（包含系统时间、页码、工程名称和一个变量的变量记录表格），并新建、打印预览和打印这个打印作业，要求打印作业由安装 WinCC 的计算机相连的打印机完成。

第9章

脚 本 系 统

本章介绍 WinCC 的脚本系统，对于一般的过程可视化系统，无论是基于 PC 的 HMI 还是基于嵌入式系统的 HMI，通常提供一些脚本语言。脚本语言为过程系统的动态化提供了很大的便利，因此应用十分广泛。

9.1 脚本基础

WinCC 的脚本系统主要由以下 3 部分组成：C 脚本、VBS 脚本和 VBA 。使用 WinCC 脚本有如下优势：

1）WinCC 通过完整和丰富的编程系统实现了开放性，通过脚本可以访问 WinCC 的变量、对象和归档等。

2）WinCC 借助 C 脚本，还可以通过 Win32 API 访问 Windows 操作系统及平台上的各种应用。

3）而 VBS 脚本则从易用性和开发的快速性上具有优势。

4）VBA 可以使组态自动化，在一定程度上简化了用户的组态。

9.1.1 C 脚本（C–Script）基础

1．函数和动作的概念

函数是一段代码，可在多处使用，但只能在一个地方定义。WinCC 包括许多函数。函数一般由特定的动作来调用。此外，用户还可以编写自己的函数和动作。

动作用于独立于画面的后台任务，例如打印日常报表、监控变量或执行计算等。动作由触发器启动。

WinCC 的 C 脚本使图形和过程动态化是通过使用函数和动作实现的，C-Script 中动作和函数的工作原理如图 9-1 所示。

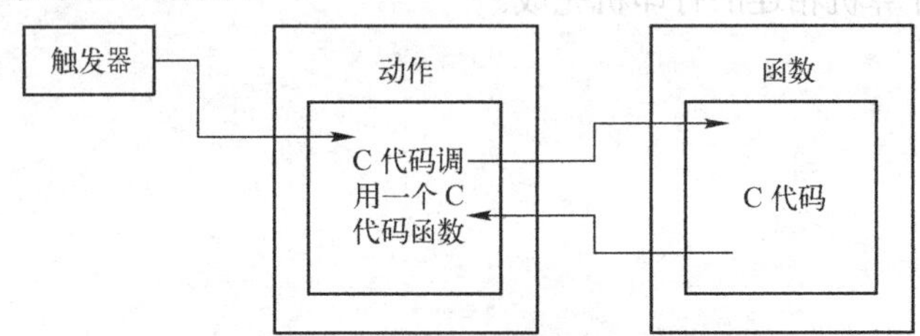

图 9-1　C-Script 中动作和函数的工作原理

2．函数的分类

函数和动作范围如图 9-2 所示。

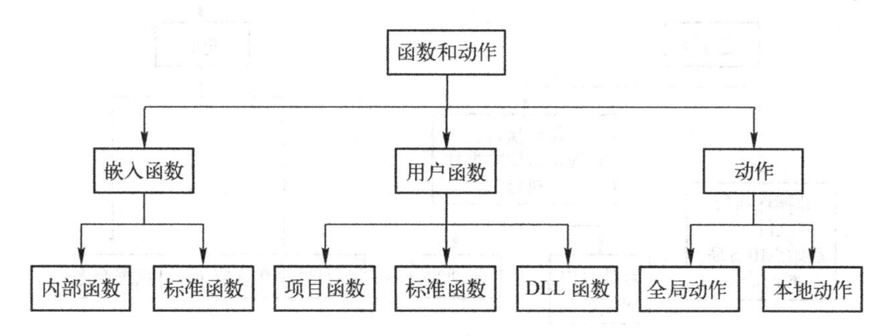

图 9-2　函数和动作范围

WinCC 函数具体说明如下：

1）项目函数可以生成全局访问的 C 函数。

2）标准函数包含用于 WinCC 编辑器、报警和存档等。

3）内部函数是 C 语言常用函数。

WinCC 内部函数提供的主要功能如下：

1）Allocate 组包含分配和释放内存的函数。

2）C_bib 组包含来自 C 库的 C 函数。

3）Graphics 组中的函数可以读取或设置 WinCC 图形对象的属性。

4）Tag 组的函数可以读取或设置 WinCC 变量。

5）WinCC 组的函数可以在运行系统中定义各种设置。

项目函数、标准函数、内部函数在特征上是有区别的，具体见表 9-1。

表 9-1　项目函数、标准函数、内部函数在特征上的区别

特　征	项 目 函 数	标 准 函 数	内 部 函 数
由用户自己创建	可以	不可以	不可以
由用户自己进行编辑	可以	可以	不可以
重命名	可以	可以	不可以
口令保护	可以	可以	不可以
使用范围	仅在项目内识别	可在项目之间识别	项目范围内可用
文件扩展名	*.fct	*.fct	*.icf

3．触发器的类型

触发器用于在运行系统中执行动作。所以，将触发器与动作相链接以构成对动作进行调用触发事件，如果没有触发器，动作就不会执行。触发器的类型如图 9-3 所示。

对触发器说明如下：

（1）周期性触发器

这类触发器指定时间周期和起始点，如每小时触发器、每日触发器、每周触发器、每月触发器、每年触发器等。所谓每小时触发，就是每一小时触发一次与之相链接的动作。

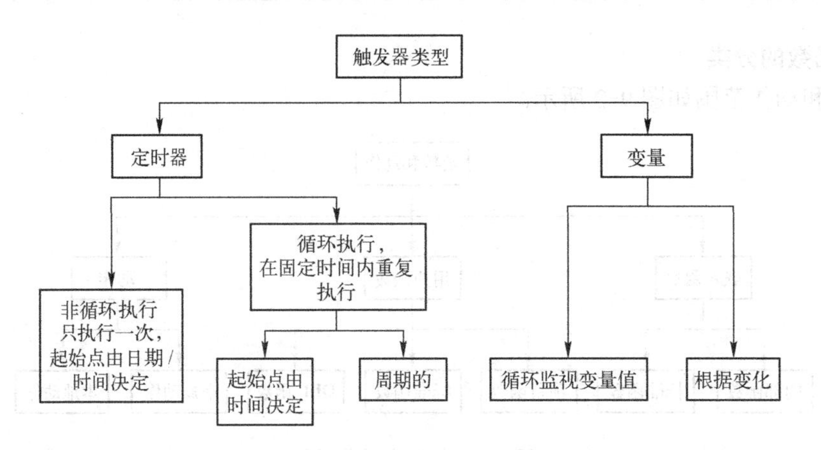

图 9-3　触发器的类型

（2）非周期性触发器

这类触发器指定日期和时间。由此类触发器所指定的动作将按所指定的日期和时间来完成。

（3）变量触发器

这类触发器包括一个或者多个变量的详细规范。每当检测到这些变量的数值的变化时，都将执行与此类触发器相关联的动作。

9.1.2　C 脚本编辑器

C-Script 全局脚本编辑器如图 9-4 所示。

图 9-4　C-Script 全局脚本编辑器

1．浏览窗口

浏览窗口用于选择将要编辑或插入到编辑窗口中光标位置处的函数和动作。在浏览器中，函数和动作均按组的多层体系进行组织。函数以其函数名显示；对于动作，则显示文件名。

2. 编辑窗口

函数和动作均在编辑窗口中进行写入和编辑。只有当所要编辑的函数或动作已经打开时才显示编辑窗口，每个函数或动作都在单独的编辑窗口中打开，可同时打开多个编辑窗口。

3. 输出窗口

函数“在文件中查找”或“编译所有函数”的结果将显示在输出窗口中。默认状态下，它是可见的，但也可将其隐藏。

在文件中查找，搜索的结果按每找到一个搜索术语显示一行的方式显示在输出窗口中。每行均有一个行号，并会显示路径和文件名以及找到的搜索术语所在行的行号和文本。通过双击显示在输出窗口中的行，可打开相关的文件。光标将放置在找到搜索术语的行中。

编译所有函数，必要时，编译器将输出每个编译函数的警告和出错消息。下一行将显示已编译函数的路径和文件名以及编译器的摘要消息。

4. 菜单栏

菜单栏按钮根据情况而有所不同，它始终可见。

5. 工具栏

全局脚本具有两个工具栏，需要时可使其可见，并可使用鼠标拖动到画面的任何地方。

6. 状态栏

状态栏位于全局脚本窗口的下边缘，可以显示或隐藏。它包含了与编辑窗口中光标位置以及键盘设置等有关的信息。此外，状态栏可显示当前所选全局脚本函数的简短描述，也可显示其提示信息。

9.1.3 创建和编辑函数

1. 创建和编辑函数概述

系统会区分项目、标准函数和内部函数。WinCC 带有可供广泛选择的标准函数和内部函数。此外，用户可以创建自己的项目函数和标准函数或修改标准函数。然而，需要注意的是，重新安装 WinCC 时，WinCC 包括的标准函数将被重写，所以任何函数修改都会丢失。

如果在多个动作中必须执行同样的计算，只是具有不同的起始值，则最好编写函数来执行该计算。然后，可以在动作中用当前参数很方便地调用该函数。这种方法具有许多优势：

1）只编写一次代码。

2）只需在一个地方，即在过程中作修改，而不需在每个动作中修改。

3）动作代码更简短，因而也更明了。

动作和函数的使用方法如图 9-5 所示。

2. 创建和编辑函数的过程

以下用一个例子介绍创建函数的过程：

【例 9-1】 创建一个项目函数，其功能是计算 4 个数字的平均值，参数以数值的形式

传递给函数，结果以数值形式返回。

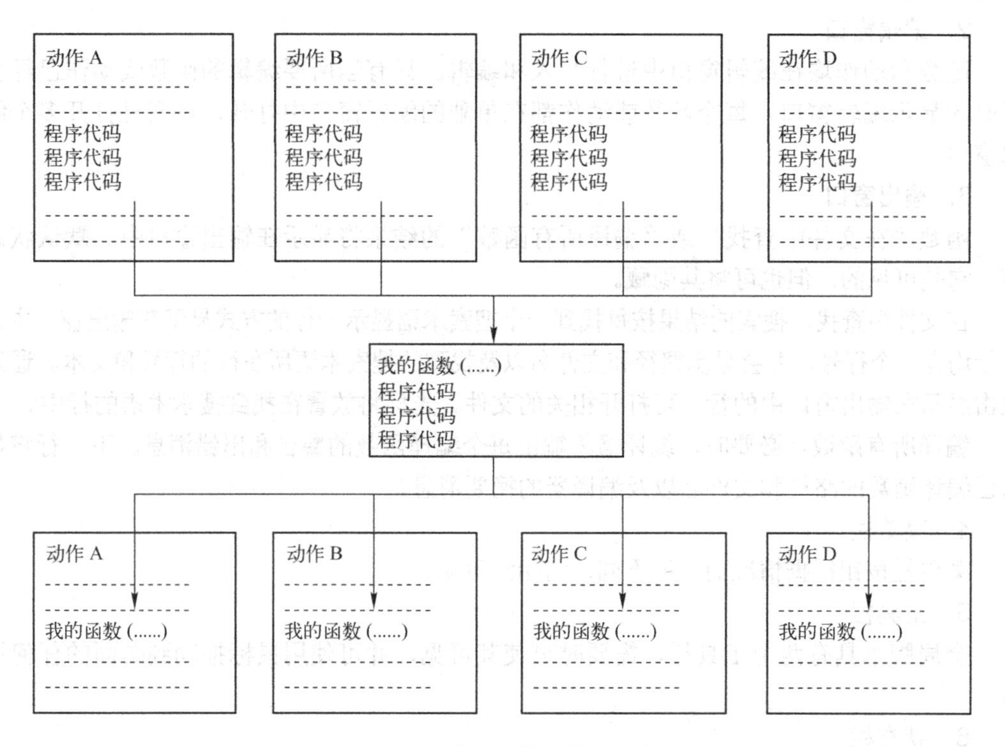

图 9-5　动作和函数的使用方法

1）打开全局脚本 C-编辑器。在项目管理器的浏览器窗口中，选中“C-Editor”，单击鼠标右键，弹出快捷菜单，单击“打开”命令，如图 9-6 所示。

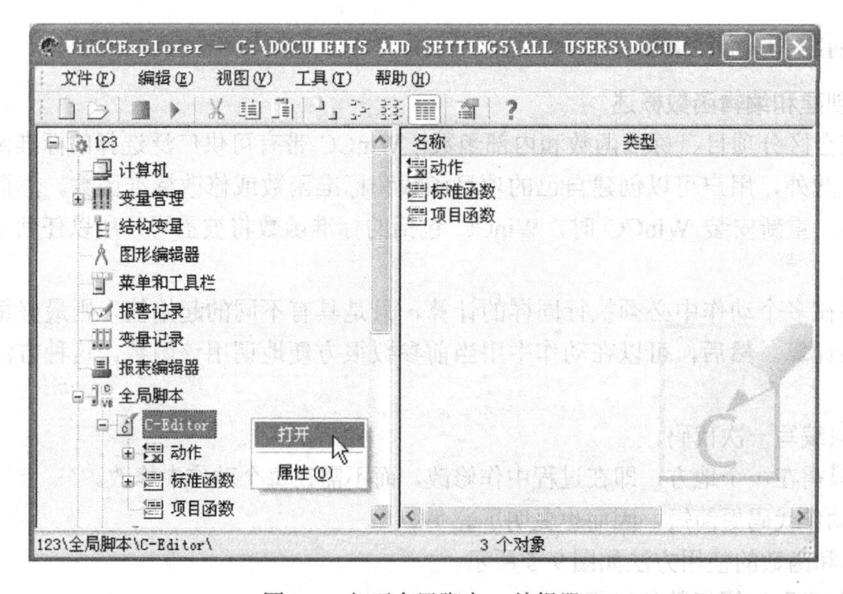

图 9-6　打开全局脚本 C-编辑器

2）打开函数编辑器。在浏览器窗口中，选定“项目函数”，单击鼠标右键，弹出快捷菜单，单击“新建”命令，如图9-7所示。

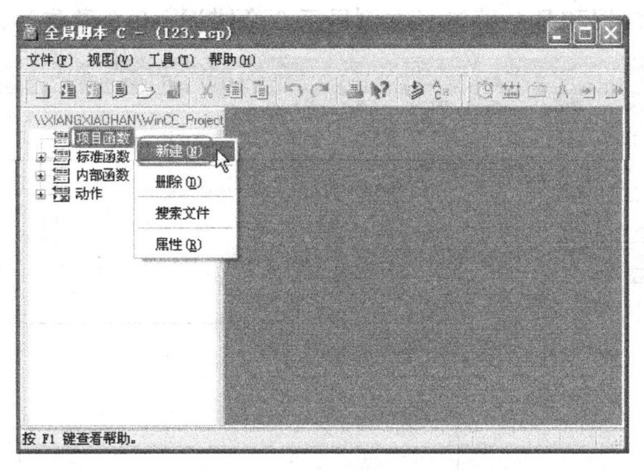

图9-7　打开函数编辑器

3）编写函数代码。编写代码如图9-8所示。

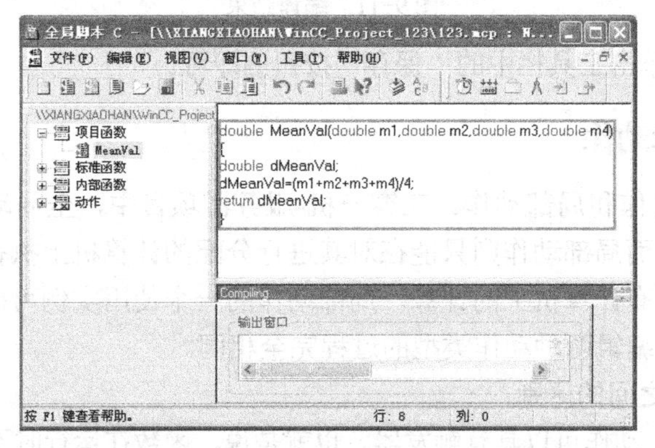

图9-8　编写代码

4）插入与函数相关的附加信息，并加密。单击菜单栏的“编辑”→“信息”，弹出如图9-9所示的对话框，勾选“口令”选项，弹出如图9-10所示的对话框，在“口令”和“确认”中输入相同的密码（本例中输入的是“123”），单击“确定”按钮，回到图9-9所示的对话框，再单击“确定”按钮即可。

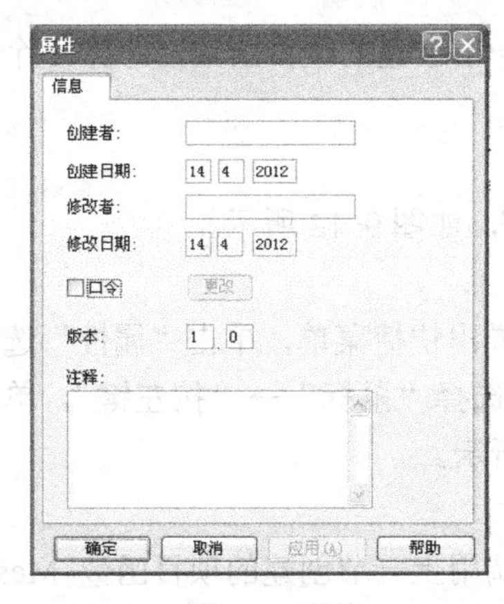

图9-9　属性

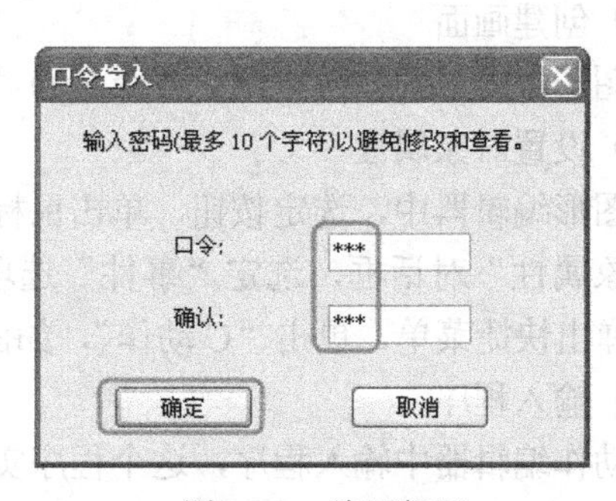

图9-10　编写代码

5）编译函数。单击工具栏中的“编译”按钮，即可编译函数，编译完成后，编辑器窗口下方显示有几个错误和几个警告（本例显示 0 个错误，0 个警告），如图 9-11 所示。

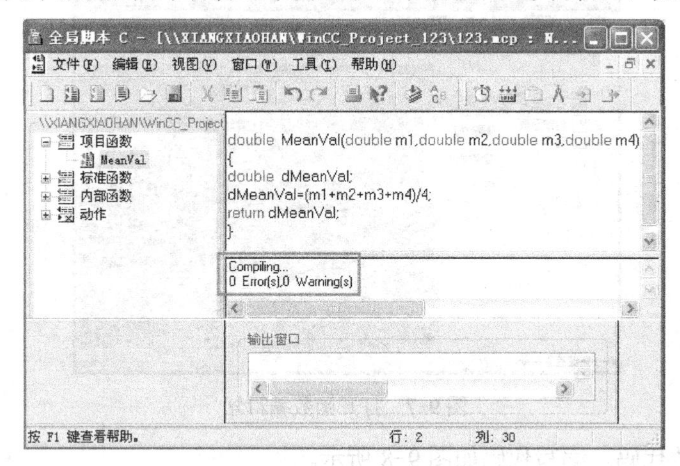

图 9-11　编译结束

6）保存函数。单击工具栏中的“保存”按钮即可。

9.1.4　创建和编辑动作

系统区分全局动作和局部动作。在客户机-服务器项目中，全局动作在项目中的所有计算机上都可执行，而局部动作则只能在对其进行分配的计算机上执行。例如，全局动作可用于完成项目中所有计算机上的计算。局部动作的一个使用实例可能就是输出服务器上的日志文件。创建和编辑两种动作类型的过程完全相同。

1．动作和函数之间的区别

1）与函数相比，动作可以具有触发器。也就是说，函数在运行时不能由自己来执行。

2）动作可以导出和导入。

3）可为动作分配授权。该授权指的是全局脚本运行系统故障检测窗口的可操作选项。

4）动作没有参数。

2．创建和编辑动作的过程

用一个例子来说明创建和编辑动作的过程。

【例 9-2】 单击图形编辑器中的按钮，调用上一节创建的项目函数，计算 4 个数的平均值。

（1）创建画面

向图形编辑器中拖入按钮，并命名为“平均值”，如图 9-12 所示。

（2）设置对象属性

在图形编辑器中，选定按钮，单击鼠标右键，弹出快捷菜单，单击“属性”选项，弹出“对象属性”对话框，选定“事件”选项卡，再选择“鼠标”→“按左键”，单击鼠标右键，弹出快捷菜单，单击“C 动作”，如图 9-13 所示。

（3）输入程序

向动作编辑器中输入程序，这个程序实际就是调用上一节创建的项目函数 MeanVal，并将结果输出，如图 9-14 所示。

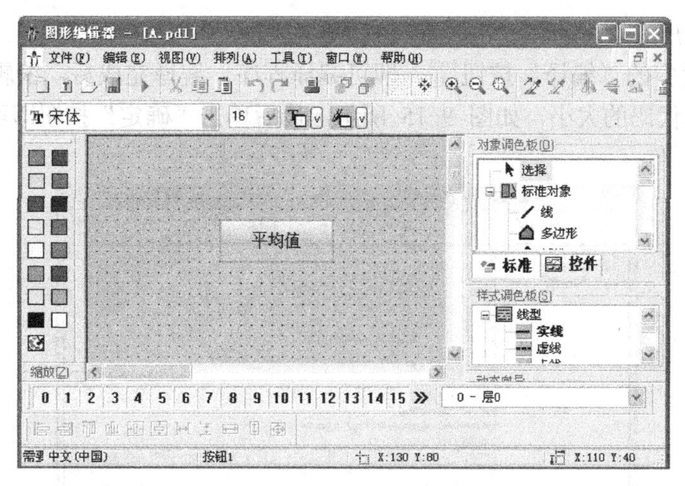

图 9-12　创建画面

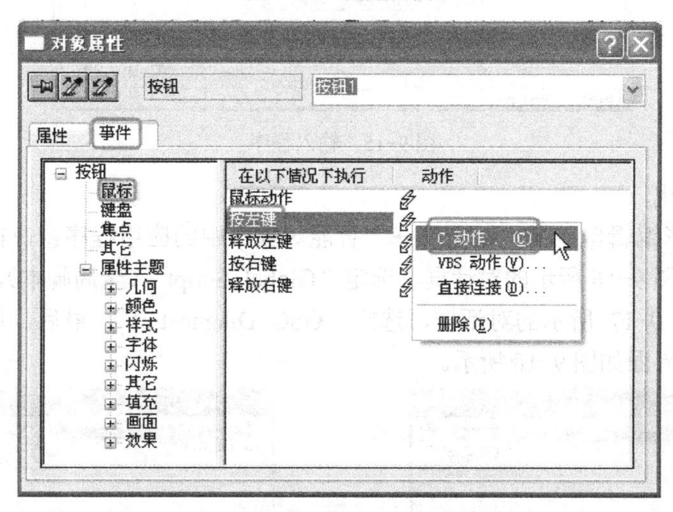

图 9-13　对象属性

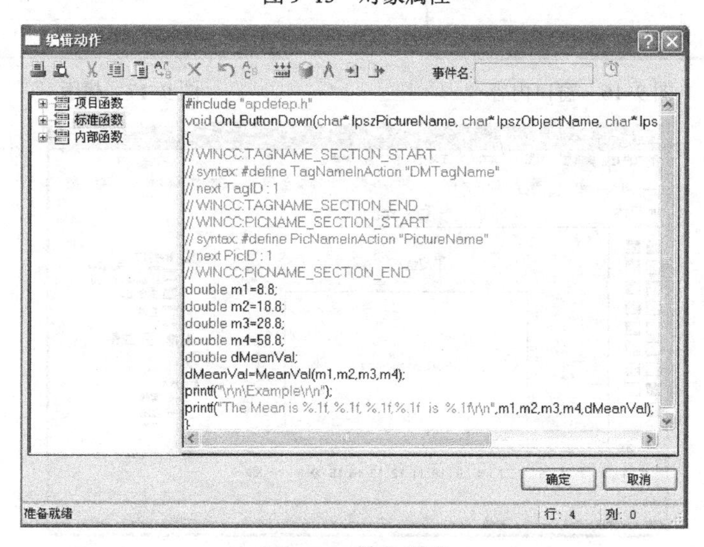

图 9-14　输入程序

（4）编译程序

单击工具栏中的“编译”按钮，即可编译程序，编译完成后，编辑器窗口下方显示错误信息或者代码的大小，如图 9-15 所示，最后单击“确定”按钮即可。很明显图中没有错误显示。

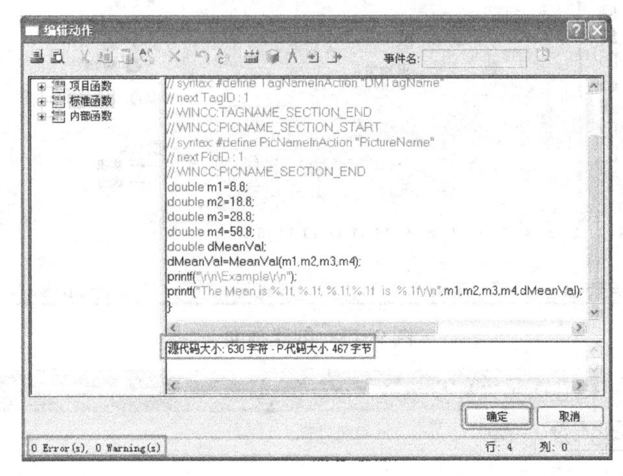

图 9-15　输入程序

（5）调试输出

1）打开图形编辑器，将“标准”→“智能对象”中的应用程序窗口拖入图形编辑器窗口，先弹出如图 9-16 所示的对话框，选定“Global Script”(全局脚本)，单击“确定”按钮，弹出如图 9-17 所示的对话框，选定“GSC Diagnostics”，最后，单击“确定”按钮。图形编辑器界面如图 9-18 所示。

图 9-16　窗口内容

图 9-17　模版

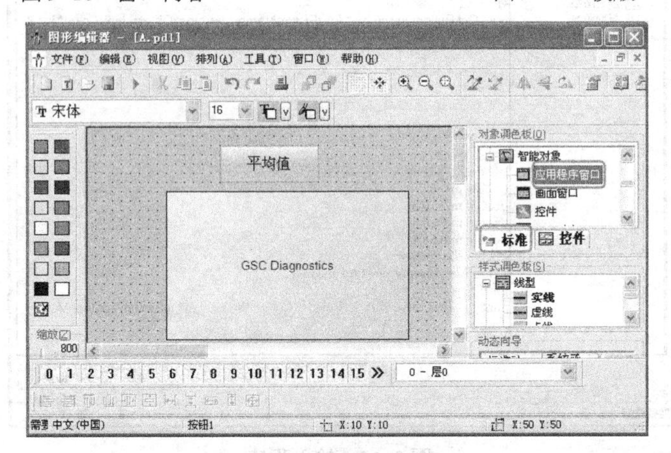

图 9-18　图形编辑器

2）改变全局脚本诊断控件的静态属性。在图形编辑器中，选择“GSC Diagnostics”，单击鼠标右键，弹出快捷菜单，单击“属性”选项卡，弹出“对象属性”对话框，如图9-19所示，将“属性”选项卡中“其它”的所有的静态属性由“否”改成“是”。

3）运行输出。在图形编辑器界面中，先单击“保存”按钮，目的是保存前面的操作，再单击“激活”按钮，运行系统。这时，用鼠标左键单击按钮，可以看到如图9-20所示的运行结果。实际上是，单击按钮会产生一个事件，这个事件调用求平均值函数，最后将求得的平均值显示在界面上。

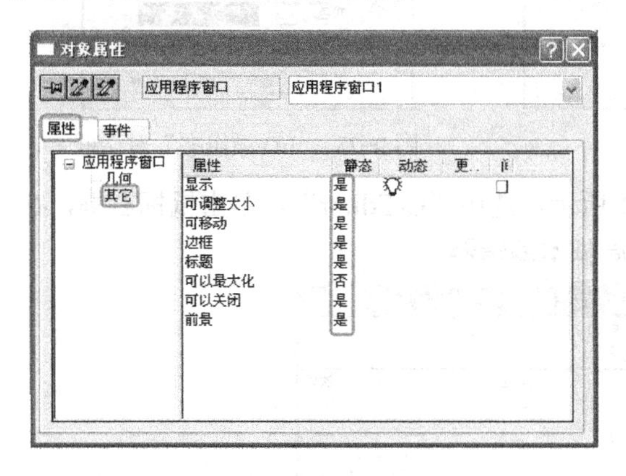

图9-19 “对象属性”对话框

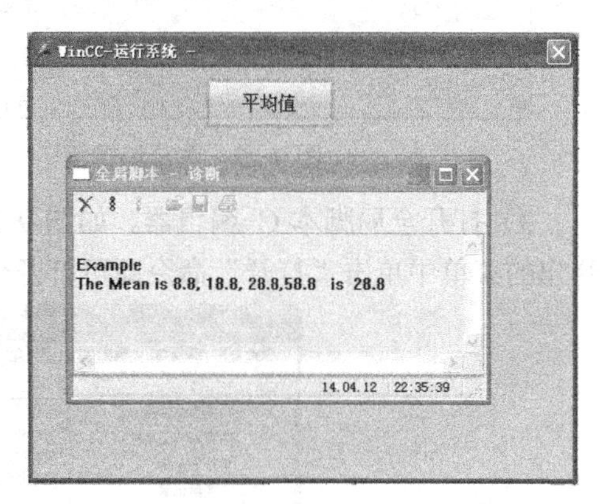

图9-20 运行结果

9.2 C脚本应用举例

【例9-3】 图形编辑器界面上有一个输入/输出域，每隔2s，其中的数值增加2，用C脚本组态此过程。

1）创建内存变量。在项目管理器的内存变量中创建32位无符号内存变量“C_fill”，如图9-21所示。

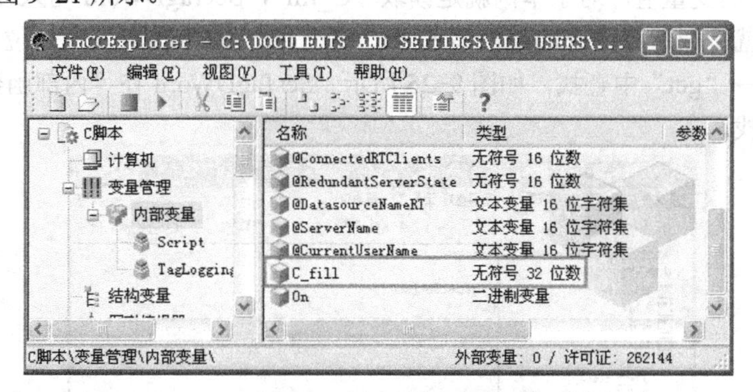

图9-21 创建内存变量

2）打开图形编辑器，将“输入/输出域”拖入图形编辑器窗口中，如图9-22所示，选中“输入/输出域”并用鼠标右键单击，在弹出的菜单中单击“组态对话框”选项，弹出“I/O域组态”对话框，将“输入/输出域”与内存变量“C_fill”链接，选项设置如图9-23所示。

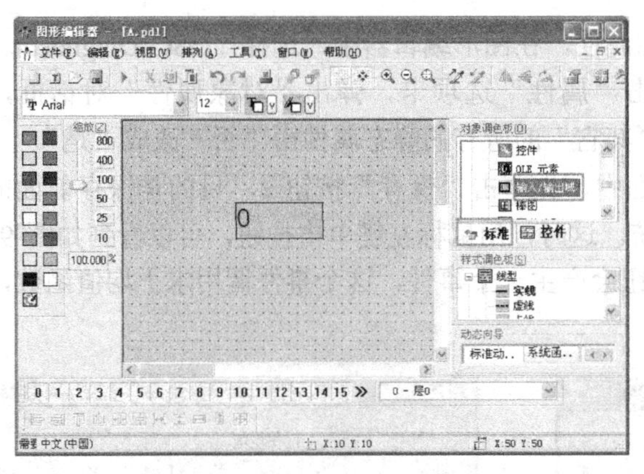

图 9-22　图形编辑器

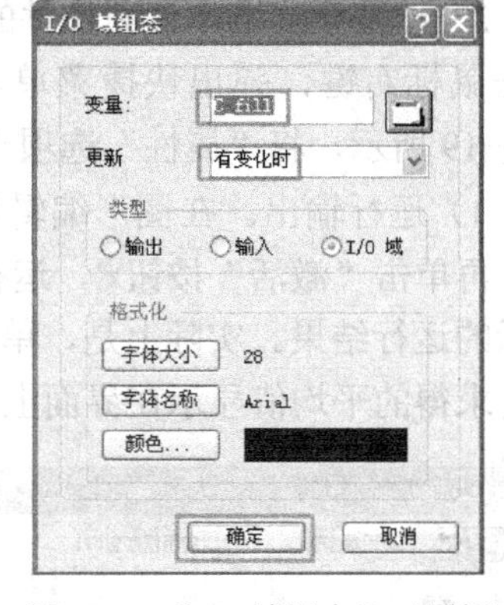

图 9-23　“I/O 域组态”对话框

3）打开全局脚本 C-编辑器。如图 9-24 所示，选中“C-Editor”，单击鼠标右键，在弹出的菜单中单击“打开”命令即可打开全局脚本编辑器。

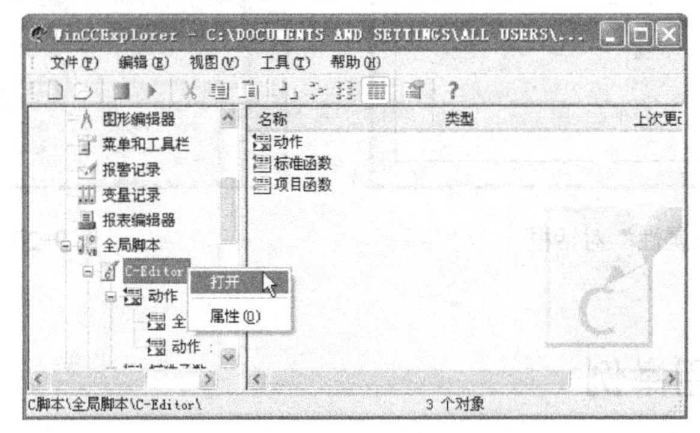

图 9-24　打开全局脚本 C-编辑器

4）新建动作。单击全局脚本编辑器上的“新建动作”按钮，程序编辑区会弹出一个有头文件的程序，但具体程序还要读者编写，本例要用到两个内部函数：GetTagDWord 是读取 WinCC 的变量值，对于本例就是读取“C_fill”，SetTagDWord 写入 WinCC 的变量值，对于本例就是把运算结束的数值写入“C_fill”中。GetTagDWord 的位置在“内部函数”→“tag”→“get”中查找，如图 9-25 所示。SetTagDWord 在“内部函数”→“tag”→“set”中查找。

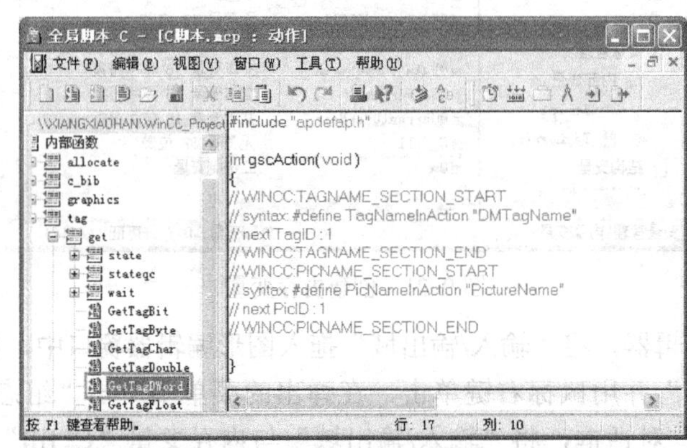

图 9-25　“GetTagDWord”的位置

5）编写程序。在全局脚本编辑器的程序窗口中输入如图 9-26 所示的程序。

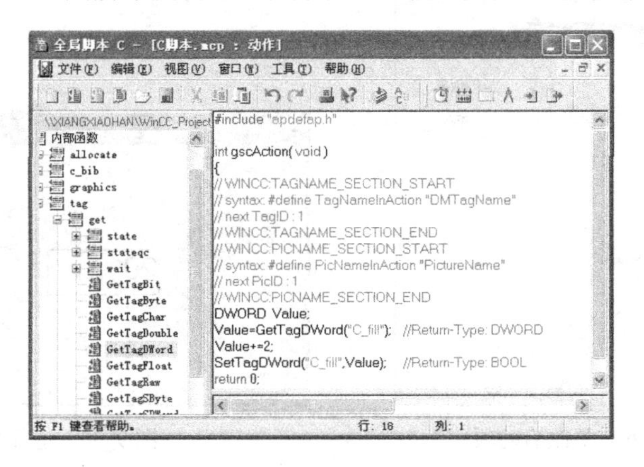

图 9-26 编写程序

6）编译程序。单击全局脚本编辑器上工具栏中的“编译”按钮，编译完成后，在程序下方的窗口中会显示程序是否有错误。

7）设置触发器。单击全局脚本编辑器上工具栏中的“信息/触发”按钮，弹出“属性”对话框，如图 9-27 所示，选定定时器的“周期”选项，单击“添加”按钮，弹出如图 9-28 所示的对话框，选择“标准周期”选项，触发器的名称读者可以自行命名（本例为 2s），触发器的周期为 2s，最后单击“确定”按钮。

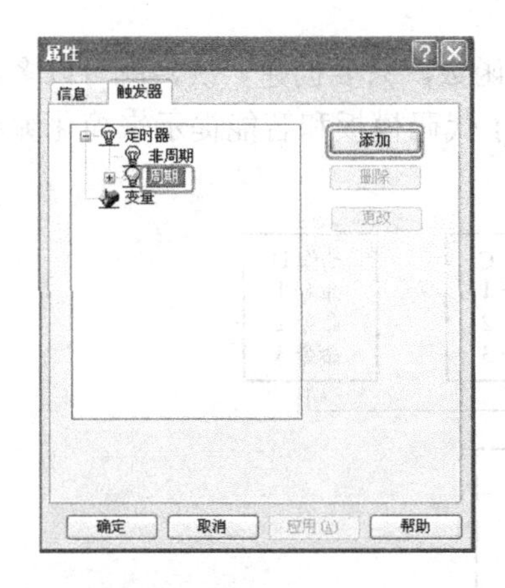

图 9-27 “属性”对话框

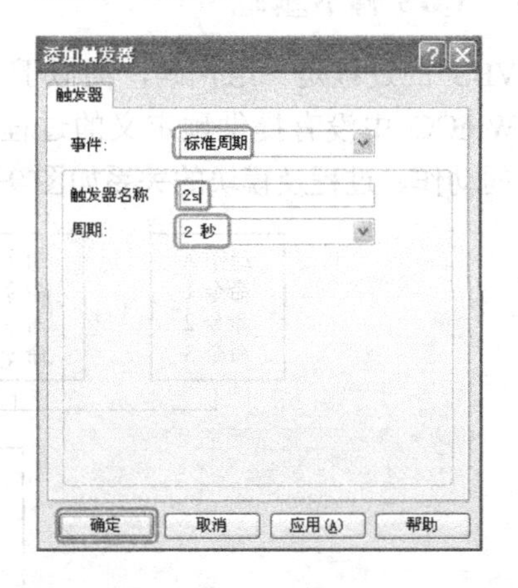

图 9-28 添加触发器

8）保存。单击全局脚本编辑器上工具栏中的“保存”按钮，将以上信息保存。

9）重新设置启动项。打开“计算机属性”，选中“启动”选项卡，勾选“全局脚本运行系统”和“图形运行系统”，如图 9-29 所示，最后单击“确定”按钮即可。

【关键点】初学者很容易忽略勾选“全局脚本运行系统”这个选项。

10）运行输出。在图形编辑器中，先单击“保存”按钮，目的是保存前面的操作，再单击“激活”按钮，运行系统。这时，可以看到如图 9-30 所示的运行结果。实际上是，每隔 2s“输入/输出域”中的数值增加 2。

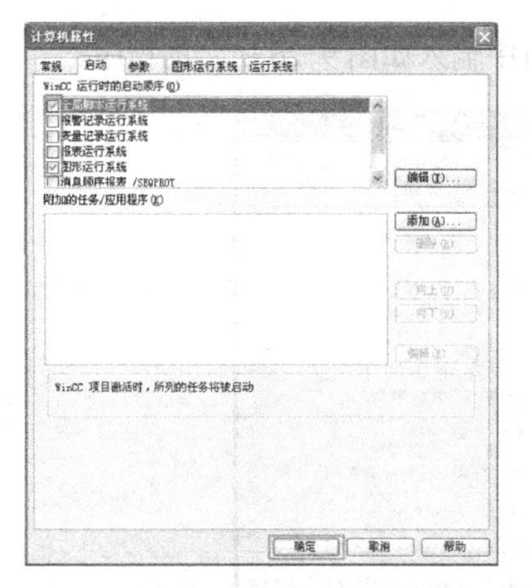

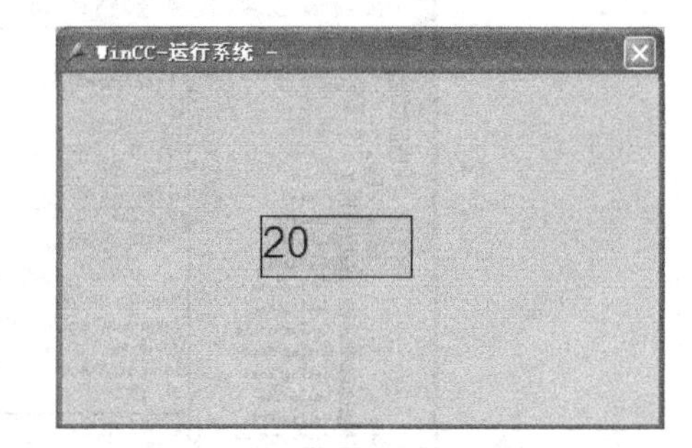

图 9-29　更改启动项　　　　图 9-30　运行结果

9.3 VBS

WinCC V6.0 以后的版本集成了 VBScript（简称 VBS 或者 VB 脚本）。VBS 是微软基于 VB 的运行期脚本语言，使用微软标准的工具编辑和调试，使用 VBS 能够访问 ActiveX 控件和其他 Windows 应用的属性和方法。

9.3.1 VBS 脚本基础

VBS 的过程是一组代码，类似于 C 语言中的函数，只要创建一次，就可以多次调用。WinCC 中没有提供预定义的过程，但是提供了代码模板和智能提示来简化编程。VBS 的动作、过程及模块的关系如图 9-31 所示。

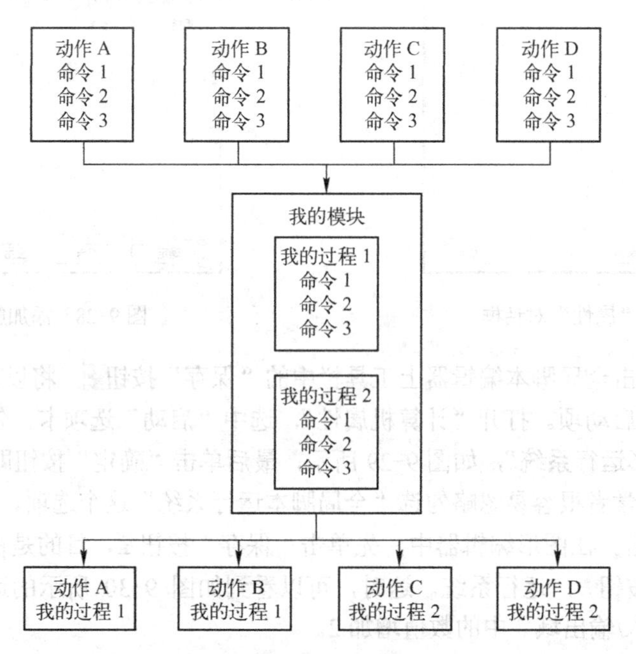

图 9-31　VBS 的动作、过程及模块的关系

WinCC 使用 VBScript 可以实现如下功能：

1）在 WinCC 中实现图形动态化。

2）读写变量、启动报表。

3）连接数据库。

4）通过 Microsoft Outlook 发送电子邮件。

5）集成 Microsoft Internet Explorer。

6）连接 Office 应用（Excel、Word、Access）

1. 过程特征

在 WinCC 中，根据过程适用范围的不同分两种，一种是标准过程，适用于计算上的所有被创建工程，另一种是项目过程仅仅适用于创建此过程的项目。在 WinCC 中，过程具有如下属性：

1）由用户创建或修改。

2）可以通过设置密码来保护过程代码。

3）不需要触发器。

4）存储在模块中。

在运行状态下，如果通过动作调用某个过程时，包含此过程的模块也会被加载。所以，要合理的组织模块，例如，可以把用于特定系统或画面的过程组织在一个模块中；也可以按照功能来构建模块，例如，可以把具有计算功能的过程放在一个模块中。

2. 模块特征

模块是一个文件，存放一个或者多个过程。根据存储在其中的过程的有效性不同，模块有 3 种类型，具体如下：

1）标准模块：包含所有项目可全局调用的过程，其存放路径与 WinCC 的安装路径有关，典型的路径是 C:\Program files\Siemens\WinCC\ApLib\ScriptLibStd\<Modulname>.bmo。

2）项目模块：包含某个项目可用的过程，其存放路径与 WinCC 的安装路径有关，典型的路径是 C:\Program files\Siemens\WinCC\ApLib \<Modulname>.bmo。

3）代码模板：由 WinCC 安装时提供的代码模板，用户在编辑标准模块、项目模块和动作时，可复制模板中的条目进行调用。

3. 动作

VBS 的动作和 C 动作一样，可以在图形编辑器或者全局脚本中组态。VBS 的动作同样需要触发器启动。而在图形编辑器中组态对象事件 VBS 动作时不必设置触发器，因为事件本身具有触发功能，例如，在图形编辑器中组态单击按钮，可以触发一个事件。触发分为时间触发和变量触发，可根据实际需要选用。

（1）动作的有效期

动作在全局脚本中只定义一次，独立于画面而存在。全局脚本动作只在它定义的工程中有效。画面对象的动作只在定义它的画面中有效。

（2）动作的属性

1）动作由用户创建或修改。

2）全局脚本中的动作可以通过设置密码来保护过程代码。

3）动作至少需要一个触发器。动作可以由事件、时间或者变量触发。

4）全局脚本的 VBS 动作的存放路径与 WinCC 的安装路径有关，典型的路径是 C:\Program files\Siemens\WinCC\ ScriptAct\Actionname.bac，全局脚本的 VBS 动作的扩展名是“.bac”。

（3）动作的应用范围

1）应用于全局脚本中。全局脚本的 VBS 动作在运行状态下独立于画面系统而运行。

2）应用于图形编辑器中。动作只运行在组态的画面中。在图形编辑器中，动作被组态在画面的对象属性和对象事件中。

9.3.2 VBS 脚本编辑器

VBS 可以在全局脚本编辑器和图像编辑器中的对象属性和对象事件组态动作。

1. 全局脚本编辑器

在 WinCC 的项目管理器中的浏览器窗口中，双击“VBS-Editor”，如图 9-32 所示，可以打开 VBS 全局脚本编辑器，这和打开全局脚本 C 编辑器的方法是一样的。

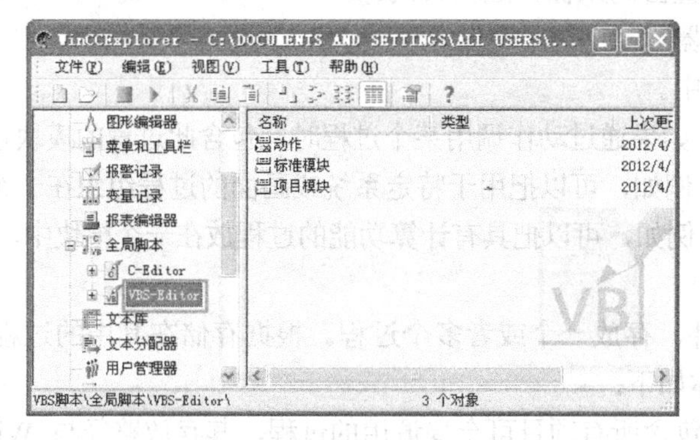

图 9-32 打开 VBS 全局脚本编辑器

VBS 全局脚本编辑器如图 9-33 所示，以下将对其结构进行说明。

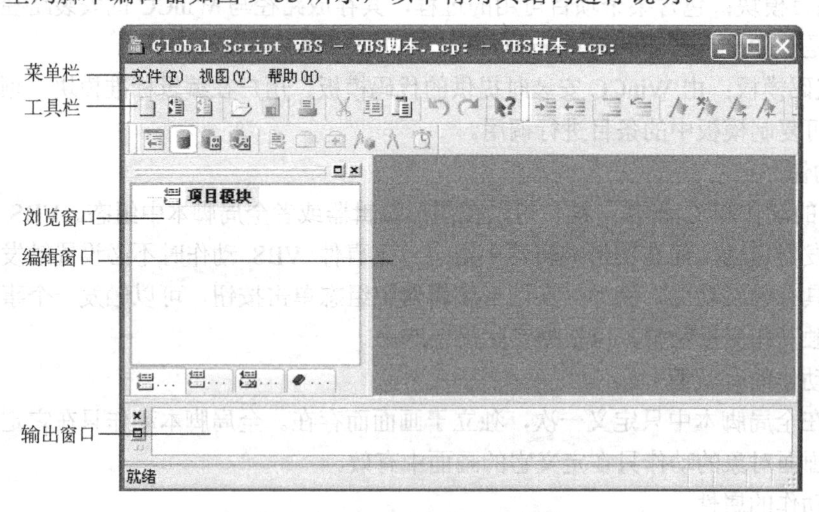

图 9-33 VBS 全局脚本编辑器

（1）菜单栏

菜单栏按钮根据情况而有所不同。它始终可见。

（2）工具栏

全局脚本的工具栏中的按钮可以方便、快速地访问 VBS 功能。需要时可使其可见，并可使用鼠标将其拖动到画面的任何地方。

（3）浏览窗口

浏览窗口用于选择将要编辑或插入到编辑窗口中光标位置处的函数和动作。在浏览器中，函数和动作均按组的多层体系进行组织。函数以其函数名显示；对于动作，则显示文件名。

（4）编辑窗口

函数和动作均在编辑窗口中进行写入和编辑。只有当所要编辑的函数或动作已经打开时才显示编辑窗口，每个函数或动作都在单独的编辑窗口中打开，可同时打开多个编辑窗口。

（5）输出窗口

单击工具栏中的“检查语法”按钮，可以在此窗口中查看程序是否有错误以及错误的位置。

2. 在图形编辑器中打开 VBS 编辑器

在图形编辑器中，可以对图形对象属性和对象事件编写动作。方法是在图形编辑器选择对象，打开“对象属性”对话框。以下用一个具体的例子说明此过程。

假设图形编辑器中的对象是按钮控件，打开按钮的“对象属性”对话框，如图 9-34 所示，选择“事件”选项卡，选择“鼠标”→“鼠标动作”，单击鼠标右键，在弹出的菜单中单击“VBS 动作”，会弹出 VBS 动作编辑器，如图 9-35 所示。

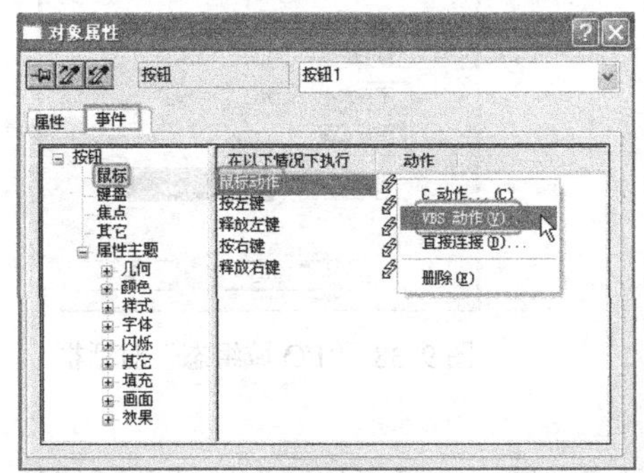

图 9-34　在图形编辑器中打开 VBS 编辑器

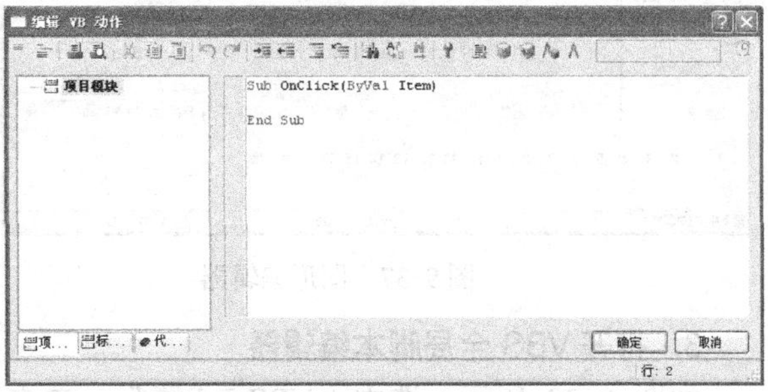

图 9-35　VBS 动作编辑器

9.3.3　编辑过程和动作

在创建一个新过程的时候，WinCC 自动地为过程分配一个标准的名字“procedure#”，其中#代表序号。可以在窗口中修改过程名，以便动作能够调用此过程。当保存过程后，修改后的过程名就会显示在浏览器窗口中。过程名必须是唯一的，如出现重名，会被认为是语法错误。

VBS 动作主要是用来使图形对象或者图形对象属性在运动时动态化，或者执行独立于画面的全局动作。以下用一个例子来讲解编辑过程和动作的方法。

【例 9-4】 图形编辑器界面上有一个输入/输出域，每隔 2s，其中的数值增加 2，用 VBS 脚本组态此过程。

1. 创建内存变量

在项目管理器的内存变量中创建 32 位无符号内存变量“C_fill”，如图 9-36 所示。

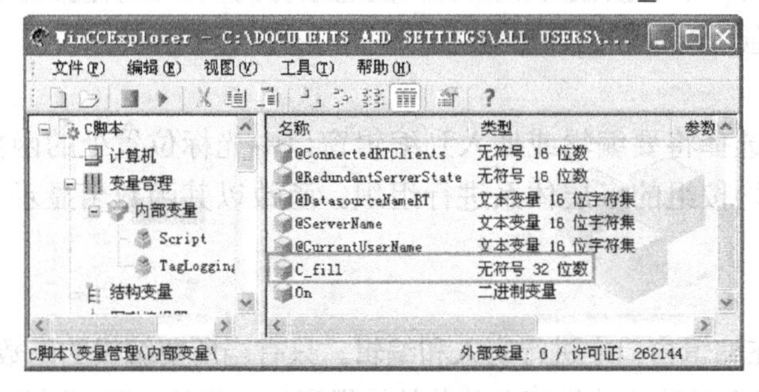

图 9-36 创建内存变量

2. 设置输入/输出域

打开图形编辑器，将“输入/输出域”拖入图形编辑器窗口中，如图 9-37 所示，选中“输入/输出域”并单击鼠标右键，选择“组态对话框”选项，弹出“I/O 域组态”对话框，将“输入/输出域”与内存变量“C_fill”链接，选项设置如图 9-38 所示。

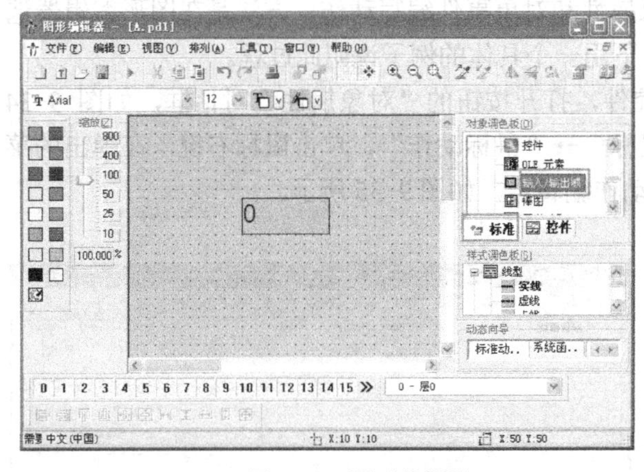

图 9-37 图形编辑器

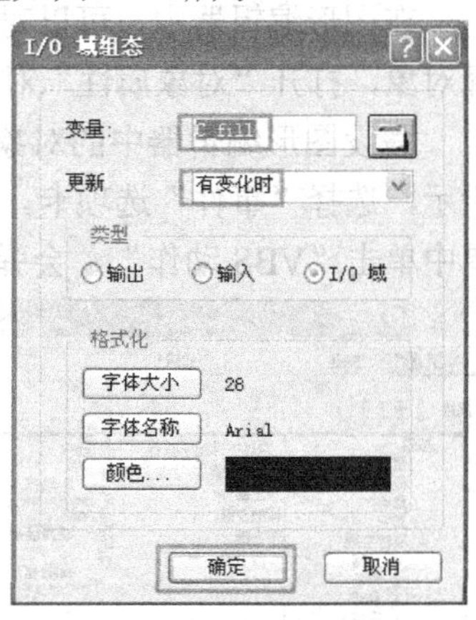

图 9-38 “I/O 域组态”对话框

3. 打开 VBS 全局脚本编辑器

如图 9-39 所示，选中“VBS-Editor”，单击鼠标右键，选择“打开”选项即可打开全局脚本编辑器。

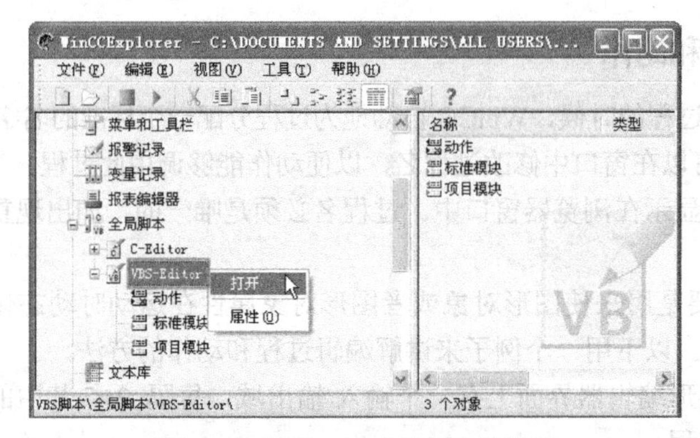

图 9-39 打开 VBS 全局脚本编辑器

4. 在模块中插入过程

在浏览器窗口中，选中“项目模块”或者“标准模块”选项。本例中，选中“项目模块”，单击鼠标右键，单击“新建”→“项目模块”，即可新建一个过程，如图 9-40 所示。也可以单击工具栏中的“新建”按钮来实现这一操作。

5. 输入代码

在程序编辑窗口中输入如图 9-41 所示的程序代码。再单击“检查语法”按钮，检查语法是否正确。代码的含义是先将内部变量“C_fill”与对象链接，再读出数值，然后进行加 2 计算，最后把加法的结果写入到对象中去。

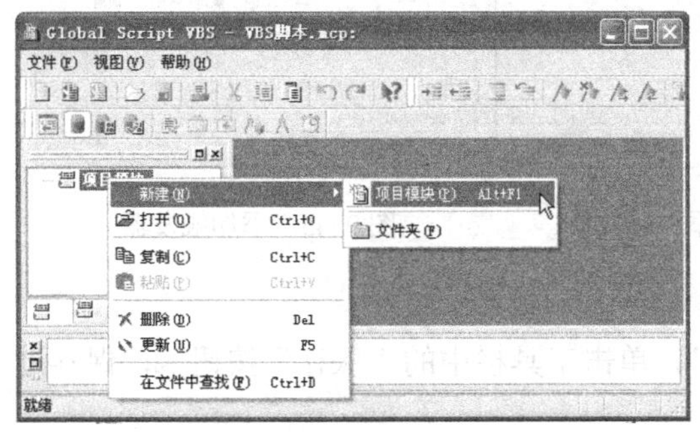

图 9-40 在模块中插入过程

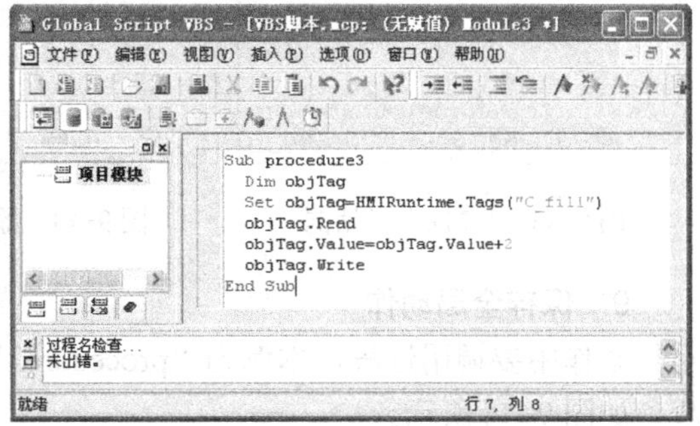

图 9-41 输入代码

6. 保存过程

单击工具栏中的“保存”按钮，保存过程。

7. 编辑全局脚本动作

单击菜单栏中的“文件”→“新建”→“动作”，新建动作，如图 9-42 所示。

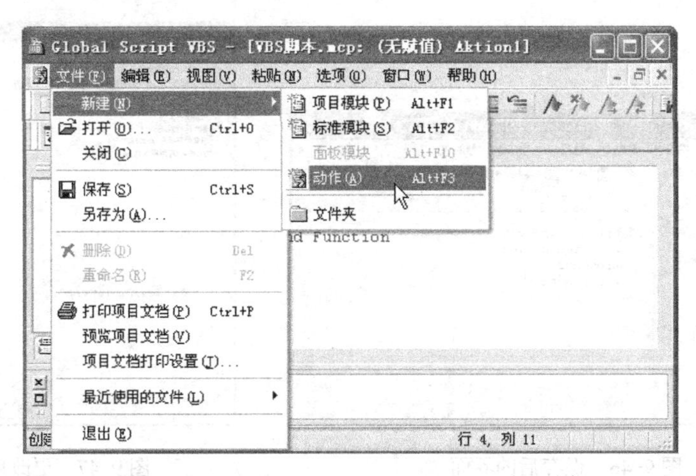

图 9-42 新建动作

8. 设置触发器

1）单击全局脚本编辑器上工具栏中的“信息/触发”按钮，弹出“属性”对话框如图 9-43 所示，选定定时器的“周期”选项，单击“添加”按钮，弹出如图 9-44 所示的对话框，选择“标准周期”，触发器的名称读者可以自行命名（本例为 2s），触发器的周期为 2s，最后单击“确定”按钮即可。

2）设定口令加密。勾选“口令”选项，在弹出的“口令-条目”对话框中输入口令“123”，单击“确定”按钮，如图 9-45 所示。

图 9-43 “属性”对话框

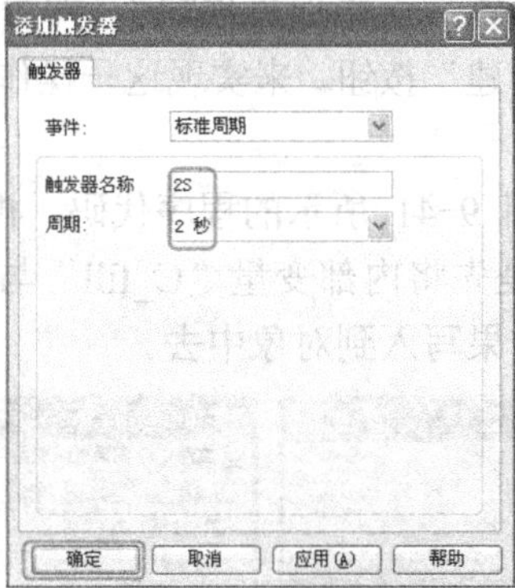

图 9-44 添加触发器

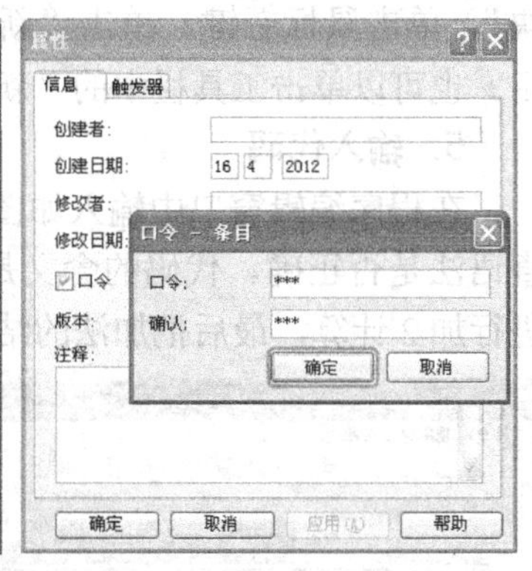

图 9-45 添加触发器

9．保存全局动作

动作中要调用过程，本例为“procedure3”，单击工具栏中的“保存”按钮，保存过程，如图 9-46 所示。

10．重新设置启动项

运行全局脚本，无论是 C 脚本还是 VBS 脚本，在 WinCC 运行之前，必须在计算机属性的启动项列表中选择“全局脚本运行系统”选项。

具体做法是：打开“计算机属性”，选中“启动”选项卡，勾选“全局脚本运行系统”和“图形运行系统”，如图 9-47 所示，最后单击“确定”按钮即可。

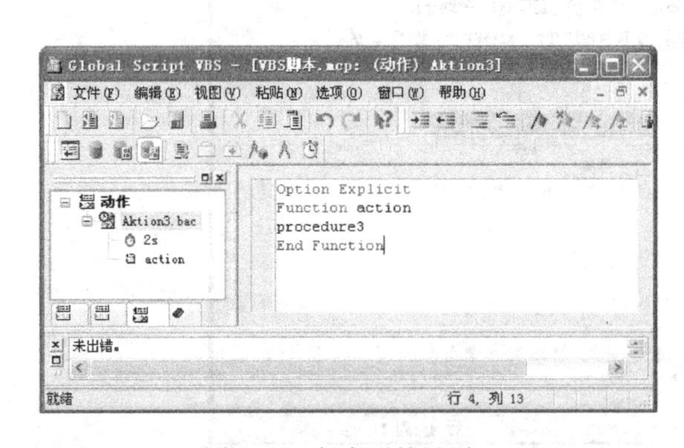

图 9-46 保存后的界面

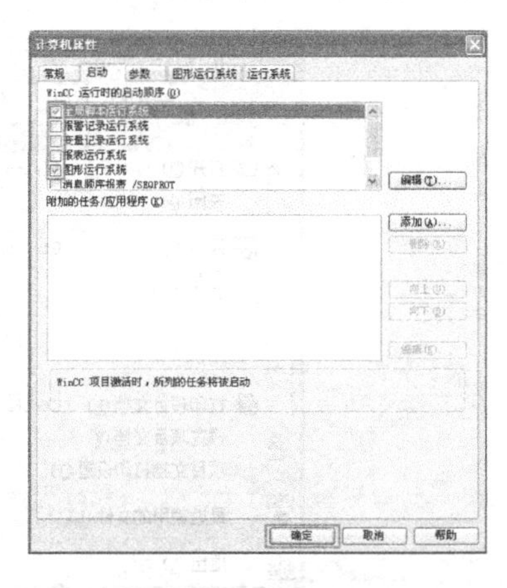

图 9-47 更改启动项

【关键点】初学者很容易忽略“勾选”全局脚本运行系统这个选项。

11．运行输出

在图形编辑器中，先单击“保存”按钮，目的是保存前面的操作，再单击“激活”按钮，运行系统。这时，可以看到如图 9-48 所示的运行结果。实际上是，每隔 2s“输入/输出域”中的数值增加 2。

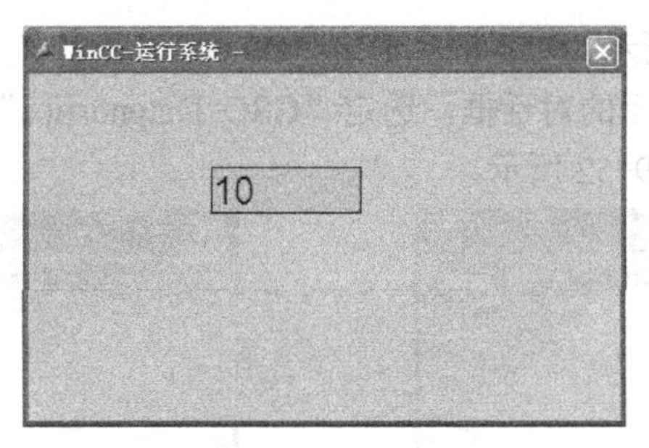

图 9-48　运行界面

9.4　脚本的调试

9.4.1　脚本调试简介

WinCC 提供了 GSC 运行和 GSC 诊断应用窗口，在运行系统的过程画面中显示。它还提供了运行调试器，作为诊断工具来分析运行状态下的动作执行情况。

GSC 运行和诊断应用窗口被用来添加到过程画面，ANSI-C 脚本和 VBS 用法相同。唯一的不同点是，如果要打印输出中间值到 GSC 诊断窗口中，语法不同。ANSI-C 脚本由 printf( )函数指定的文本输出，结果显示在诊断窗口中，前面的例子中已经介绍过。VBS 的语法是 HMIRuntime.trace<output>，结果显示在 GSC 诊断窗口中。

GSC 运行系统是在运行系统中显示所有（全局脚本）动作的动态窗口。另外，运行系统处于活动状态时，通过 GSC 运行系统，用户可影响单个动作执行，并为全局脚本编辑器提供输入点。

9.4.2　脚本调试实例

【例 9-5】 图形编辑器界面上有一个输入/输出域，每隔 2s，其中的数值增加 2，用 VBS 脚本组态此过程。

本例的 1~8 步与【例 9-4】完全相同，从第 9 步起，步骤如下：

1. 保存全局动作

动作中要调用过程，本例为“procedure3”，单击工具栏中的“保存”按钮，保存过程，如图 9-49 所示。

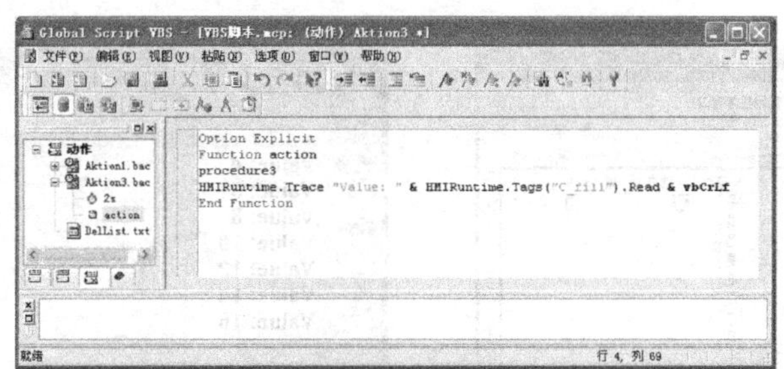

图 9-49　保存后的界面

2. 调试输出

1）打开图形编辑器，将“标准”→“智能对象”中的应用程序窗口拖入图形编辑器

窗口，先弹出如图 9-50 所示的对话框，选定“Global Script”（全局脚本），单击“确定”按钮，弹出如图 9-51 所示的对话框，选定“GSC Diagnostics”，最后，单击“确定”按钮。图形编辑器界面如图 9-52 所示。

图 9-50　窗口内容

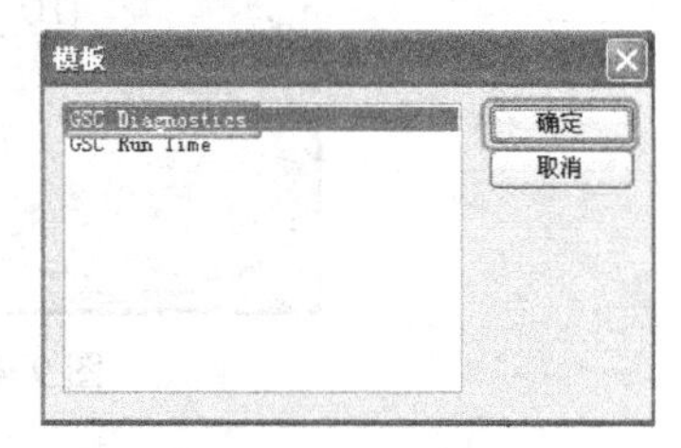

图 9-51　模版

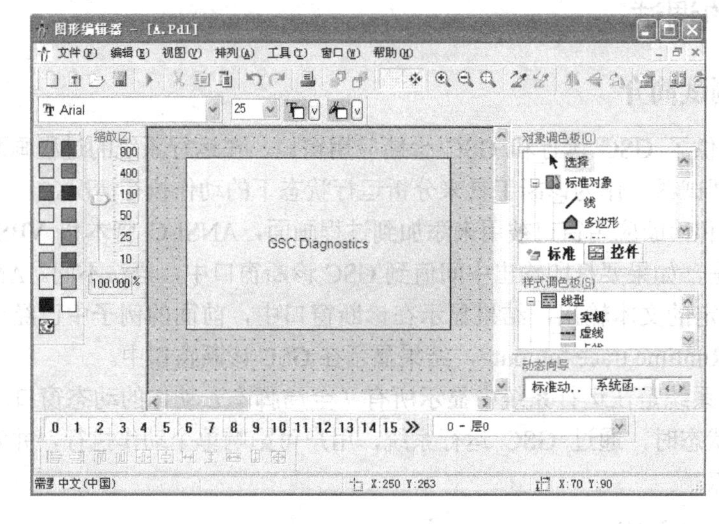

图 9-52　图形编辑器

2）改变全局脚本诊断控件的静态属性。在图形编辑器中，选择“GSC Diagnostics”，单击鼠标右键，弹出快捷菜单，单击“属性”选项，弹出“对象属性”对话框，如图 9-53 所示，将“属性”选项卡中“其它”的所有的静态属性由“否”改成“是”。

3）运行输出。在图形编辑器中，先单击“保存”按钮，目的是保存前面的操作，再单击“激活”按钮，运行系统。这时，用鼠标左键单击按钮，可以看到如图 9-54 所示的运行结果。

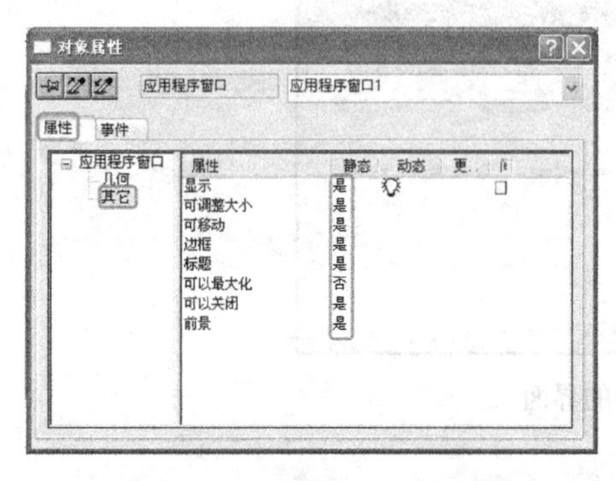

图 9-53　“对象属性”对话框

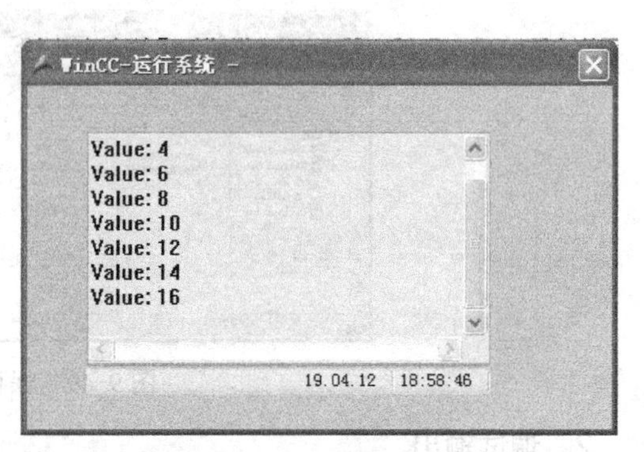

图 9-54　运行结果

9.5　应用实例

VBS 可以访问 WinCC 中的图形编辑器中的所有对象，并可使之动态化。访问图形编辑器中的图形对象，必须先指定这个对象，也就是首先要使用 VB 语言中的 SET 指令。

【例 9-6】 设定图形编辑器中的一个圆的半径为 18，请编写代码。

```
Sub OnClick(ByVal Item)
Dim objCircle
Set objCircle= ScreenItems("Circle1")       '指定图形对象
objCircle.Radius = 18                       '设置圆的半径
End Sub
```

注意，上面的“Circle1”是图形对象中圆的名称。

【例 9-7】 图形编辑器中有两个对象，一个按钮和一个圆，每单击一次按钮，圆的半径增加 18。

```
Sub OnLButtonDown(ByVal Item, ByVal Flags, ByVal x, ByVal y)
  Dim objCircle
  Dim objTag
  Set objCircle =ScreenItems("Circle1")
  Set objTag=HMIRuntime.Tags("C_fill")
  objTag.Read
  objTag.Value=objTag.Value+3
  objTag.Write
  objCircle.Radius=objTag.Value+18
End Sub
```

小结

重点难点总结

本章的两个难点同时也是重点，即 VB-Script 和 C-Script。对于 C-Script，主要是理解常用函数的含义；对于 VB-Script，则主要是理解对象的属性和方法。

习题

1．WinCC V7.0 的脚本系统由哪些部分组成？

2．触发器有哪些类型？

3．C 脚本的输出是借助哪种工具实现的？简述其具体组态方法。

4．简述过程和模块的概念。

5．一个圆的直径每隔 3s 增加 2mm，使用 VBS 和 C-Script 两种方法实现，而且其半径值要用 I/O 域实时显示，并用“GSC Diagnostics”仿真输出。

第10章

通　　信

本章讲述 WinCC 通信的概念和原理，以及 WinCC 常见的通信方式，最后用两个例子详细介绍 OPC 通信。

10.1　通信基础

10.1.1　通信术语

WinCC 的通信涉及一些术语，以下分别进行介绍：

1．通信

通信是指在两个通信伙伴之间进行数据交换。

2．通信伙伴

通信伙伴是用于与其他网络组件进行通信并交换数据的任何网络组件。在 WinCC 中，通信伙伴可以是自动化系统（AS）中的中央模块和通信模块，也可以是 PC 中的通信处理器。

通信伙伴间传送的数据可以用于不同用途。在 WinCC 中，通信有如下用途：

1）控制过程。

2）调用过程数据。

3）指示过程中的异常状态。

4）归档过程数据。

3．通信驱动程序

通信驱动程序是用于在 AS 和 WinCC 的变量管理之间建立连接的软件组件，这样可以提供 WinCC 变量和过程值。在 WinCC 中，提供了许多用于通过不同总线系统连接各个 AS 的通信驱动程序。每个通信驱动程序一次只能绑定到一个 WinCC 项目。

WinCC 中的通信驱动程序也称为“通道”，其文件扩展名为“*.chn”。计算机中安装的所有通信驱动程序都位于 WinCC 安装目录的子目录“\bin”中。

4．通道单元

每个通信驱动程序针对不同的通信网络会有不同的通道单元。

每个通道单元相当于与一个基础硬件驱动程序的接口，进而也相当于与 PC 中的一个通信处理器的接口。因此，每个使用的通道单元必须分配到各自的通信处理器。

对于某些通道单元，会在系统参数中进行额外的组态。对于使用 OSI 模型传输层（第

4层）的通道单元，还将定义传输参数。

5. 连接（逻辑）

对 WinCC 和 AS 进行了正确的物理连接后，WinCC 中需要通信驱动程序和相应的通道单元来创建和组态与 AS 的（逻辑）连接。运行期间将通过此连接进行数据交换。

在 WinCC 中，已组态且已逻辑分配的两个通信伙伴之中会有一个用于执行某种通信服务连接。每个连接都有两个包含必要信息的端点，这些信息包括用来对通信伙伴寻址的必要信息以及用来建立该连接的其他属性。

连接通过特定连接参数在通道单元下组态。一个通道单元下也可以创建多个连接，这取决于通信驱动程序。

10.1.2 WinCC 通信原理

WinCC 的通信主要是自动化系统之间的通信及 WinCC 同其他应用程序之间的通信。

WinCC 使用变量管理的功能集中管理其变量。WinCC 在运行期间会采集和管理在项目中创建的以及在项目数据库中存储的所有数据和变量。图形运行系统、报警记录运行系统或变量记录运行系统等所有应用程序（全局脚本）必须请求来自变量管理的 WinCC 变量数据。

WinCC 和自动化系统（AS）之间的通信是通过过程总线实现的。WinCC 除了提供了如 SIMATIC S5/S7/505 等系列的 PLC 通道，还提供了如 PROFIBUS-DP/FMS、DDE 和 OPC 等通用通道链接到第三方控制器。此外，WinCC 还以附加件（add-ons）的形式提供连接到其他控制器的通信通道。

与 WinCC 进行工业通信也就是通过变量和过程值交换信息。为了采集过程值，WinCC 通信驱动程序向 AS 发送请求报文。而 AS 则在相应的响应报文中将所请求的过程值发送回 WinCC。WinCC 的通信结构如图 10-1 所示。

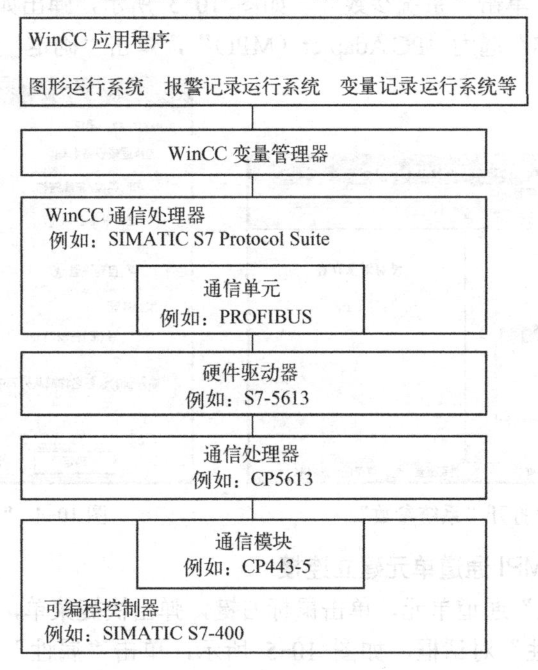

图 10-1 WinCC 的通信结构

10.2 WinCC 与 SIMATIC S7 PLC 的通信

WinCC 与 SIMATIC S7 PLC 的通信一般使用 SIMATIC S7 Protocol 的通信驱动程序。此通信驱动程序支持多种网络协议和类型，通过它的通道单元提供与各种 SIMATIC S7-300 和 S7-400 PLC 的通信。以下将分别以不同通信协议介绍 WinCC 与 SIMATIC S7 PLC 的通信。

10.2.1 WinCC 与 SIMATIC S7 PLC 的 MPI 通信

1. PC 上 MPI 通信卡的安装和设置

在 PC 的插槽中，插入通信卡（CP5611 或者 CP5613），也可以使用 MPI 适配器，在计算机的控制面板（经典视图状态）中，单击“设置 PC/PG 接口”，弹出如图 10-2 所示的对话框，选择“PC Adapter (MPI)”，单击“属性”按钮，弹出“属性”界面，单击“本地连接”选项卡，“连接到”后面对应的下拉列表中的内容实际就是选择计算机端的通信接口（通常为 USB 或者 RS-232C），最后单击“确定”按钮。

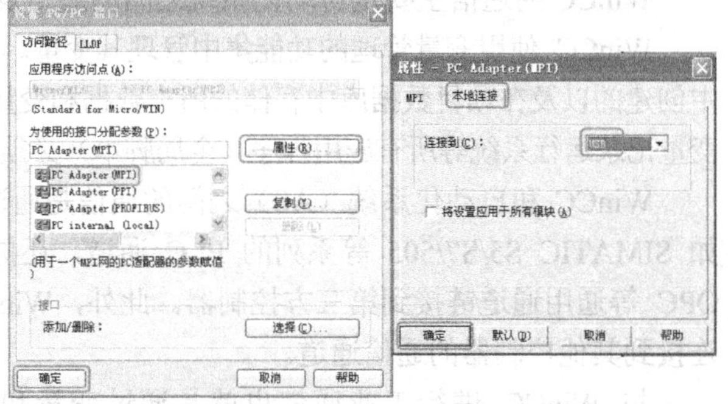

图 10-2　设置 PC/PG 接口

2. 选择 WinCC 通信卡

在 WinCC 变量管理器中添加“SIMATIC S7 Protocol Suite.chn”驱动程序，并选择其中的“MPI”通道单元，单击鼠标右键，弹出快捷菜单，单击“系统参数”，如图 10-3 所示，弹出如图 10-4 所示的对话框，将“逻辑设备名称”选为“PC Adapter（MPI）”，单击“确定”按钮即可。

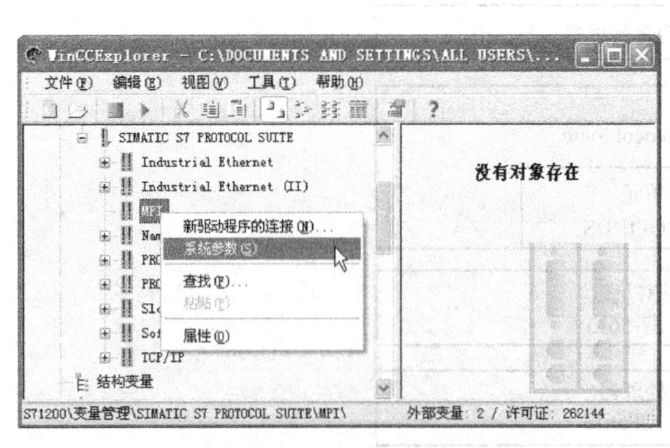

图 10-3　打开“系统参数”

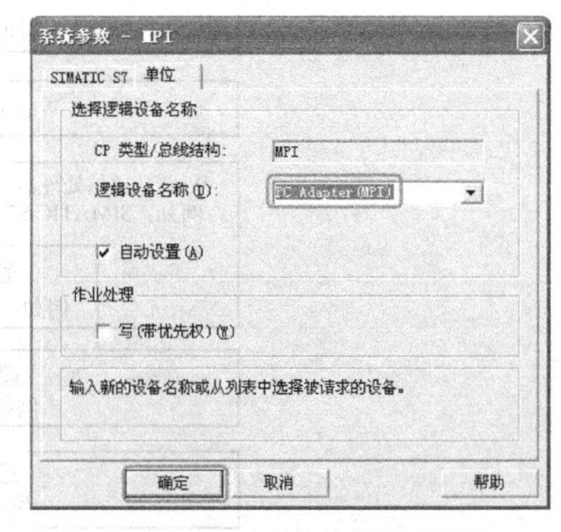

图 10-4　“系统参数”对话框

3. 在 WinCC 的 MPI 通道单元建立连接

选择其中的“MPI”通道单元，单击鼠标右键，弹出快捷菜单，单击“新驱动程序连接”，弹出“连接属性”对话框，如图 10-5 所示，单击“属性”按钮，弹出“连接参数”对话框，如图 10-6 所示，将“插槽号”改为“2”，单击“确定”按钮。

【关键点】插槽号就是 CPU 的插槽号，一般是 2 号槽位。

图 10-5 “连接属性”对话框

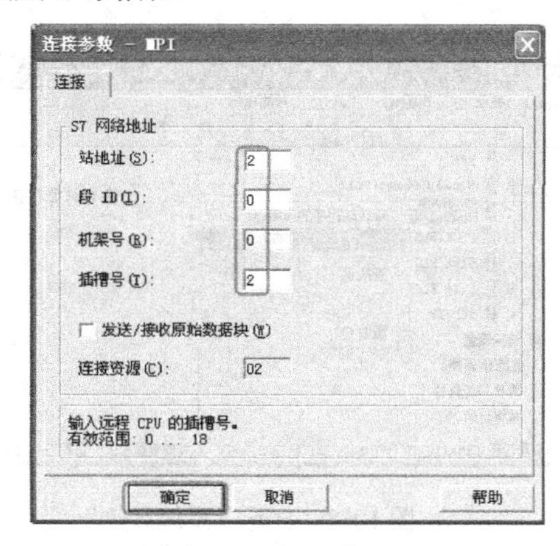

图 10-6 “连接参数”对话框

10.2.2 WinCC 与 SIMATIC S7 PLC 的 PROFIBUS 通信

1. PC 上 CP5611 通信卡的安装和设置

在 PC 的插槽中，插入通信卡（CP5611 或者 CP5613），在计算机的控制面板（经典视图状态）中，单击“设置 PC/PG 接口”，弹出如图 10-7 所示的对话框，选择“CP5611(PROFIBUS)”，最后单击“OK”按钮。

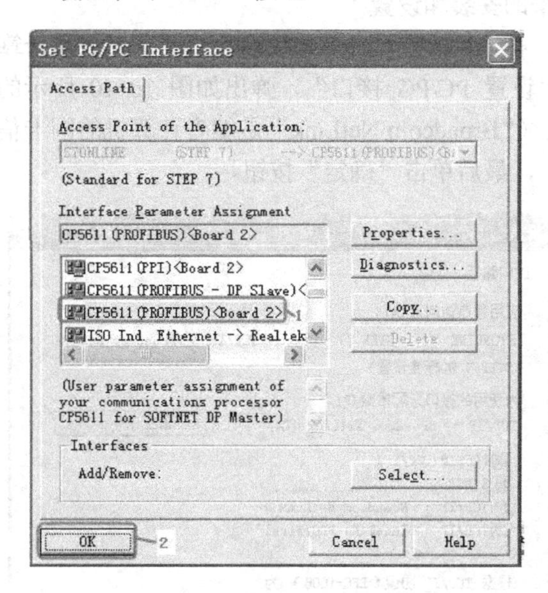

图 10-7 设置 PC/PG 接口

2. 选择 WinCC 通信卡

在 WinCC 变量管理器中添加“SIMATIC S7 Protocol Suite.chn”驱动程序，并选择其中的“PROFIBUS”通道单元，单击鼠标右键，弹出快捷菜单，单击“系统参数”，如图 10-8 所示，弹出如图 10-9 所示的对话框，将“逻辑设备名称”选为“CP5611(PROFIBUS)”，单击“确定”按钮。

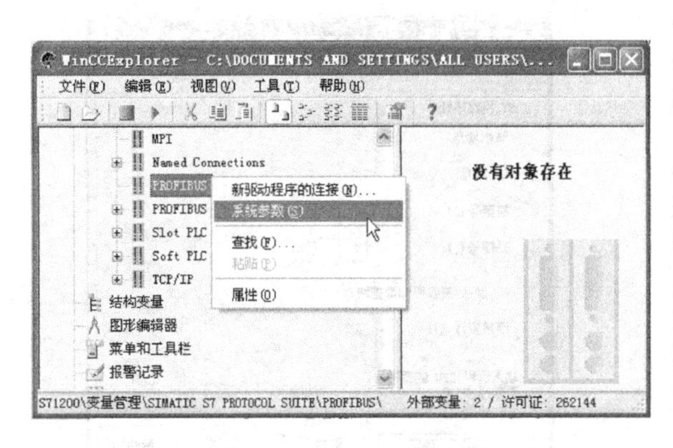

图 10-8 打开“系统参数”

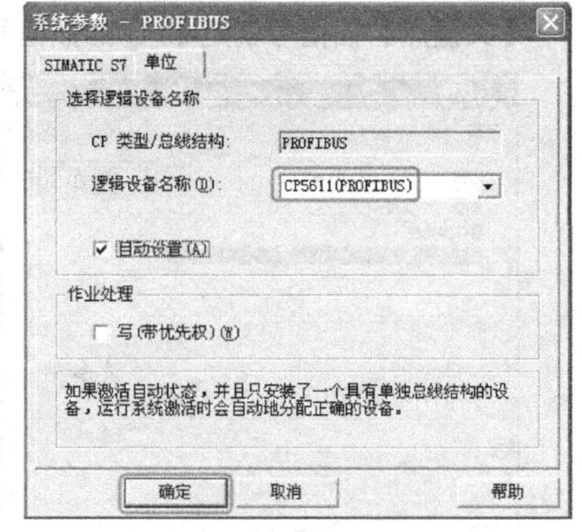

图 10-9 系统参数

3. 在 WinCC 的 MPI 通道单元建立连接

选择其中的“PROFIBUS”通道单元，单击鼠标右键，弹出快捷菜单，单击“新驱动程序连接”，弹出“连接属性”对话框，如图 10-5 所示，单击“属性”按钮，弹出“连接参数”对话框，如图 10-6 所示将“插槽号”改为“2”，单击“确定”按钮。

10.2.3 通道单元

1. PC 上以太网卡的安装和设置

在 PC 的插槽中，插入网卡（CP1613 或者普通网卡），在计算机的控制面板（经典视图状态）中，单击“设置 PC/PG 接口”，弹出如图 10-10 所示的界面，选择“TCP/IP→Broadcom NetLink”（“Broadcom NetLink”是编者计算机的网卡信息，读者在操作时会显示读者的网卡信息），最后单击“确定”按钮。

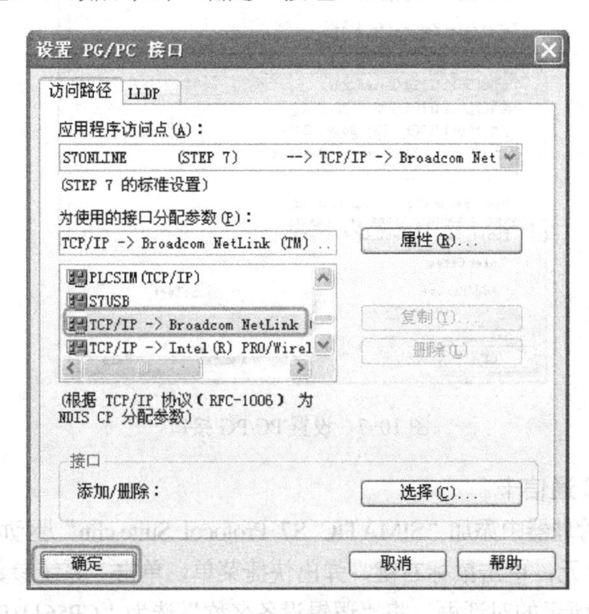

图 10-10 设置 PC/PG 接口

2. 选择 WinCC 通信卡

在 WinCC 变量管理器中添加“SIMATIC S7 Protocol Suite.chn”驱动程序，并选择其中的“Industrial Ethernet”通道单元，单击鼠标右键，弹出快捷菜单，单击“系统参数”，如图 10-11 所示，弹出如图 10-12 所示的对话框，将“逻辑设备名称”选为“ISO Ind. Ethernet→Broadcom NetLink”（“Broadcom NetLink”是编者计算机的网卡信息，读者在操作时会显示读者的网卡信息），单击“确定”按钮。

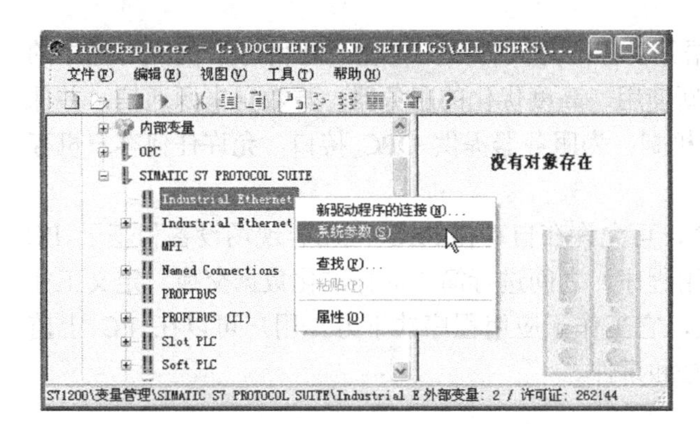

图 10-11　打开“系统参数”

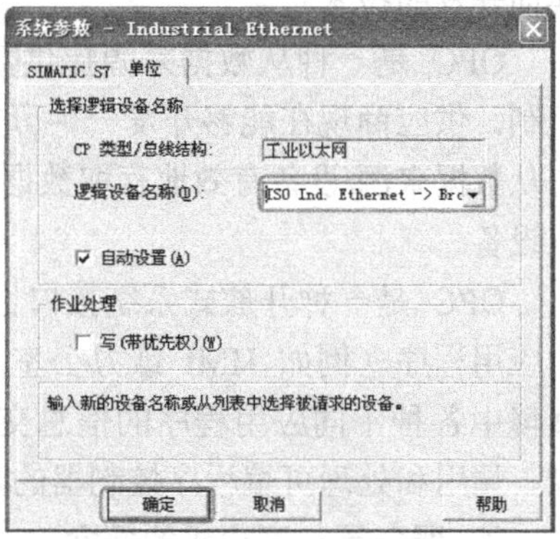

图 10-12　系统参数

3. 在 WinCC 的 Industrial Ethernet 通道单元建立连接

选择其中的“Industrial Ethernet”通道单元，单击鼠标右键，弹出快捷菜单，单击“新驱动程序连接”，弹出“连接属性”对话框，如图 10-13 所示，单击“属性”按钮，弹出“连接参数”对话框，将“插槽号”改为“2”，单击“确定”按钮。

【关键点】图 10-14 中的“以太网地址”要与 STEP7 中组态的网址一致。

图 10-13　“连接属性”对话框

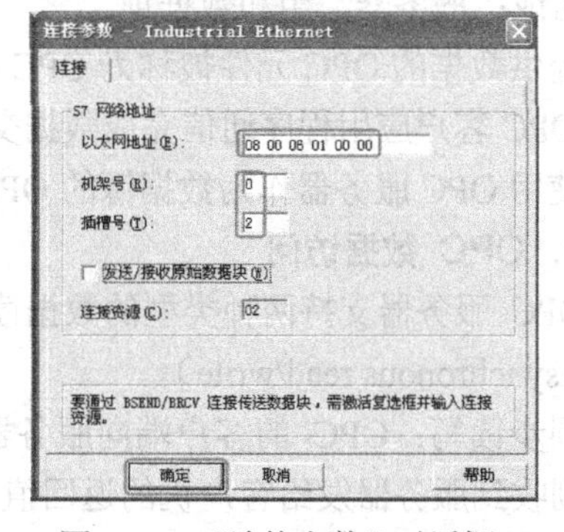

图 10-14　“连接参数”对话框

10.3　OPC 通信

10.3.1　OPC 基本知识

1. OPC 概念

在 OPC 之前，需要花费很多时间使用软件应用程序控制不同供应商的硬件。在实际

应用中存在着多种不同的系统和协议，用户必须为每一家供应商和每一种协议订购特殊的软件，才能存取具体的接口和驱动程序。因此，用户程序取决于供应商、协议或系统。而 OPC 具有统一和非专有的软件接口，在自动化工程中具有强大的数据交换功能。

OPC（OLE for Process Control，用于进程控制的 OLE）是嵌入式过程控制标准，规范以 OLE/DCOM 为技术基础，是用于服务器/客户机连接的统一而开放的接口标准和技术规范。OLE（Object Linking and Embedding）是微软为 Windows 系统、应用程序间的数据交换而开发的技术。

OPC 是一种从数据来源提供数据并以标准方式将数据传输至任何客户机应用程序的机制。供应商现在能够开发一种可重新使用、高度优化的服务器，与数据来源通信，并保持从数据来源/设备有效地存取数据的机制，为服务器提供 OPC 接口，允许任何客户机存取设备。

OPC 是一种开放式系统接口标准，可允许在自动化/PLC 应用、现场设备和基于 PC 的应用程序（例如 HMI 或办公室应用程序）之间进行简单的标准化数据交换。定义工业环境中各种不同应用程序的信息交换，它工作于应用程序的下方。用户可以在 PC 上监控、调用和处理可编程序控制器的数据和事件。

2．服务器与客户机的概念

OPC 服务器和客户机的概念与超级市场相似，存放各种供选择商品的通道代表服务器，供选择的商品构成服务器读取和写入的所有进程数据位置，客户机就如同沿着通道移动并选择需要的物品的购物车。OPC 数据项是 OPC 服务器与数据来源的连接。所有 OPC 数据项的读写存取均通过包含 OPC 项目的 OPC 群组目标进行。同一个 OPC 项目可包含在几个群组中。当某个变量被查询时，对应的数值会从最新进程数据中获取并被返回，这些数值可以是传感器、控制参数、状态信息或网络连接状态的数值。OPC 的结构由 3 类对象组成：服务器、组和数据项。

提供数据的 OPC 元件被称为 OPC 服务器。OPC 服务器向下对设备数据进行采集，向上与 OPC 客户应用程序通信完成数据交换。

使用 OPC 服务器作为数据源的 OPC 元件称为 OPC 客户端。

3．OPC 数据访问

OPC 服务器支持两种类型的数据读写：同步读写（Synchronous read/write）和异步读写（Asynchronous read/write）。

同步读写：OPC 的客户端向服务器发出一个读/写请求，然后不再继续执行，一直等待直到收到服务器发给客户机的返回值，OPC 客户端才会继续执行下去。

异步读写：OPC 的客户端向服务器发出一个读/写请求，在等待返回值的过程中，可以继续执行下面的程序，直到服务器数据准备好后，向客户机发出一个返回值，在回调函数中客户端处理返回数值，然后结束此次读/写过程。

同步读/写数据存取速度快，编程简单，无需回调，但需要等待返回结果；异步读写不需等待返回值，可以同时处理多个请求。

10.3.2 SIMATIC NET 软件简介

SIMATIC NET 是西门子在工业控制层面上提供的一个开放的、多元的通信系统。它意味着可以将工业现场的 PLC、主机、工作站和 PC 联网通信，为了适应自动化工程中的种类多样性，SIMATIC NET 推出了多种不同的通信网络以因地制宜，这些通信网络符合德国或国际标准，包括以下 4 种：

- 工业以太网；
- PROFIBUS；
- AS-I；
- MPI。

SIMATIC NET 系统包括：

1）传输介质、网络配件和相应的传输设备及传输技术。

2）数据传输的协议和服务。

3）连接 PLC 和 PC 到 LAN 网上的通信处理器（CP 模块）。

高级 PC Station 组态是随 SIMATIC NET V6.0 以上提供的。Advanced PC Configuration 代表一个 PC 站的全新、简单、一致和经济的调试和诊断解决方案。一台 PC 可以和 PLC 一样，在 SIMATIC S7 中进行组态，并通过网络装入。PC Station 包含了 SIMATIC NET 通信模块和软件应用，SIMATIC NET OPC server 就是允许和其他应用通信的一个典型应用软件。

10.3.3 PC Access 软件简介

PC Access 软件是西门子推出的专用于 S7-200 PLC 的 OPC Server（服务器）软件，它向 OPC 客户端提供数据信息，可以与任何标准的 OPC Client（客户端）通信。PC Access 软件自带 OPC 客户测试端，用户可以方便地检测其项目的通信及配置的正确性。

PC Access 可以用于连接西门子或者第三方的支持 OPC 技术的上位软件。

1．PC Access 的兼容性

1）支持 OPC Data Access（DA）3.0 版（Version 3.0）。

2）可以运行在 Windows 2000 或 Windows XP 系统下。

3）可以从 Micro/WIN 项目（V3.x -V4.x）中导入符号表。

4）支持新的 S7-200 智能电缆（RS-232 或 USB）。

5）支持多种语言：英语、中文、德语、法语、意大利语、西班牙语。

PC Access 的升级包可以在 S7-200 产品主页上免费下载、安装。下载地址链接：http://support.automation.siemens.com/WW/view/en/18785011/133100。

2．PC Access 安装的要求

1）PC Access 可以在 Microsoft 的如下操作系统中安装、使用：

- Windows 2000 SP3 以上；
- Windows XP Home；
- Windows XP Professional。

2）PC 的硬件要求：

- 任何可以安装运行上述操作系统的计算机；
- 最少 150MB 硬盘空间；
- Microsoft Windows 支持的鼠标；

- 推荐使用 1024×768 像素的屏幕分辨率，小字体。

3. PC Access 支持的硬件连接

PC Access 可以通过如下硬件连接与 S7-200 通信：

- 通过 PC/PPI 电缆（USB/PPI 电缆）连接 PC 上的 USB 口和 S7-200；
- 通过 PC/PPI 电缆（RS-232/PPI 电缆）连接 PC 上的串行 COM 口和 S7-200；
- 通过西门子通信处理器（CP）卡和 MPI 电缆连接 S7-200；
- 通过 PC 上安装的调制解调器（Modem）连接 S7-200 上的 EM241 模块；
- 通过以太网连接 S7-200 上的 CP243-1 或 CP243-1 IT 模块。

上述 S7-200 的通信口可以是 CPU 通信口，也可以是 EM277 的通信口。

【关键点】 PC Access 不支持 CP5613 和 CP5614 通信卡。

4. PC Access 的协议连接

1）PC Access 所支持的协议：

- PPI（通过 RS-232PPI 和 USB/PPI 电缆）；
- MPI（通过相关的 CP 卡）；
- PROFIBUS-DP（通过 CP 卡）；
- S7 协议（以太网）；
- Modems（内部的或外部的，使用 TAPI 驱动器）。

2）所有协议允许同时有 8 个 PLC 连接。

3）一个 PLC 通信口允许有 4 台 PC 的连接，其中一个连接预留给 STEP7-Micro/WIN。

4）PC Access 与 STEP7-Micro/WIN 可以同时访问 CPU。

5）支持 S7-200 所有内存数据类型。

5. PC Access 的特性

- 内置的 OPC 测试 Client 端，直接将 Item 中的数据标签拖入 Test Client 窗口中，并单击工具栏中的 Test Client Status 按钮即可监测数据；
- 可以添加 Excel 客户端，用于简单的电子表格对 S7-200 数据的监控；
- 提供任何 OPC Client 端的标准接口；
- 针对于每一标签刷新的时间戳。

6. PC Access 技术要点

- 不能直接访问 PLC 存储卡中的信息（数据归档、配方）；
- 不包含用于创建 VB 客户端的控件；
- 可以在 PC 上用 STEP7-Micro/WIN 4.0 和 PC Access 同时访问 PLC（必须使用同一种通信方式）；
- 在同一 PC 上不能同时使用 PC/PPI 电缆、Modem 或 Ethernet 访问同一个或不同的 PLC，它只支持 PG/PC-Interface 中所设置的单一的通信方式；
- PC Access 中没有打印工具；
- 使用同一通信通道，最多可以同时监控 8 个 PLC；
- Item 的个数没有限制；
- 可应用于当前 Siemens 提供的所有 CP 卡；

● PC Access 专为 S7-200 而设计，不能应用于 S7-300 或 S7-400 PLC。

10.3.4　OPC 实例 1——WinCC 与 S7-200 的通信

WinCC 中没有提供 S7-200 系列 PLC 的驱动程序，要用 WinCC 对 S7-200 PLC 进行监控，必须使用 OPC 通信，以下用一个简单的例子讲解这个过程。

【例 10-1】 WinCC 对 S7-200 PLC 进行监控，在 WinCC 画面上启动和停止 S7-200 PLC 的一盏灯，并将灯的明暗状态显示在 WinCC 画面上。

【解】

所需要的软硬件如下：

- 1 套 S7-200 PC Access V1.0；
- 1 套 STEP7-Micro/Win V4.0 SP6；
- 1 套 WinCC V7.0 SP1；
- 1 台 CPU226CN；
- 1 根 PC/PPI 电缆；
- 1 台 PC（具备安装和运行 WinCC V7.0 SP1 的条件）。

具体步骤如下：

1. 在 S7-200 PC Access 中创建 OPC

1）新建项目。打开 S7-200 PC Access 软件（此软件可以在西门子的官网上免费下载），新建项目，如图 10-15 所示。

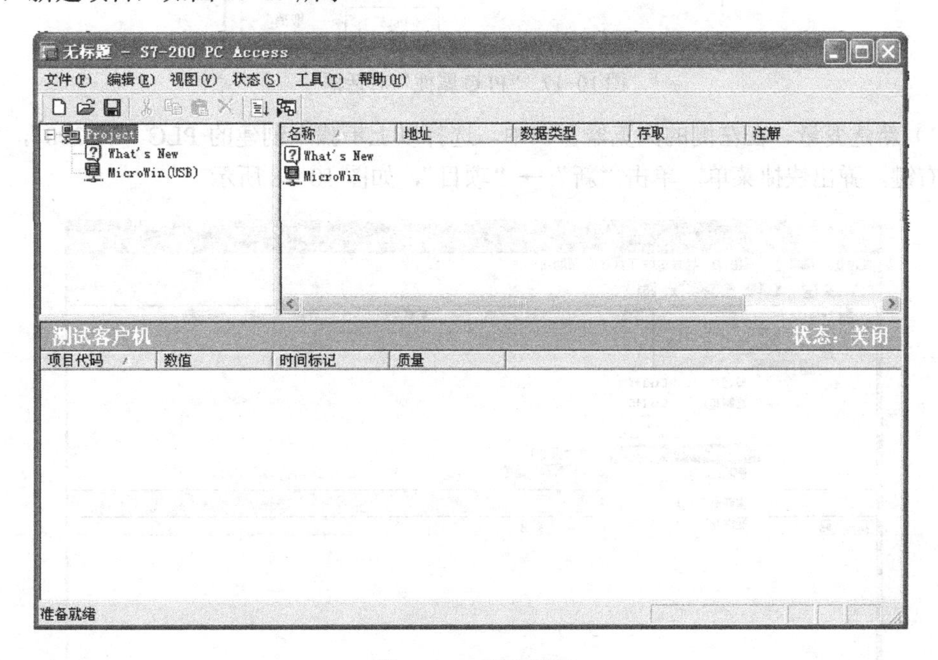

图 10-15　新建项目

2）新建 PLC。如图 10-16 所示，在左侧的浏览器窗口中选中“MicroWin(USB)”，单击鼠标右键，弹出快捷菜单，单击“新 PLC”选项，弹出“PLC 属性”对话框，如图 10-17 所示。将 PLC 命名为“S7-200”，单击“确定”按钮。

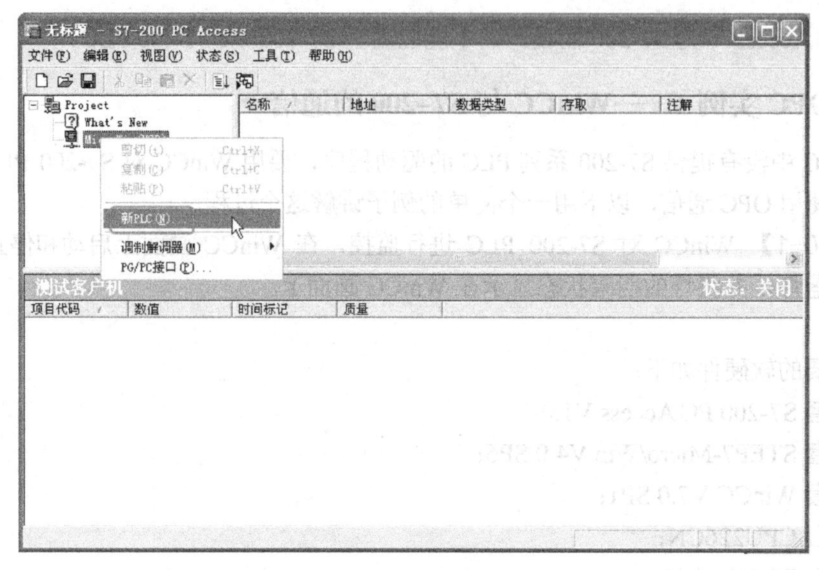

图 10-16　新建 PLC

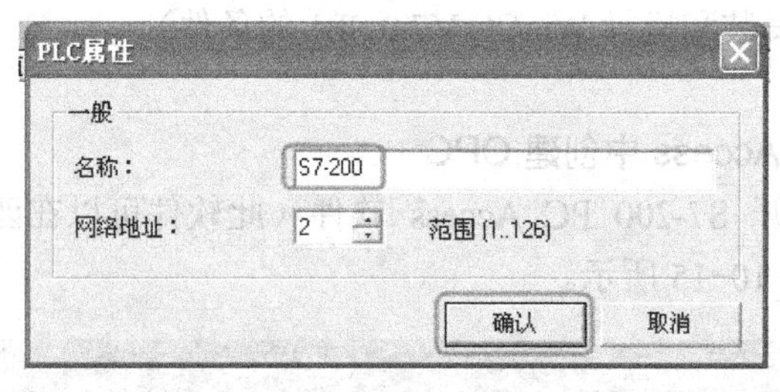

图 10-17　“PLC 属性”对话框

3）新建变量。在左侧的浏览器窗口中，选择以上步骤中创建的 PLC“S7-200”，单击鼠标右键，弹出快捷菜单，单击“新”→“项目”，如图 10-18 所示。

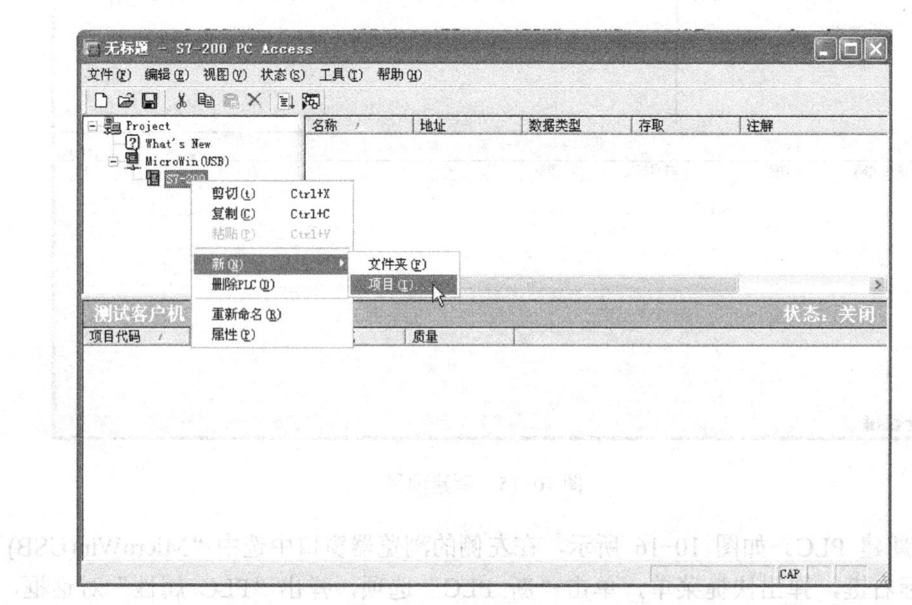

图 10-18　新建变量（1）

如图 10-19 所示，在“名称”中输入“START”，在“地址”中输入“M0.0”，最后单击“确定”按钮。这样做的结果表明，变量“START”的地址是“M0.0”。用同样的方法操作，使变量“STOP”的地址是“M0.1”，使变量“MOTOR”的地址是“Q0.0”。操作完成后所有的变量和地址都显示在如图 10-20 所示的窗口上。

图 10-19　新建变量（2）

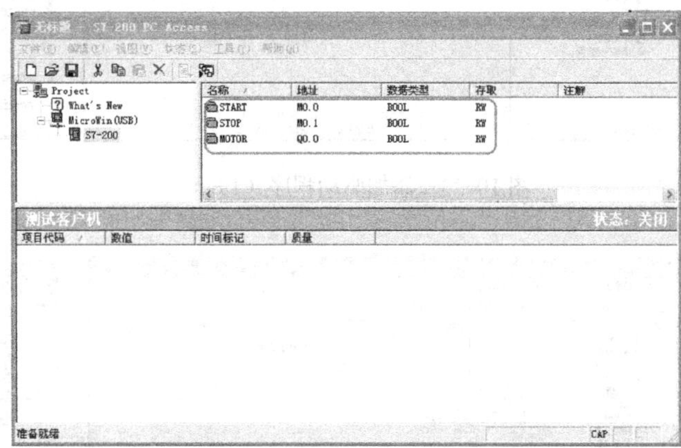

图 10-20　新建变量（3）

4）保存 OPC。单击工具栏中的“保存”按钮，弹出如图 10-21 所示的对话框，命名为“S7-200.pca”，单击“保存”按钮。

2. 在 WinCC 中创建工程，完成通信

1）新建工程。单击工具栏上的“新建”图标，弹出如图 10-22 所示的对话框，将“项目名称”定为“S7200”，单击“创建”按钮。

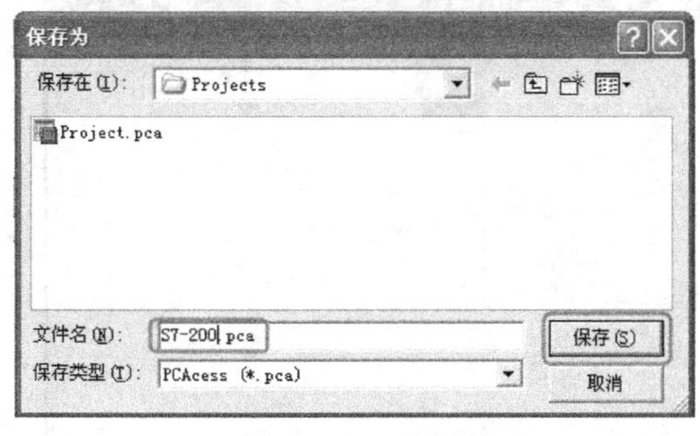

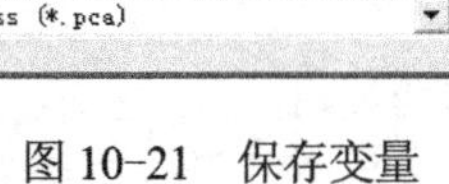

图 10-21　保存变量

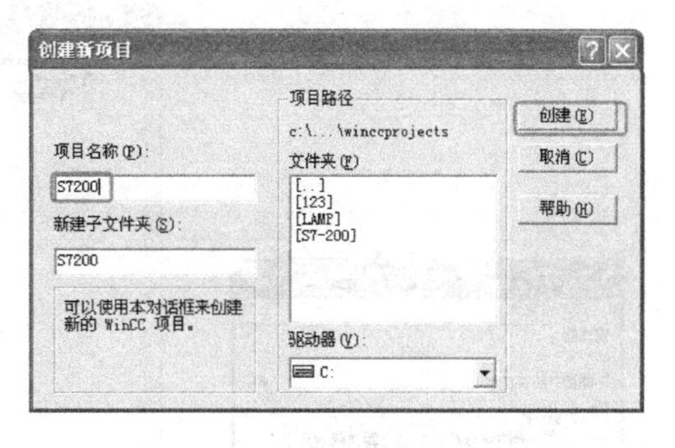

图 10-22　新建工程

2）添加驱动程序。如图 10-23 所示，选中左侧的浏览器窗口的“变量管理器”，单击鼠标右键，弹出快捷菜单，单击“添加新的驱动程序”，弹出如图 10-24 所示的对话框，选中“OPC.chn”，单击“打开”按钮。

3）打开系统参数。如图 10-25 所示，选中左侧的浏览器窗口的“OPC Group”，单击鼠标右键，弹出快捷菜单，单击“系统参数”，弹出如图 10-26 所示的对话框，选中“S7200.OPCServer”，单击“浏览服务器”按钮。

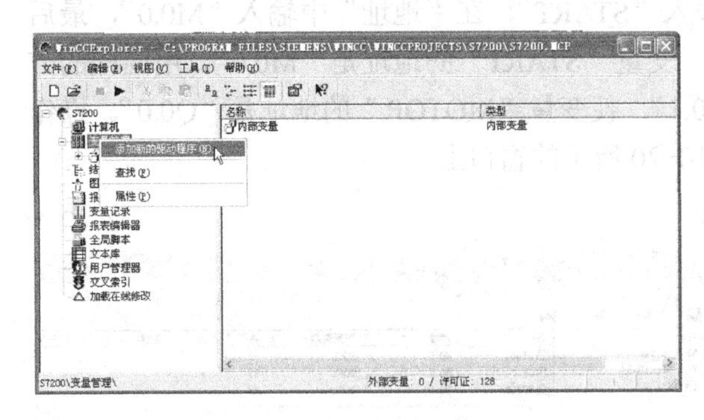

图 10-23　添加驱动程序（1）

图 10-24　添加驱动程序（2）

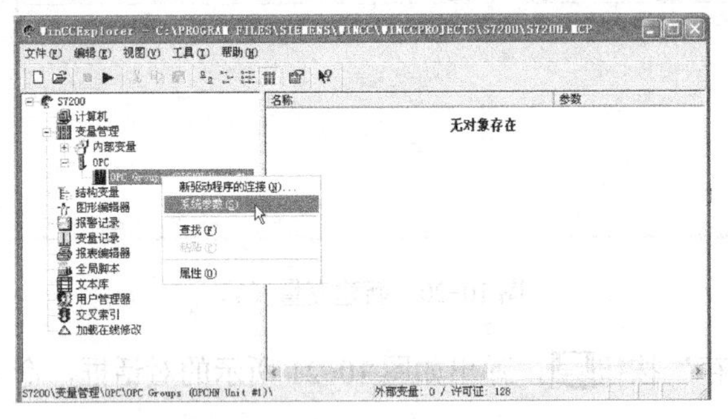

图 10-25　打开系统参数

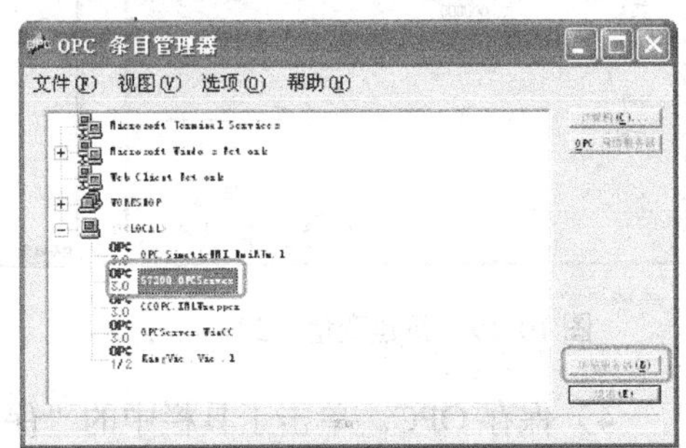

图 10-26　OPC 项目管理器

如图 10-27 所示，单击“下一步”按钮，弹出如图 10-28 所示的对话框，单击“添加条目”按钮。

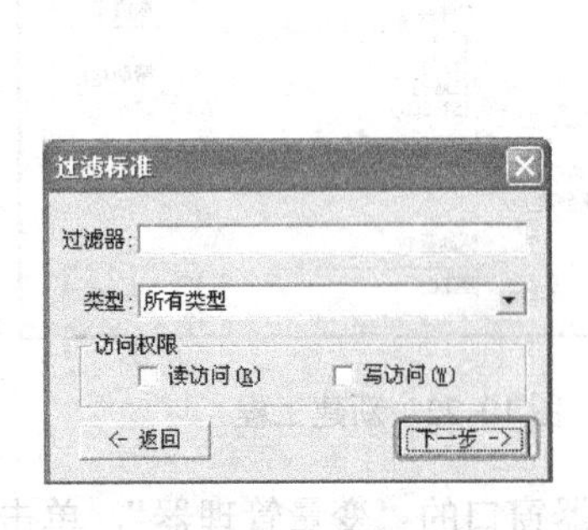

图 10-27　过滤标准

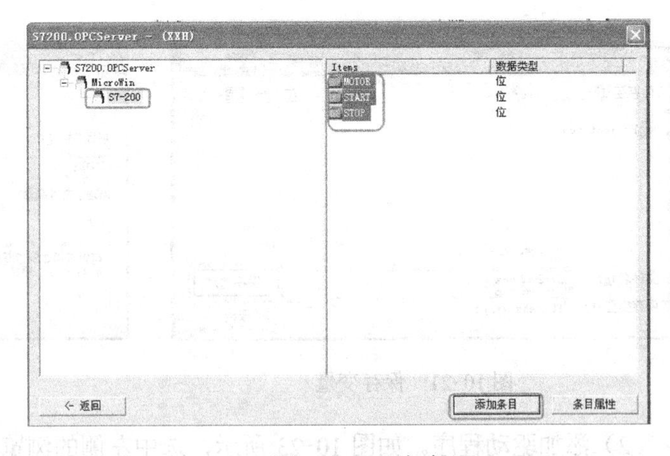

图 10-28　添加条目

4）添加连接。单击“是”按钮，如图 10-29 所示，弹出如图 10-30 所示的对话框，输入连接名称为“S7200_OPCServer”，单击“确定”按钮。

5）添加变量。如图 10-31 所示，单击“完成”按钮即可。变量添加完成后，如图 10-32 所示，在 PC Access 中创建的变量都可以在 WinCC 中搜索到。

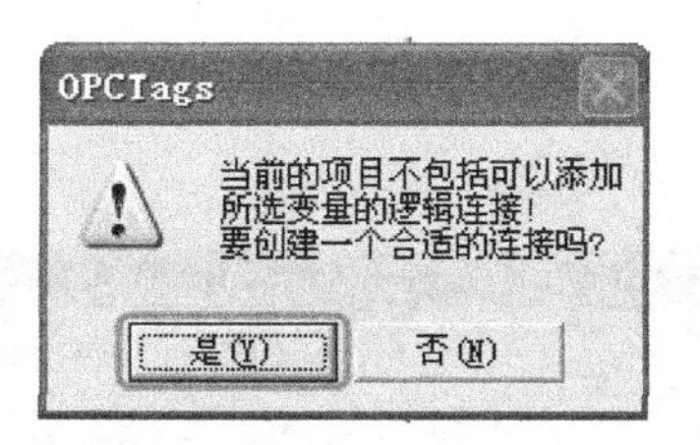

图10-29 添加连接（1）

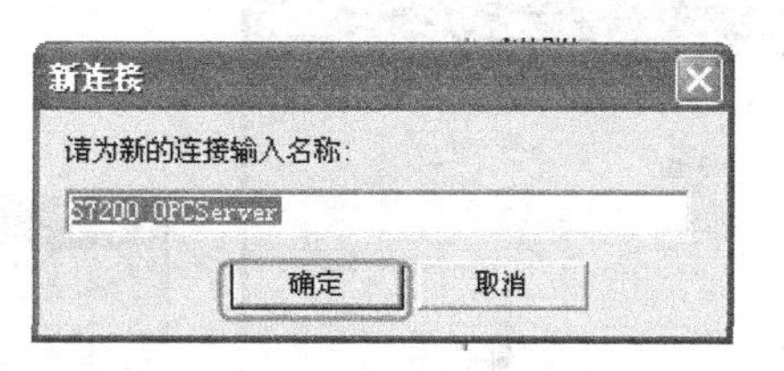

图10-30 添加连接（2）

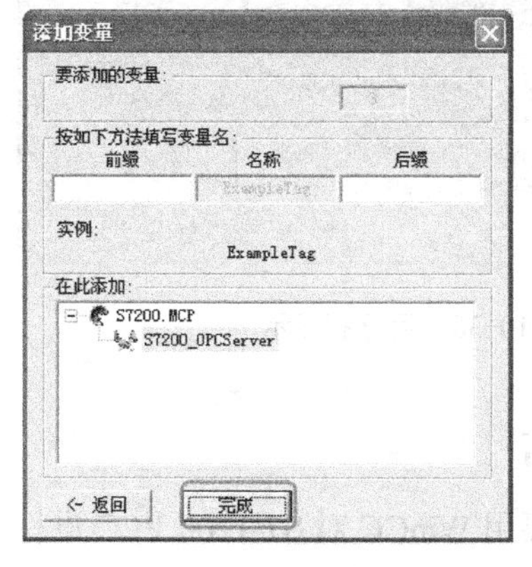

图10-31 添加变量（1）

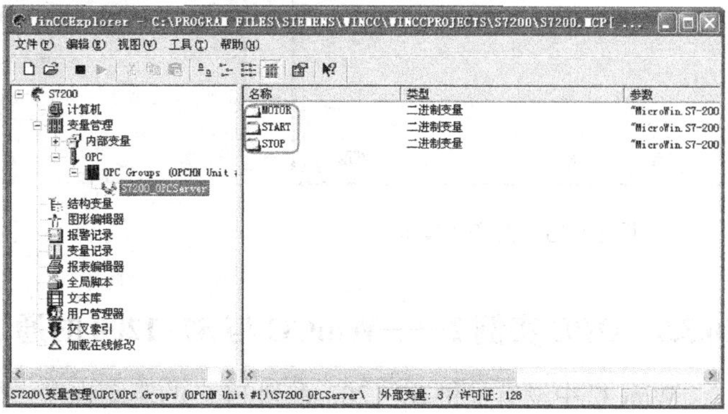

图10-32 添加变量（2）

6）动画链接。在图形编辑器中，拖入一个圆，选中此圆并双击，弹出“对象属性”对话框，接着选中“效果”→“全局颜色方案，把选项“是”改为“否”，选择“背景颜色”，右击右边的灯泡图标，弹出快捷菜单，如图10-33所示，单击“动态对话框”，弹出“动态值范围”对话框，如图10-34所示，单击按钮，弹出如图10-35所示的对话框，将触发器改为“根据变化”，将变量和“MOTOR”链接。

再将变量“M0.0”和“START”按钮链接，将变量“M0.1”和“STOP”按钮链接，此方法在前面的章节已经介绍过。

7）保存工程。在图形编辑器界面中，保存工程。

8）运行和显示。在图形编辑器界面中，单击“激活”按钮，再单击“START”按钮，灯为红色，单击“STOP”按钮，灯为灰色，如图10-36所示。

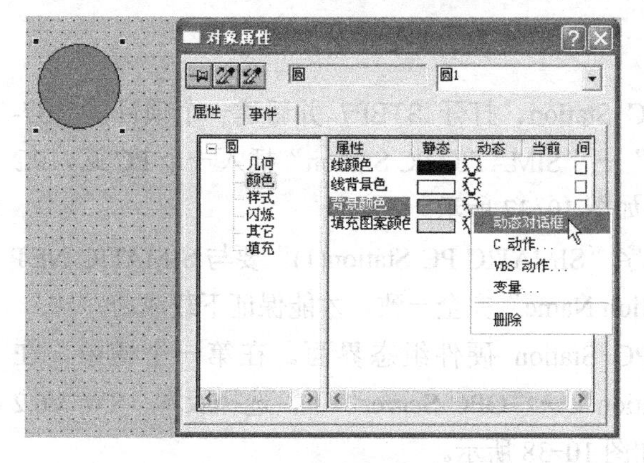

图10-33 对象属性设置

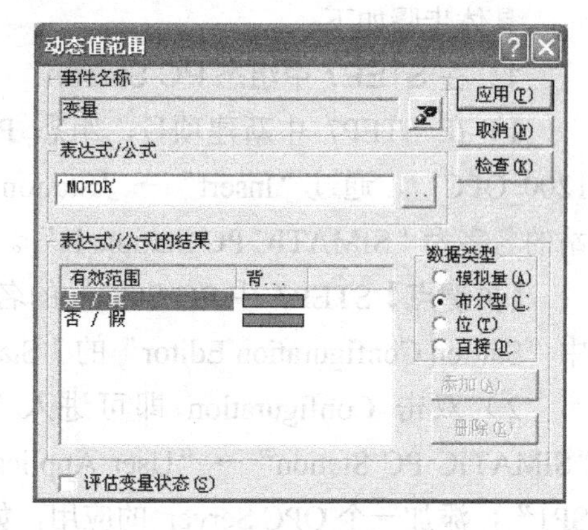

图10-34 “动态值范围”对话框

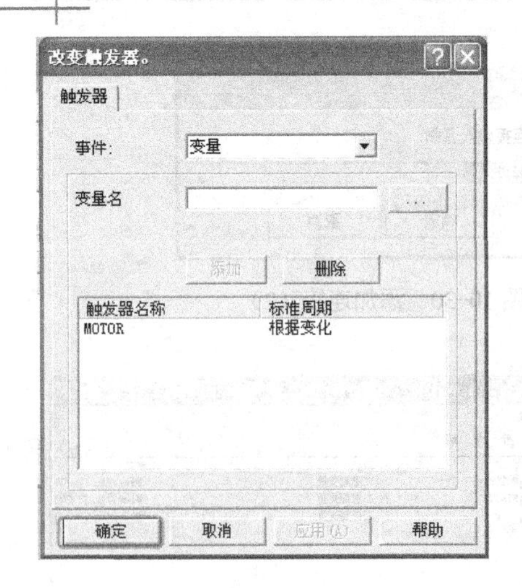

图 10-35　改变触发器

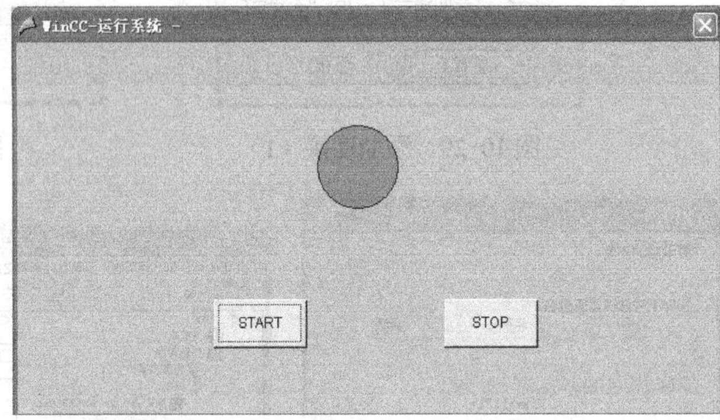

图 10-36　运行和显示

10.3.5　OPC 实例 2——WinCC 与 S7-1200 的通信

WinCC 中没有提供 S7-1200 系列 PLC 的驱动程序，要用 WinCC 对 S7-1200 PLC 进行监控，必须使用 OPC 通信，以下用一个简单的例子讲解这个过程。

【例 10-2】 WinCC 对 S7-1200 PLC 进行监控，在 WinCC 画面上启动和停止 S7-1200 PLC 的一盏灯，并将灯的明暗状态显示在 WinCC 画面上。

所需要的软硬件如下：

- 1 套 STEP 7 Basic V11；
- 1 套 STEP 7 V5.5；
- 1 套 SIMATIC NET V7.1；
- 1 套 WinCC V7.0 SP1；
- 1 台 S7 1200 CPU；
- 1 根 TP 网线；
- 1 台 PC（具备安装和运行 WinCC V7.0 SP1 的条件，带网卡）。

具体步骤如下：

1．在 STEP7 中组态 PC Station

1）在 STEP7 中新建项目，组态 PC Station。打开 STEP7 并新建一个项目：“S7-1200_OPC”，通过“Insert”→“Station”→“SIMATIC PC Station”插入一个 PC 站，PC 站的名字为“SIMATIC PC Station(1)”。如图 10-37 所示。

【关键点】 STEP7 中 PC Station 的名字“SIMATIC PC Station(1)”要与 SIMATIC NET 中“Station Configuration Editor”的“Station Name”完全一致，才能保证下载成功。

2）双击 Configuration 即可进入 PC Station 硬件组态界面。在第一个槽中，在“SIMATIC PC Station”→“User Application”→“OPC Server”下，选择版本“SW V6.2 SP1”，添加一个 OPC Server 的应用，如图 10-38 所示。

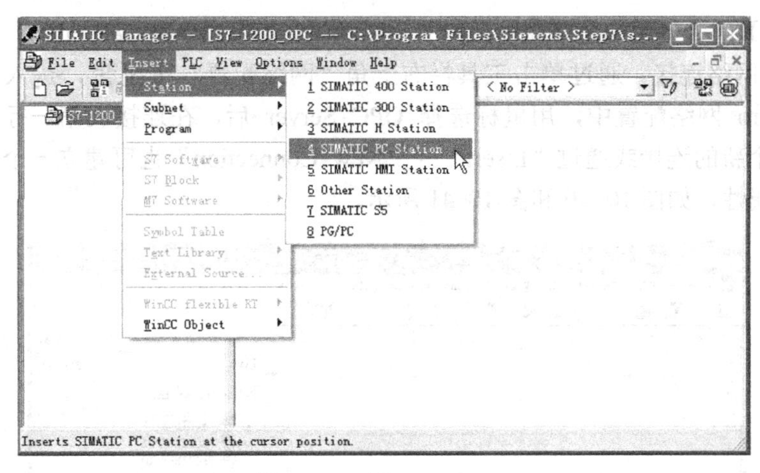

图 10-37　插入 PC Station

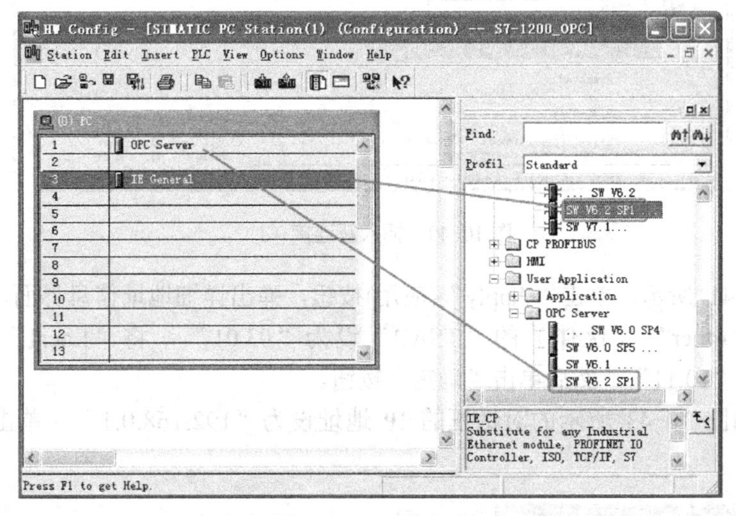

图 10-38　硬件组态

在第三个槽中，在“SIMATIC PC Station”→“CP Industrial Ethernet”→“IE General”下，选择版本“SW V6.2 SP1”，添加一个 IE General，并设置 IP 地址，如图 10-39 所示。

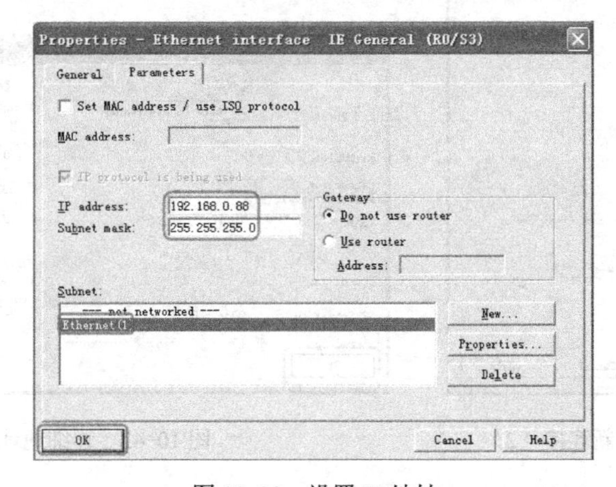

图 10-39　设置 IP 地址

【关键点】因为使用的是普通以太网卡，所以要选择添加“IE General”。

3）配置网络连接。通过单击工具栏右上角“网络配置”按钮，进入网络配置，然后在 NetPro 网络配置中，用鼠标选择 OPC Server 后，在连接表第一行单击鼠标右键，插入一个新的连接或通过“Insert”→“New Connection”也可建立一个新连接，然后定义连接属性，如图 10-40 和图 10-41 所示。

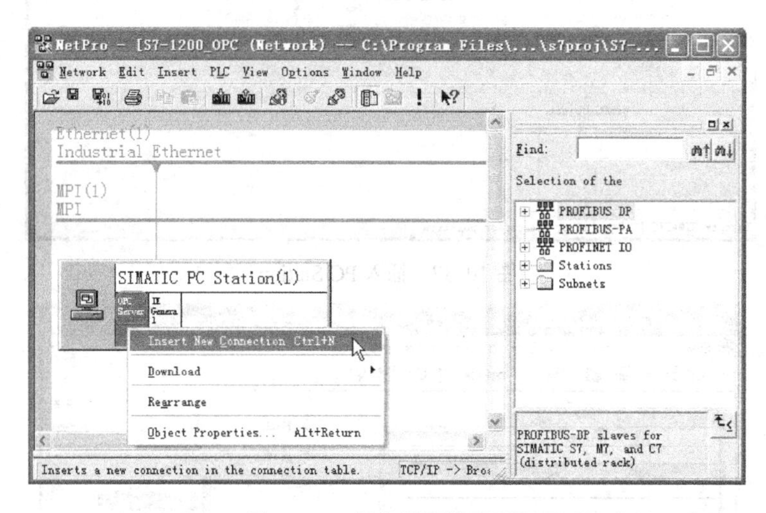

图 10-40　插入新连接（1）

如图 10-41 所示，单击“Apply”(应用)按钮，弹出详细地址信息界面，如图 10-42 所示，将“Partner”（伙伴）的“TSAP”设为“03.01”，将“Local”（本地）的“TSAP”设为“10.11”，然后单击“确定”按钮。

最后将如图 10-43 所示的对话框的 IP 地址设为“192.168.0.1”，单击“确定”按钮即可。

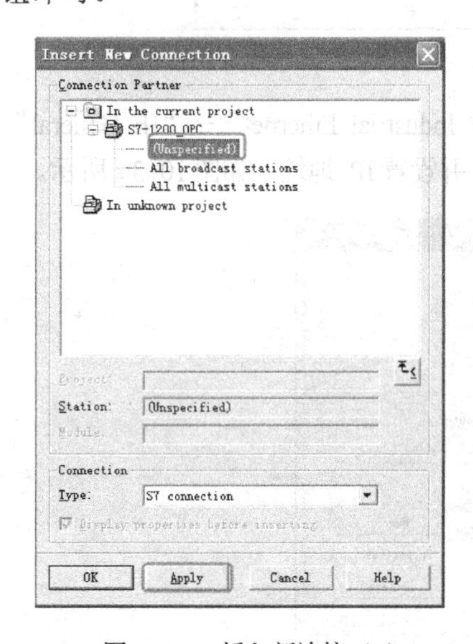

图 10-41　插入新连接（2）

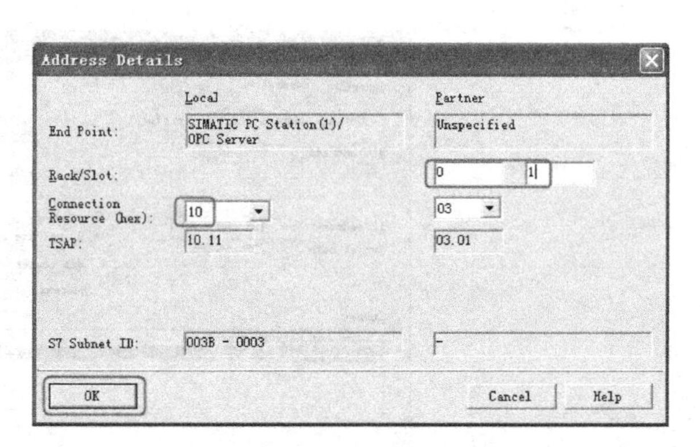

图 10-42　详细地址信息

确认完成所有配置后，已建好的 S7 连接会显示在连接列表中。单击编译保存按钮，如图 10-44 所示，或选择“Network”→“Save and Compile”，如果得到无错误（No error）的编译结果，则正确组态完成。这里编译结果信息非常重要，如果有错误信息（error Message），说明组态不正确，是不能下载到 PC Station 中的。

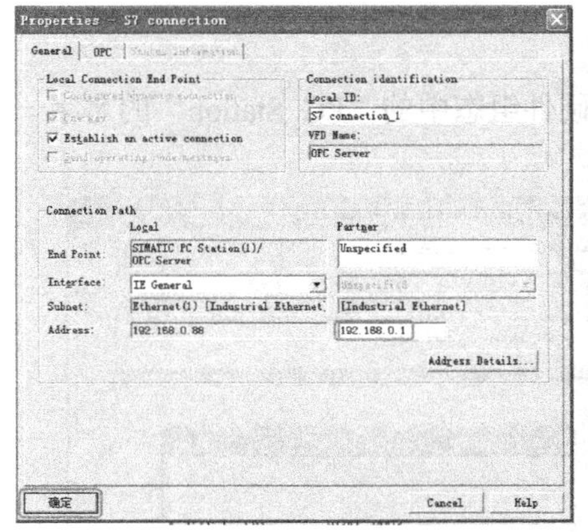

图 10-43　S7 连接

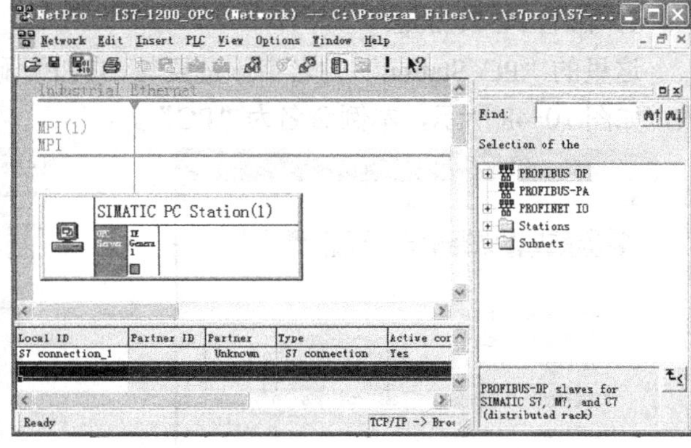

图 10-44　编译和保存

成功编译完成后，在 STEP7 中的所有 PC Station 的硬件组态就完成了。

2. 创建一个虚拟的 PC Station 硬件机架

通过“Station Configuration Editor”创建一个虚拟的 PC Station 硬件机架，以便将 STEP7 中组态的 PC Station 下载到这个虚拟的 PC Station 硬件机架中去。

1）单击右下角的图标，进入 PC Station 硬件机架组态界面。

2）选择第一号插槽，如图 10-45 所示，单击“Add”（添加）按钮或单击鼠标右键选择添加，在添加组件窗口中选择 OPC Server，单击“OK”（确定）按钮，“OPC Server”添加到第一槽。

3）选择第三号插槽，单击“Add”（添加）按钮或单击鼠标右键选择“添加”按钮，在添加组件窗口中选择 IE General，如图 10-46 所示。

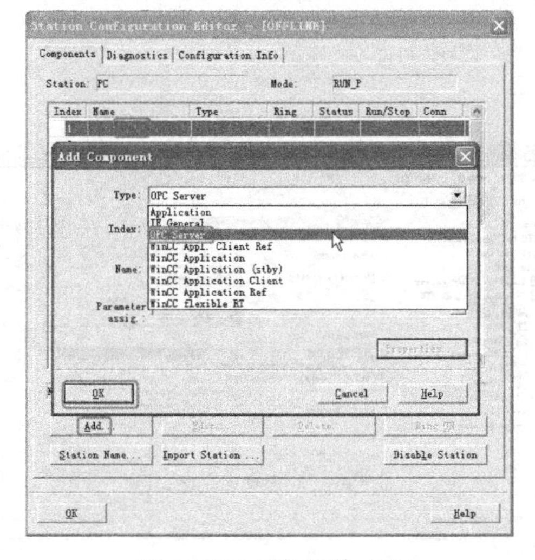

图 10-45　添加组件（1）

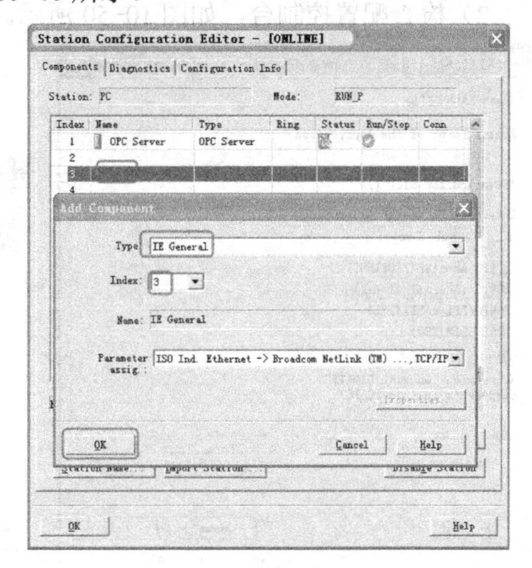

图 10-46　添加组件（2）

【关键点】STEP7 中的 PC Station 硬件组态与虚拟 PC Station 硬件机架的名字、组件及“Index”必须完全一致。

4）插入 IE General 后，随即会弹出组件属性对话框。单击 Network Properties 进行网卡参数配置，如图 10-47 所示，此处的 IP 地址和子网掩码与 STEP7 中硬件组态时的完全一致。

5）命名 PC Station

这里的“PC Station”的名字一定要与 STEP7 硬件组态中的“PC Station”的名字一致，如图 10-48 所示，本例命名为“PC”。

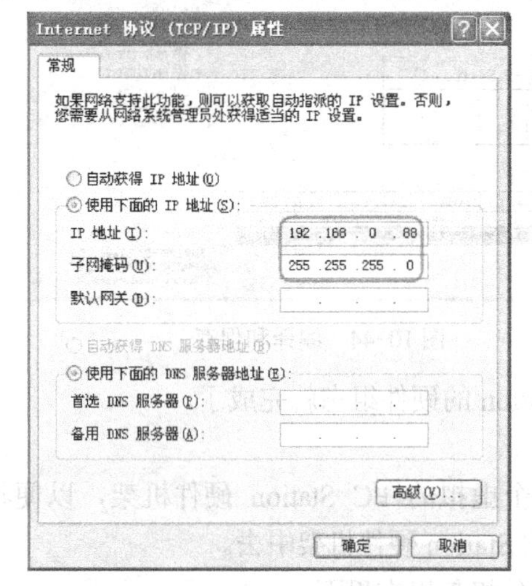

图 10-47　计算机的 IP 地址和子网掩码设置

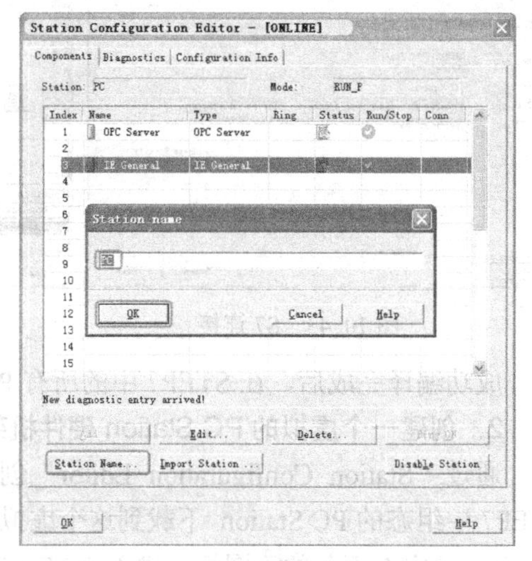

图 10-48　命名

3．下载 PC Station 硬件组态及网络连接

1）首先设置 PG/PC 接口，在 STEP7 软件中，通过“Options”→“Set PG/PC Interface”进入设置界面，如图 10-49 所示，先选中“PC internal（local）”，再单击“OK”（确定）按钮。

2）检查配置控制台，如图 10-50 所示。

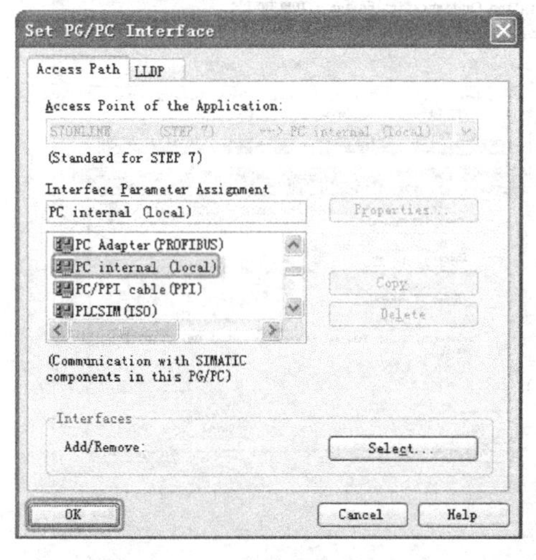

图 10-49　设置 PG/PC Interface

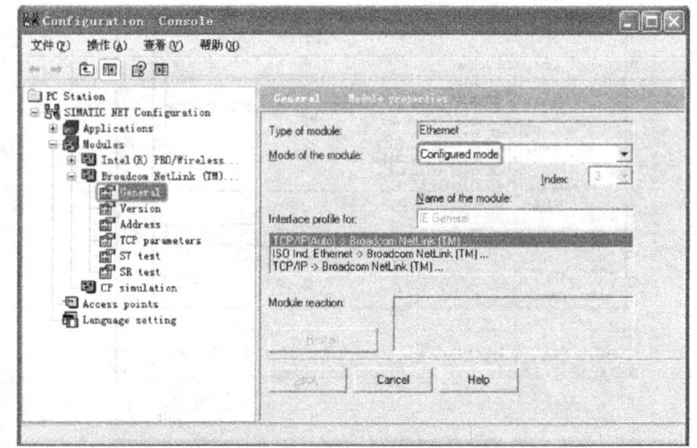

图 10-50　检查配置控制台

通过“所有程序”→“Simatic”→“SIMATIC NET”→“Configuration Console”进入配置控制台检查。

【关键点】对于 Simatic Net V6.1 或 V6.0 版本的软件，需要在上面窗口中手动将模块模式（Mode of the module）从 PG 模式切换到组态模式（Configured mode），并设置 Index 号。然后再在 Station Configuration Editor 中添加硬件。

3）在 STEP7 的硬件配置中下载 PC Station 组态。

4）再在网络配置中将配置好的连接下载到 PC Station 中。

下载完成后在“Station Configuration Editor”中会有状态显示，如图 10-51 所示。在编程过程中，可以根据这些状态显示判断组态是否正确。

“1”处的铅笔图标表明组件已经配置下载，“2”处的对号图标表明组件可运行，“3”处的插头图标表明连接已经下载。

4．使用 OPC Scout 测试 S7 OPC Server

SIMATIC NET 自带 OPC Client 端软件 OPC Scout，可以使用这个软件测试所组态的 OPC Server。通过单击左下角的“所有程序”→“Simatic”→“SIMATIC NET”→“OPC Scout”启动进行测试。

1）双击 OPC.SimaticNET，新建一个组并输入变量组的名称，例如 S7-1200。如图 10-52 所示。

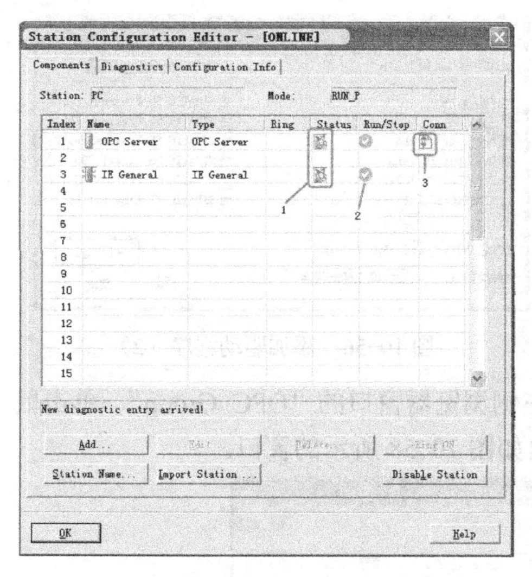

图 10-51　下载完成后的状态

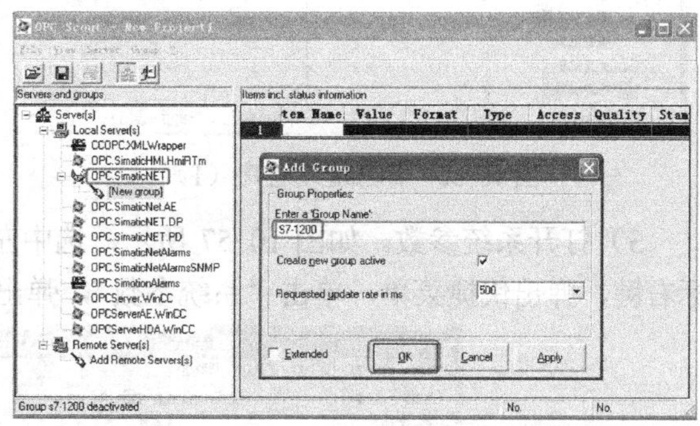

图 10-52　新建组

2）选择一个数据，单击“S7:”→“S7 connection_1”→“objects”→“Q”→“New Definition”来添加一个变量，然后为变量选择数据类型、起始地址、数据长度，并添加到右侧窗口中，如图 10-53 所示。

3）测试结果。测试结果如图 10-54 所示，如果显示为“good”，表明 OPC 通信成功；如果显示为“bad”，表明 OPC 通信不成功。

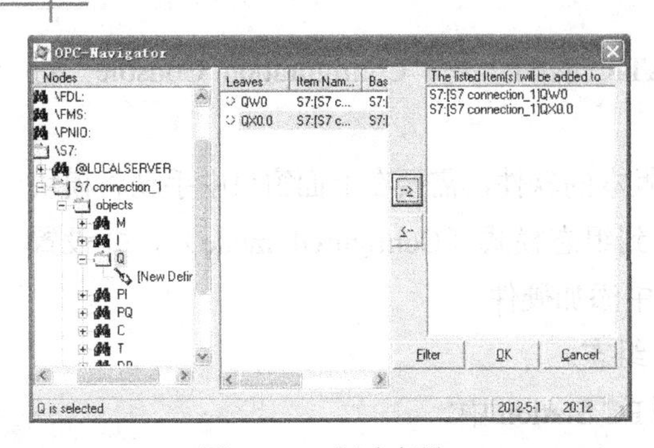

图 10-53 新建变量

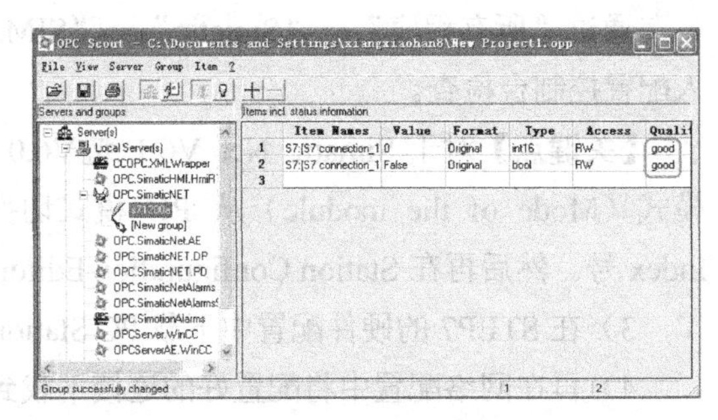

图 10-54 测试结果

5. WinCC 与 S7-1200 CPU 的 OPC 通信

WinCC 中没有与 S7-1200 CPU 通信的驱动，所以 WinCC 与 S7-1200 CPU 之间通过以太网的通信，只能通过 OPC 的方式实现。S7-1200 作为 OPC 的 Server 端，只需设置 IP 地址即可。上位机作为 OPC 的 Client 端，通过 SIMATIC NET 软件建立 PC Station 来与 S7-1200 通信。

建立好 PC Station 后，WinCC 中的实现步骤如下：

1）打开 WinCC 软件新建一个项目，命名为“S71200”。

2）添加驱动程序。如图 10-55 所示，选中左侧的浏览器窗口的“变量管理器”，单击鼠标右键，弹出快捷菜单，单击“添加新的驱动程序”，弹出如图 10-56 所示的对话框，选中“OPC.chn”，单击“打开”按钮。

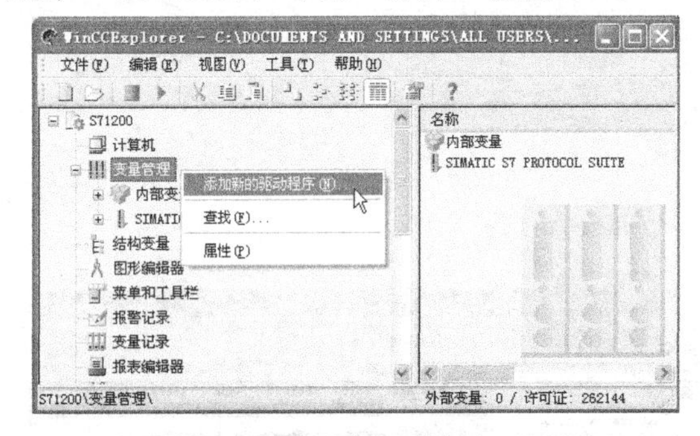

图 10-55 添加驱动程序（1）

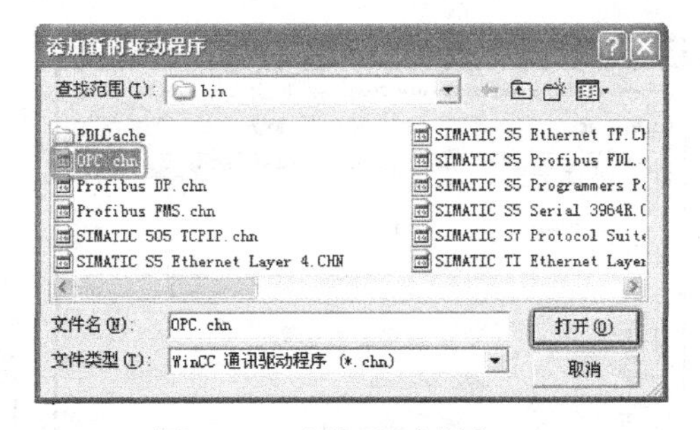

图 10-56 添加驱动程序（2）

3）打开系统参数。如图 10-57 所示，选中左侧浏览器窗口的“OPC Group”，单击鼠标右键，弹出快捷菜单，单击“系统参数”，弹出如图 10-58 所示的窗口。

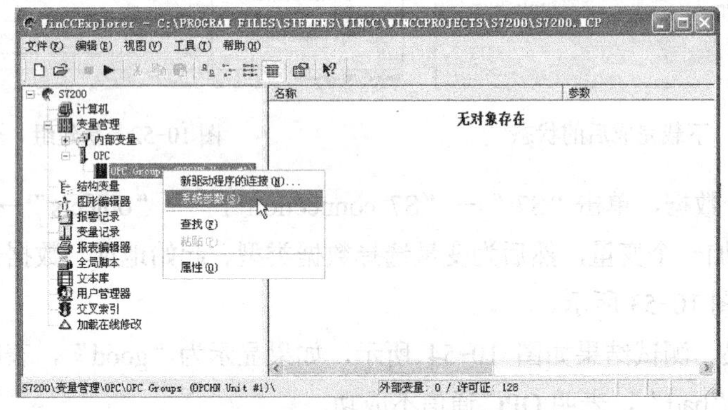

图 10-57 打开系统参数

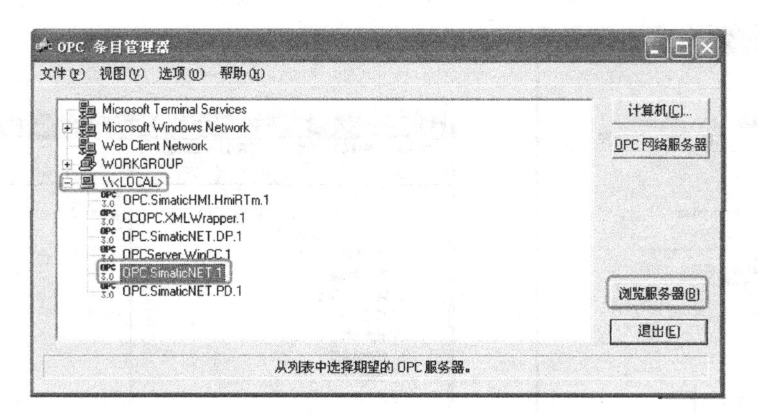

图 10-58 “OPC 条目管理器”窗口

4）在 WinCC 中搜索及添加 OPC Scout 中定义的变量。如图 10-58 所示，先展开“LOCAL”选项，再选中“OPC.SimaticNET.1”，最后单击“浏览服务器”按钮，弹出“过滤标准”对话框，如图 10-59 所示，单击“下一步”按钮，弹出 10-60 所示的对话框。

在浏览器中找到“Q”，再选中 QW0 和 QX0.0，如图 10-60 所示。单击“添加条目”按钮，弹出如图 10-61 所示的对话框，单击“是”按钮。弹出如图 10-62 所示的对话框，单击“确定”按钮，新连接建立，最后弹出“添加变量”对话框，如图 10-63 所示，单击“完成”按钮。至此，OPC 中创建的变量已经可以在 WinCC 中使用了。

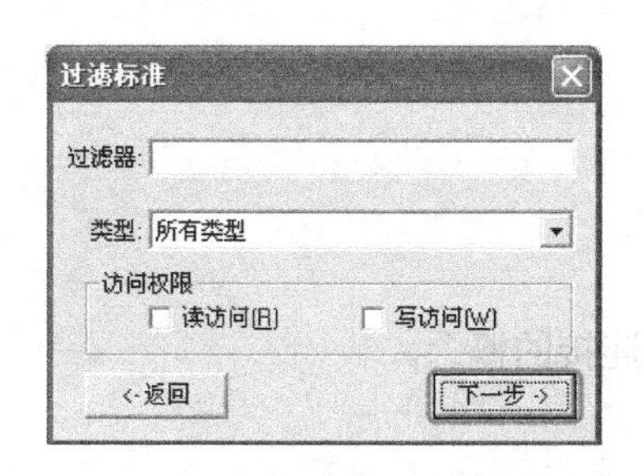

图 10-59 “过滤标准”对话框

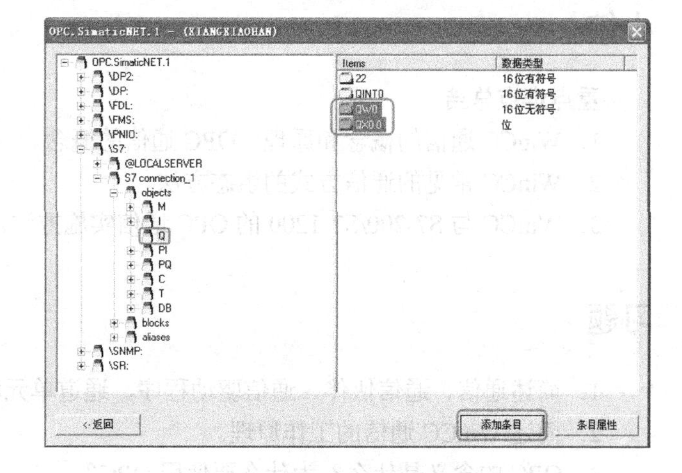

图 10-60　添加条目

图 10-61 “OPCTags”对话框

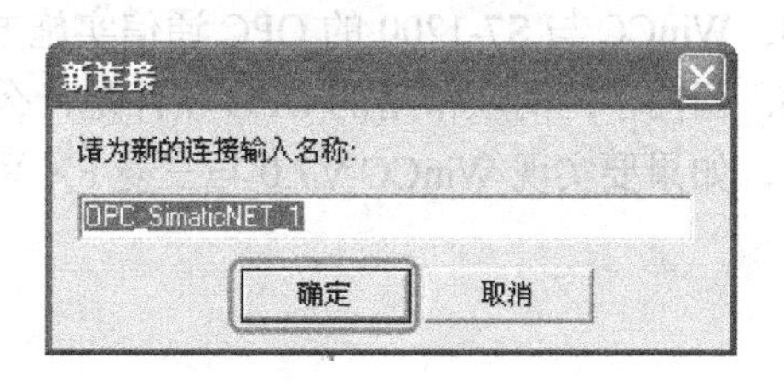

图 10-62 “新连接”对话框

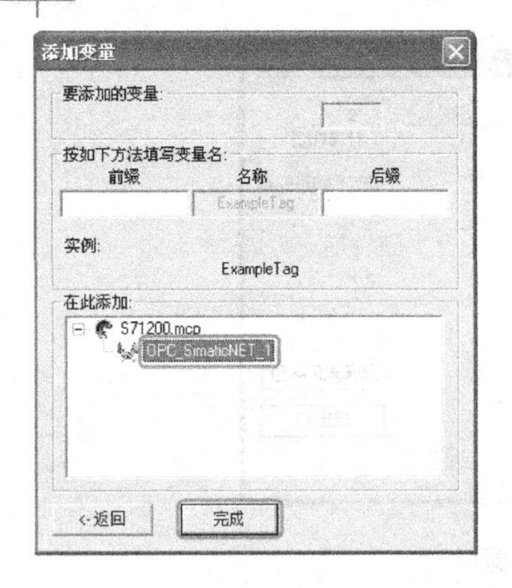

图 10-63 “添加变量”对话框

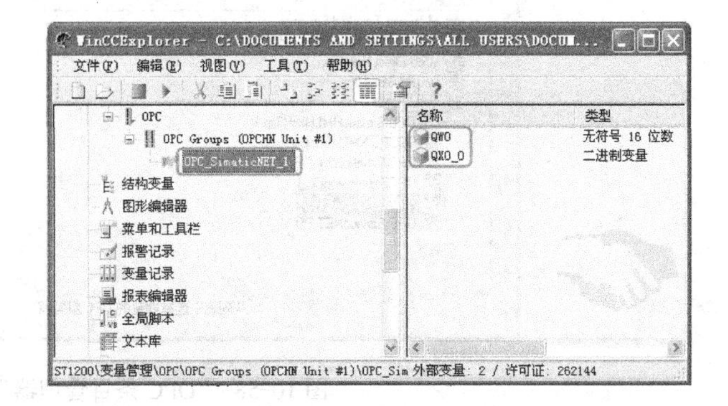

图 10-64 显示变量

5）显示变量。在 WinCC 浏览器中选中“OPC_SimaticNET_1”，在数据窗口中可以看到创建的变量 QW0 和 QX0_0（即 Q0.0），如图 10-64 所示。

接下来的操作，读者可以参考【例 10-1】，在此笔者不再赘述。

【关键点】从 WinCC V6.0 开始，不再提供三菱等 PLC 品牌的驱动程序，如果读者要用 WinCC 与非西门子的品牌的 PLC 通信，则要使用 OPC 软件，比较有名的软件是 KepServerEx。

小结

重点难点总结

1. WinCC 通信的概念和原理、OPC 通信的概念。
2. WinCC 常见的通信方式的组态方法。
3. WinCC 与 S7-200/S7-1200 的 OPC 通信实施方法。

习题

1. 简述通信、通信伙伴、通信驱动程序、通道单元和连接的概念。
2. 简述 WinCC 通信的工作原理。
3. OPC 的含义是什么？为什么要使用 OPC？
4. WinCC 与 S7-200 的 OPC 通信实施方法。
5. WinCC 与 S7-1200 的 OPC 通信实施方法。
6. 西门子的两款常用的 OPC 软件是什么？
7. 如果要实现 WinCC V7.0 与三菱 FX 系列 PLC 通信，简述实施的步骤。

第 11 章

数据存储和访问

本章主要介绍 WinCC 数据库的结构、类型和访问数据库的方法。

11.1 WinCC 数据库

在 WinCC V6.0 以前的版本中采用优秀的小型数据库 Sybase Anywhere 7，从 WinCC V6.0 版以后不再采用这个数据库，WinCC V6.0 采用的是微软的 Microsoft SQL Server 2000 中型数据库，而 WinCC V7.0 采用的是微软的 Microsoft SQL Server 2005 数据库。Microsoft SQL Server（以下简称 MS SQL Server）及其实时响应、性能和工业标准已经全部集成在了 WinCC 中。MS SQL Server 数据库作为组态数据和归档数据的存储数据库，同时也提供了 ANSI-C 及 VBScript 脚本编写，集成了 VBA 编辑器，提供多种 OPC 服务。

11.1.1 WinCC 数据库的结构

WinCC 数据库的组成如图 11-1 所示。

WinCC 采用标准的 MS SQL Server 数据库作为组态数据和归档数据的存储数据库，MS SQL Server 及其实时响应、性能和工业标准，已经全部集成在 WinCC 中。

WinCC 数据主要分为组态数据和运行数据，分别保存在组态数据库和运行数据库。具体的数据库文件，见表 11-1。

表 11-1 数据库文件

<table>
<tr><th colspan="2">类 型</th><th>名 称</th><th>路 径</th></tr>
<tr><td colspan="2">运行数据库文件（主数据库文件）</td><td>ProjectnameRT.mdf
例如：WinCCtestRT.mdf</td><td>WinCC 项目文件夹的根目录下</td></tr>
<tr><td colspan="2">组态数据库文件</td><td>Projectname.mdf
例如：WinCCtest.mdf</td><td>WinCC 项目文件夹的根目录下</td></tr>
<tr><td rowspan="2">变量记录</td><td>快速归档</td><td><computername>_<projectname>_TLG_F_StartTimestamp_Endtimestamp.mdf
或<computername>_<projectname>_TLG_F_YYYYMMDDhhmm.mdf
例如：xiangxiaohan_OpPack_TLG_F_201205180538_201206180558.mdf</td><td>WinCC 项目路径的 ArchiveManager 文件夹下的 TagLoggingFast 文件夹</td></tr>
<tr><td>慢速归档</td><td><computername>_<projectname>_TLG_S_StartTimestamp_Endtimestamp.mdf
或<computername>_<projectname>_TLG_S_YYYYMMDDhhmm.mdf
例如：xiangxiaohan_OpPack_TLG_S_201205180538_201206180558.mdf</td><td>WinCC 项目路径的 ArchiveManager 文件夹下的 TagLoggingSlow 文件夹</td></tr>
<tr><td colspan="2">报警记录</td><td><computername>_<projectname>_ALG_StartTimestamp_Endtimestamp.mdf
或<computername>_<projectname>_ ALG YYYYMMDDhhmm.mdf
例如：xiangxiaohan_OpPack_ ALG 201205180538_201206180558.mdf</td><td>WinCC 项目路径的 ArchiveManager 文件夹下的 AlarmLogging 文件夹</td></tr>
</table>

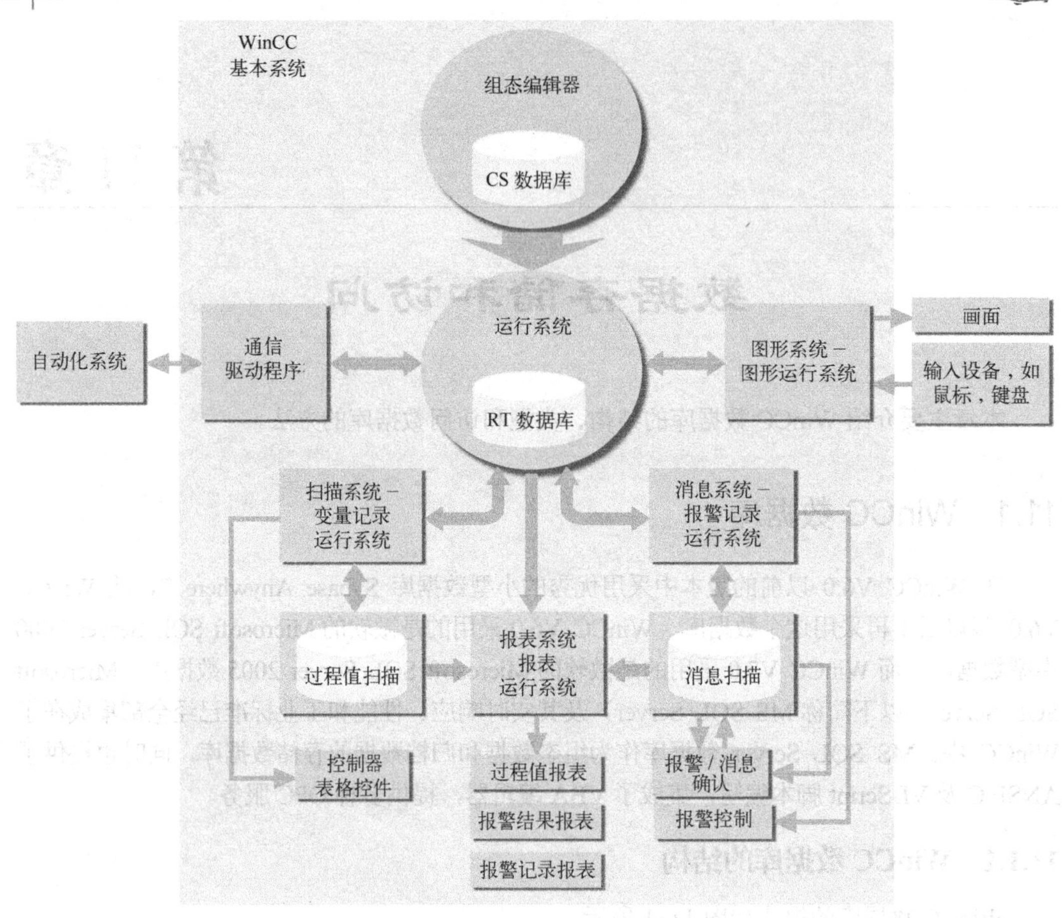

图 11-1　WinCC 数据库的组成

11.1.2　WinCC 数据库的访问

OLE-DB 是一种快速访问不同数据的开放性标准。它与通常熟悉的 ODBC 标准不同。ODBC 是建立在 Windows API 函数基础上的，通过它只能访问关系型数据库。而 OLE-ODBC 是建立在 COM 和 DCOM 基础之上的，可以访问关系型数据库或者非关系型数据库。

OLE-DB 层和数据库的连接是通过一个数据库提供者（Provider）而建立的。OLE-DB 接口提供者是由不同的制造商提供的。除了 WinCC OLE-DB 接口之外，还可以通过 MS OLE-DB、OPC HAD、ODK API 来访问 WinCC 归档数据。以下将分别介绍。

1．MS OLE-DB

使用 MS OLE-DB，只能访问没有压缩的过程值和报警消息。如果远程访问 MS SQL Server 数据库，则需要一个 WinCC 客户访问授权（CAL）。

以下是一个读写用户归档的例子。

（1）建立连接

```
Set conn = CreateObject("ADODB.Connection")
```

conn.open "Provider=SQLOLEDB.1; Integrated Security=SSPI; Persist Security Info=false; Initial Catalog=CC_OpenArch_03_05_27_14_11_46R; Data Source=.\WinCC"

（2）读值

SELECT * FROM UA#<ArchiveName>[WHERE <Condition>...., optional]

（3）写值

UPDATE * UA#<ArchiveName>.<Column_n>=<Value>[WHERE <Condition>...., optional]

2. WinCC OLE-DB

通过 WinCC OLE-DB Provider，可以直接访问存储在 MS SQL Server 数据库中的数据。在 WinCC 中，采样周期小于或者等于某一设定时间周期的数据归档，以一种压缩的方式存放在数据库中。WinCC OLE-DB Provider 允许直接访问这些值。

（1）WinCC OLE-DB Provider 访问数据库的方法

1）与归档数据库建立连接。使用 ActiveX 数据对象 ADO 建立与数据库的连接，其中最重要的参数是连接字符串。连接字符串包含所访问数据库必需的信息。连接字符串的结构是：

Provider = Name of the OLE-DB Provider（如：WinCCOLEDBProvider.1）；Catalog = Database Name（如：CC_display_04_07_28_01_30_15R）；Data Source = Server Name（如：.\WinCC）。

连接字符串的参数说明见表 11-2。

表 11-2 连接字符串的参数说明

参　数	描　述
Provider	OLE DB Provider 的名称：WinCCOLEDBProvider.1
Catalog	WinCC 数据库的名称 1．使用 WinCC RT 数据库时，将使用以“R”结尾的数据库名称，如<Databasename_R> 2．如果已经通过 WinCC 归档连接器将换出的 WinCC 归档连接到 SQL Server，则使用它的符号名称
Data Source	服务器名称： 1．本地：“.\WinCC”或者“<计算机名称>\WinCC” 2．远程：“<计算机名称>\WinCC”

2）查询过程值归档语法。查询过程语法如下：

TAG:R, <ValueID or ValueName>,<TimeBegin>,<TimeEnd>[,<SQL_clause>] [,<TimeStep>]

以上选择绝对时间参数说明见表 11-3。

表 11-3 选择绝对时间参数说明

参　数	描　述
ValueID	数据库表中的 ValueID
ValueName	“ArchiveName\ValueName”格式的 ValueName 值 ValueName 必须用单引号
TimeBegin	起始时间格式：YYYY-MM-DD hh.mm.ss.mmm
TimeEnd	终止时间格式：YYYY-MM-DD hh.mm.ss.mmm

3）查询报警信息归档语法。查询报警信息归档的语法如下：

ALARMVIEW:SELECT * FROM <ViewName>[WHERE <Condition>...., optional]

查询报警信息归档的语法参数说明见表 11-4。

表 11-4　查询报警信息归档的语法参数

参　数	描　述
ViewName	数据库表的名称。数据表由期望的语言来指定 AlgViewDeu: 德语消息归档数据 AlgViewEnu: 英语消息归档数据 AlgViewEsp: 西班牙语消息归档数据 AlgViewFra: 法语消息归档数据 AlgViewIta:意大利语消息归档数据
Condition	过滤条件，例如: DateTime>'2003-06-01' AND DateTime<'2003-07-01' DateTime>'2003-06-01 17:30:00' MsgNr = 5 MsgNr in (4, 5) State = 2 用时间过滤，只能用绝对时间

（2）WinCC OLE-DB 和 MS OLE-DB 的区别

WinCC OLE-DB 和 MS OLE-DB 的区别见表 11-5。

表 11-5　WinCC OLE-DB 和 MS OLE-DB 的区别

参　数	描　述
WinCC OLE-DB	● 透明地访问压缩归档 ● 用该接口访问数据时，数据文件是隐藏起来的 ● 支持的接口（测试、文档、实例） ● 数据库的任何变化对用户的访问没有影响，用户不必去关注
MS OLE-DB	● 得到的压缩数据是一个 Blob(二进制大对象数据)；如果项目中不使用压缩归档，可能引发性能问题 ● 用户必须知道数据文件名称 ● 基本包未发布该接口 ● 如果将来数据库的结构有变化，用户必须要相应地修改自己的程序

3．应用实例

【例 12-1】 将变量 Tag1 最后 10 分的值从 WinCC 运行数据库中读出，并显示在一个 ListView 中。

【解】

1）创建一个变量，命名为 Tag1。

2）创建一个过程值归档，命名为 PVArchive1。将 Tag1 与归档相连接。归档组态完成的界面如图 12-2 所示。

3）创建一个 VB 工程，在画面中拖入控件“ListView Control”，重命名为 ListView1。

4）创建一个命令按钮，把脚本复制到按钮事件中。

5）本例的脚本中的 WinCC Runtime Database 的名称为“CC_Archive1_12_05_11_08_37_02R”，读者应改为自己工程数据库的名称。打开工程数据库的方法是，单击“所有程

序”→“Microsoft SQL Server 2005”→“SQL Server Management Studio”，弹出如图 11-3 所示的界面，可以看到自己的工程数据库。

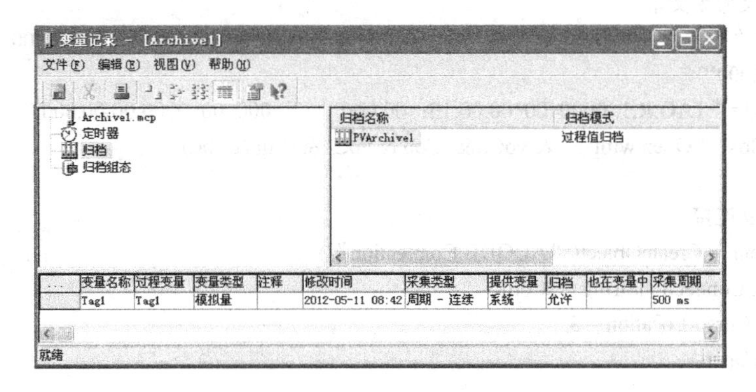

图 11-2　归档组态完成

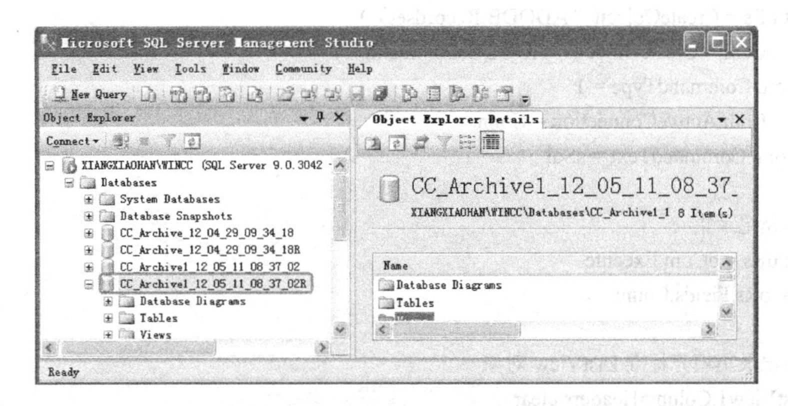

图 11-3　工程数据库的位置

6）激活 WinCC 工程，启动 VB 应用程序。

7）单击“命令”按钮。VB 程序如下：

```
Dim sPro As String
Dim sSer As String
Dim sDsn As String
Dim sCom As String
Dim sSql As String
Dim comm As Object
Dim oRs As Object
Dim oCom As Object
Dim oItem As ListItem
Dim m,n,s

'为 ADODN 创建连接字符
sPro= "Provider= WinCCOLEDBProvider.1;"
sDsn= "Catalog= CC_Archive1_12_05_11_08_37_02R;"
sSer= "Data Source=.\WinCC"
```

```
sCom= sPro+ sDsn+ sSer

’定义命令文本
sSql= “TAG:R,’PVArchive\Tag1 ‘, ’ 0000-00-00 00:10: 00.000 ‘, ’ 000-00-
0000:00:00.000’”
’ sSql= “TAG:R,1,’0000-00-00 00:10: 00.000 ‘, ’ 000-00-0000:00:00.000’”
MsgBox “Open with: ” & vbCr & sCon & vbCr & sSql & vbCr

’建立连接
Set conn = CreateObject( “ADODB.Connection” )
Conn. ConnectionString = sCom
Conn.CursorLocation = 3
Conn.Open

’使用命令文本进行查询
Set oRs = CreateObject( “ADODB.Recordset” )
Set oCom = CreateObject( “ADODB.Command” )
oCom.CommandType = 1
Set oCom.ActiveConnection = Conn
oCom. CommandText = sSql

’填充记录集
Set oRs = oCom.Execute
m = oRs.Fields.Count

’用记录集填充标准 ListView 对象
ListView1.ColumnHeaders.clear
ListView1.ColumnHeaders.Add,,CStr(oRs.Fields(1).Name,140
ListView1.ColumnHeaders.Add,,CStr(oRs.Fields(2).Name,70
ListView1.ColumnHeaders.Add,,CStr(oRs.Fields(3).Name,70
If m>0 then
oRs.MoveFirst
n = 0
Do While not oRs.EOF
n = n + 1
s = Left(CStr(oRs.Fields(1).Value),23)
Set oItem = ListView1.ListItems.Add
oItem.Text = Left(CStr(oRs.Fields(1).Value),23)
oItem.SubItems(1) = FormatNumber(oRs.Fields(2).Value),4)
oItem.SubItems(2) = Hex(oRs.Fields(3).Value))
if n > 1000 then Exit Do
oRs.MoveNext
Loop
oRs.Close
Else
End if
```

```
Set oRs = nothing
conn.Close
Set conn = nothing
```

11.2　用 VBS 读取变量归档数据到 Excel

1. 概述

介绍如何在 WinCC 项目中使用 VBS 脚本读取变量归档值，并把数据保存成新的 Exel 文件。实例代码适用于以绝对时间间隔的方式访问。

2. 软件环境

Windows XP SP3 中文版、WinCC7.0 SP1 ASIA 和 Microsoft office Excel 2003。

3. 工作原理

WinCC 变量归档数据是以压缩的形式存储在数据库中，需要通过 WinCC 连通性软件包提供的 OLE-DB 接口才能解压并读取这些数据。

当使用 OLE-DB 方式访问数据库时，需要注意连接字符串的写法和查询语句的格式。连接字符串的格式为“Provider=WinCCOLEDBProvider.1; Catalog= ***; Data Source= ***;”其中 Catalog 为 WinCC 运行数据库的名称，当修改项目名称或在其他计算机上打不开原项目时，Catalog 会发生变化。推荐使用 WinCC 的内部变量“@DatasourceNameRT”获得当前项目的 Catalog。Data Source 为服务器名称，格式为“<计算机名称>\WinCC”。

4. 组态过程

1）新建工程和新建变量如图 11-4 所示。

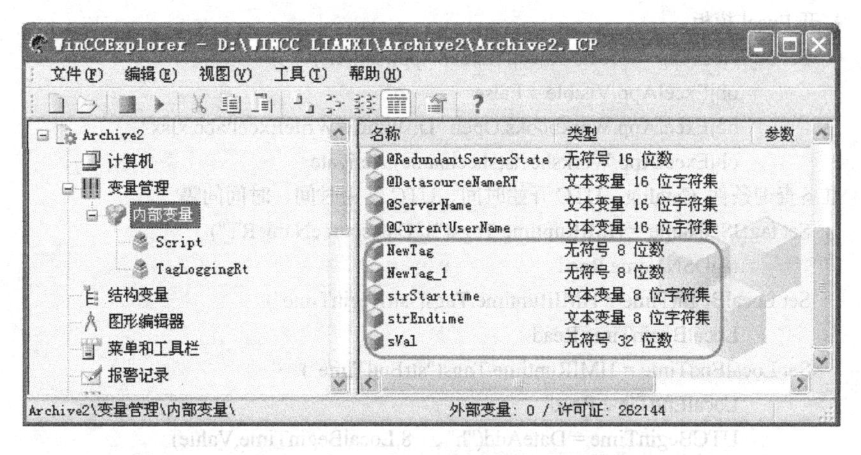

图 11-4　新建工程和新建变量

2）组态过程变量的归档，组态结果如图 11-5 所示。

3）创建 Excel 模板。在特定的路径下预先创建一个 Excel 文档作为模板，这样可以很好地控制输出格式。本例在 D:\WinCCWriteExcel 下创建一个名称为 abc.xlsx 的 Excel 文档。

4）组态查询界面。在界面上新建三个 I/O 域，分别用于输入开始时间、结束时间和间隔时间。按钮用于执行访问变量归档数据的 VBS 脚本。查询界面如图 11-6 所示。

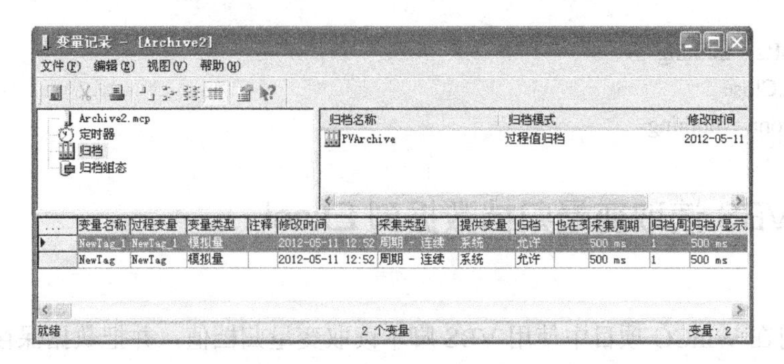

图 11-5 归档组态完成

5. 编写脚本代码

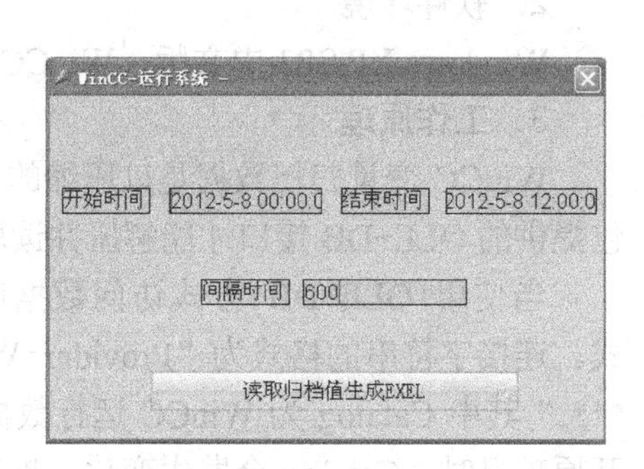

图 11-6 查询界面

```
'此为查询按钮中的代码
'变量定义和初始化
Dim sPro,sDsn,sSer,sCon,conn,sSql,oRs,oCom
Dim tagDSNName
Dim m,i
Dim LocalBeginTime, LocalEndTime, UTCBegin
Time, UTCEndTime,sVal
Dim objExcelApp,objExcelBook,obj ExcelSheet,
sheetname
item.Enabled = False
    On Error Resume Next
    sheetname="Sheet1"
'打开 Excel 模板
    Set objExcelApp = CreateObject("Excel.Application")
        objExcelApp.Visible = False
        objExcelApp.Workbooks.Open "D:\WinCCWriteExcel\abc.xlsx"
        objExcelApp.Worksheets(sheetname).Activate
'准备查询条件 Catalog、UTC 开始时间、UTC 结束时间、时间间隔
    Set tagDSNName = HMIRuntime.Tags("@DatasourceNameRT")
        tagDSNName.Read
    Set LocalBeginTime = HMIRuntime.Tags("strBeginTime")
        LocalBeginTime.Read
    Set LocalEndTime = HMIRuntime.Tags("strEndTime")
        LocalEndTime.Read
        UTCBeginTime = DateAdd("h" , -8,LocalBeginTime.Value)
        UTCEndTime= DateAdd("h" , -8,LocalEndTime.Value)
        UTCBeginTime = Year(UTCBeginTime) & "-" & Month(UTCBeginTime) & "-" & Day
(UTCBeginTime) & " " & Hour(UTCBeginTime) & ":" & Minute(UTCBeginTime) & ":" & Second(UTC
BeginTime)
        UTCEndTime = Year(UTCEndTime) & "-" & Month(UTCEndTime) & "-" & Day (UTC
EndTime) & " " & Hour(UTCEndTime) & ":" & Minute(UTCEndTime) & ":" & Second(UTCEndTime)
        HMIRuntime.Trace "UTC Begin Time: " & UTCBeginTime & vbCrLf
        HMIRuntime.Trace "UTC end Time: " & UTCEndTime & vbCrLf
    Set sVal = HMIRuntime.Tags("sVal")
```

```
            sVal.Read
    '创建数据库连接
        sPro = "Provider=WinCCOLEDBProvider.1;"
        sDsn = "Catalog=" &tagDSNName.Value& ";"
        sSer = "Data Source=.\WinCC"
        sCon = sPro + sDsn + sSer
        Set conn = CreateObject("ADODB.Connection")
            conn.ConnectionString = sCon
            conn.CursorLocation = 3
            conn.Open
    '定义查询的命令文本 SQL
        'sSql = "Tag:R,('PVArchive\NewTag'),'" & UTCBeginTime & "','" & UTCEndTime & "'"
        'sSql = "Tag:R,('PVArchive\NewTag'),'0000-00-00 00:10:00.000','0000-00-00 00:00:00.000'"
        'sSql = "Tag:R,('PVArchive\NewTag';'PVArchive\NewTag_1'),'" & UTCBeginTime & "','" &
UTC EndTime & "',"
        'sSql = "Tag:R,('PVArchive\NewTag'),'" & UTCBeginTime & "','" & UTCEndTime & "','order by
Timestamp DESC','TimeStep=" & sVal.Value & ",1"
        sSql = "Tag:R,('PVArchive\NewTag'),'" & UTCBeginTime & "','" & UTCEndTime & "',"
        sSql=sSql+"'order by Timestamp ASC','TimeStep=" & sVal.Value & ",1'"
        MsgBox sSql
        Set oRs = CreateObject("ADODB.Recordset")
        Set oCom = CreateObject("ADODB.Command")
            oCom.CommandType = 1
        Set oCom.ActiveConnection = conn
            oCom.CommandText = sSql
    '填充数据到 Excel 中
        Set oRs = oCom.Execute
            m = oRs.RecordCount
        If (m > 0) Then
            objExcelApp.Worksheets(sheetname).cells(2,1).value=oRs.Fields(0).Name
            objExcelApp.Worksheets(sheetname).cells(2,2).value=oRs.Fields(1).Name
            objExcelApp.Worksheets(sheetname).cells(2,3).value=oRs.Fields(2).Name
            objExcelApp.Worksheets(sheetname).cells(2,4).value=oRs.Fields(3).Name
            objExcelApp.Worksheets(sheetname).cells(2,5).value=oRs.Fields(4).Name
          oRs.MoveFirst
          i=3
          Do While Not oRs.EOF                          '是否到记录末尾，循环填写表格
              objExcelApp.Worksheets(sheetname).cells(i,1).value= oRs.Fields(0).Value
              objExcelApp.Worksheets(sheetname).cells(i,2).value=
GetLocalDate(oRs.Fields(1).Value)
              objExcelApp.Worksheets(sheetname).cells(i,3).value= oRs.Fields(2).Value
              objExcelApp.Worksheets(sheetname).cells(i,4).value= oRs.Fields(3).Value
              objExcelApp.Worksheets(sheetname).cells(i,5).value= oRs.Fields(4).Value
              oRs.MoveNext
              i=i+1
          Loop
```

```
            oRs.Close
        Else
            MsgBox "没有所需数据……"
            item.Enabled = True
            Set oRs = Nothing
                conn.Close
            Set conn = Nothing
            objExcelApp.Workbooks.Close
            objExcelApp.Quit
            Set objExcelApp= Nothing
            Exit Sub
        End If
    '释放资源
        Set oRs = Nothing
                conn.Close
        Set conn = Nothing
    '生成新的文件,关闭 Excel
    Dim patch,filename
        filename=CStr(Year(Now))&CStr(Month(Now))&CStr(Day(Now))&CStr(Hour(Now))+CStr(Mi
nute(Now))&CStr(Second(Now))
        patch= "d:\"&filename&"demo.xlsx"
        objExcelApp.ActiveWorkbook.SaveAs patch
        objExcelApp.Workbooks.Close
        objExcelApp.Quit
        Set objExcelApp= Nothing
        MsgBox "成功生成数据文件!"
        item.Enabled = True

    '此为全局脚本中的时间转换代码
    Function GetLocalDate(vtDate) '得到当地时间，从格林尼治时间转换过来的
    Dim DoY
    Dim dso
    Dim dwi
    Dim strComputer, objWMIService, colItems, objItem
    Dim TimeZone
    Dim vtDateLocalDate
    '------------------------
    'get time zone bias
    '--------------------------
    strComputer = "."
    Set objWMIService = GetObject("winmgmts:" & "{impersonationLevel=impersonate}!\\" & str
Computer & "\root\cimv2")
    Set colItems = objWMIService.ExecQuery("Select * from Win32_TimeZone")
    For Each objItem In colItems
        TimeZone = objItem.Bias / 60        'offset TimeZone In hours
    Next
```

```
'---------------------------
'check parameter vtDate
'---------------------------
If IsDate(vtDate) <> True Then
   IS_GetLocalDate = False
   Exit Function
End If
'---------------------------
'get day of the year
'---------------------------
DoY = DatePart("y", vtDate)
dso = DatePart("y", "31.03") - DatePart("w", "31.03") + 1
dwi = DatePart("y", "31.10") - DatePart("w", "31.10") + 1
If DoY >= dso And DoY < dwi Then
   'sommer
   TimeZone = TimeZone + 1    'additional offset 1h in summer
End If
'---------------------------
'correction of date
'---------------------------
vtDateLocalDate = DateAdd("h", 1 * TimeZone, vtDate)
'---------------------------
'return UTC date and time
'---------------------------
GetLocalDate = vtDateLocalDate
End Function
```

小结

重点难点总结

1．WinCC 访问数据库的方法。

2．本章的难点是 VBS 程序的编写。

习题

1．简述 WinCC V7.0 的数据库的结构和特点。

2．WinCC 访问数据库有哪些方法？

3．WinCC OLE-DB 和 MS OLE-DB 的区别有哪些？

第三部分 工程实例篇

第12章

WinCC在锂电池浆料超细分散机中的应用

本章用一个例子详细地介绍了 WinCC 在工业控制中的应用。本例综合了前面章节的重点内容，可供读者以后在工程实践中模仿学习。

12.1 锂电池浆料超细分散机简介

12.1.1 功能描述

此系统通过 S7-300 系列 PLC 控制变频器运行，从而控制一台主电动机的速度，来实现锂电池浆料的粗细分离。具体要求如下：

1）可以在 WinCC 界面上操作主电动机的起动、停止。

2）通过 WinCC 界面可以对主电动机的运行速度进行设定，并且可以在 WinCC 界面上监控主电动机的实时运行速度与电流值，当电流值高于设定值时产生报警。

3）为了保证此系统的安全性与可靠性，在电动机连接轴承处安装了温度传感器（含变送器），用来监测轴承温度值。要求在 WinCC 界面上显示温度值，并且当高于设定值时产生报警。

4）要求实时曲线显示主电动机的电流值、轴承温度值。

12.1.2 控制系统软硬件配置

- STEP7 V5.5 一套；
- WinCC V7.0 SP1 一套；
- PC（具备安装以上软件的条件）一台；

- CPU314C-2DP 一台；
- MM440 变频器一台。

12.2 组态 WinCC 项目

12.2.1 新建 WinCC 项目

1．设定“单用户项目”

双击 WinCC 桌面快捷方式，打开 WinCC 软件；单击“新建”（或单击文件下拉菜单中的“新建”，同时按住键盘上的〈Ctrl+N〉键），弹出“WinCC 项目管理器”对话框，选择“创建新项目”下的“单用户项目”，然后单击“确定”按钮，如图 12-1 所示。

2．创建新项目

在“项目名称”中输入“锂电池浆料分散系统”，作为新建项目的工程名称；单击“创建”按钮，生成项目名为“锂电池浆料分散系统”的工程项目，如图 12-2、图 12-3 所示。

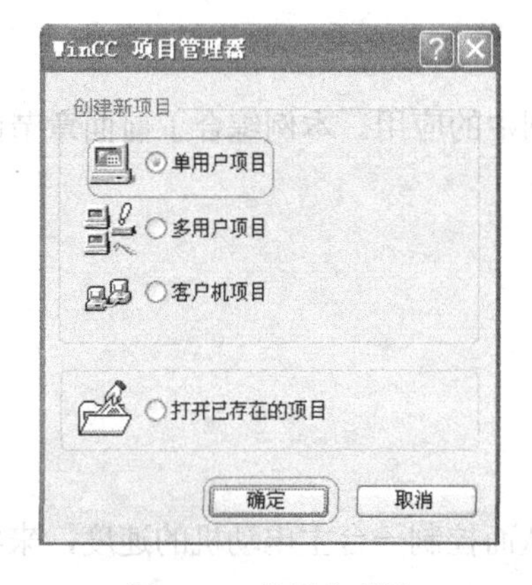

图 12-1　单用户项目

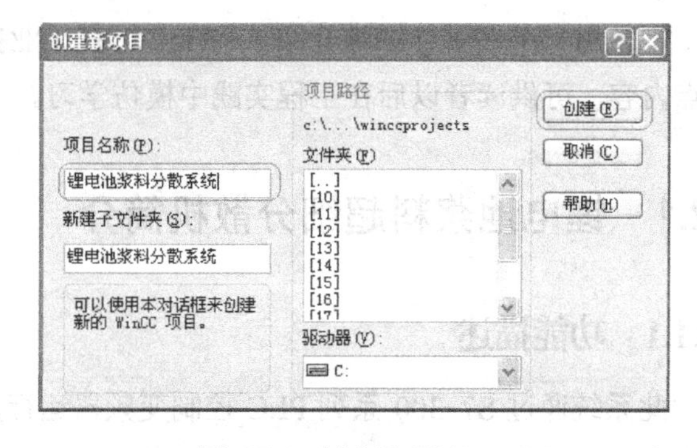

图 12-2　创建新项目

3．建立连接

用鼠标右键单击“变量管理”，在弹出的菜单中选择“添加新的驱动程序”命令，弹出“添加新的驱动程序”对话框，选择 S7-300/400 的驱动程序“SIMATIC S7 Protocol Suite.chn”，然后单击“打开”按钮，这样“SIMATIC S7 Protocol Suite.chn”驱动程序就会添加到“变量管理”中，如图 12-4、图 12-5 所示。

单击“变量管理”前面的“+”，在展开的“变量管理”中双击添加过的驱动程序“SIMATIC S7 Protocol Suite”，展开驱动程序“SIMATIC S7 Protocol Suite”；选择“MPI”驱动作为 S7-300 PLC 与 WinCC 的通信方式。选择“MPI”，单击鼠标右键，在弹出的菜单中单击“新驱动程序的连接”，如图 12-6 所示，弹出“连接属性”对话框；为连接重命名为“S7-300MPI”，如图 12-7 所示；然后单击“属性”按钮，弹出“连接参数”对话框，设置参数如下，“站地址”设为 2，“机架号”设为 0，“插槽号”设为 2，如图 12-8 所示；这里用 PLCSIM 进行通信仿真，使用默认设置。

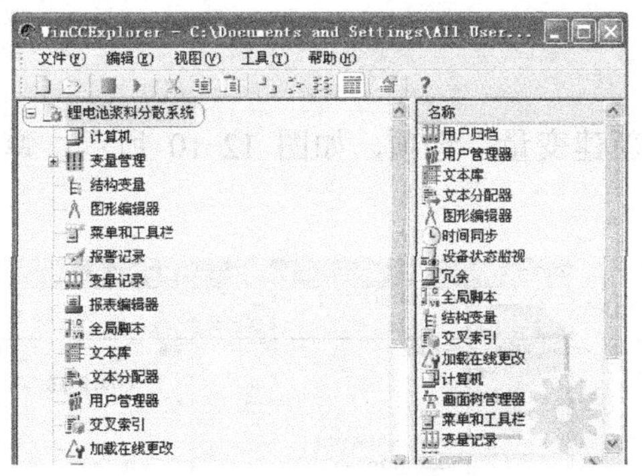

图 12-3　生成项目

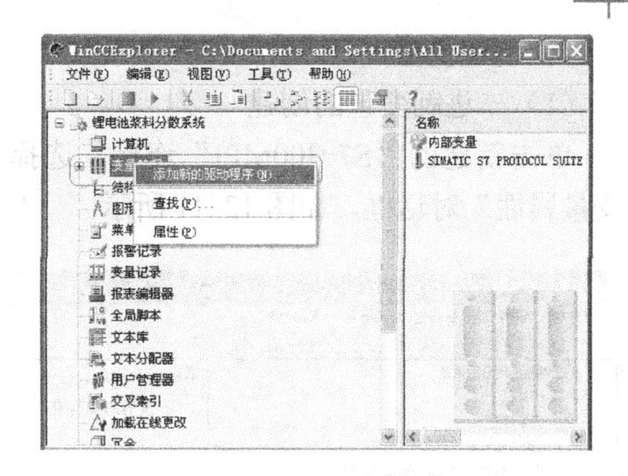

图 12-4　添加新的驱动程序

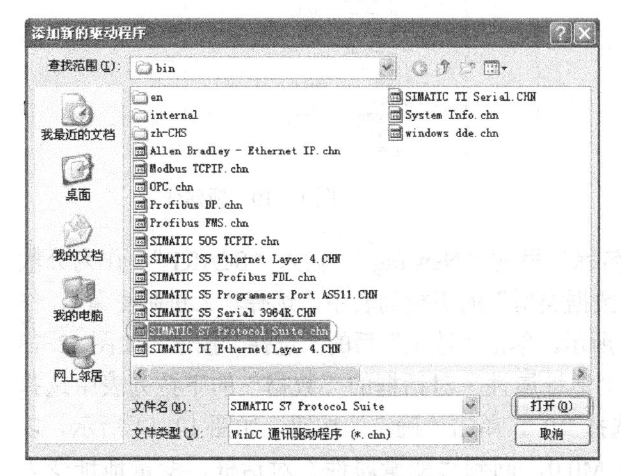

图 12-5　选择驱动程序

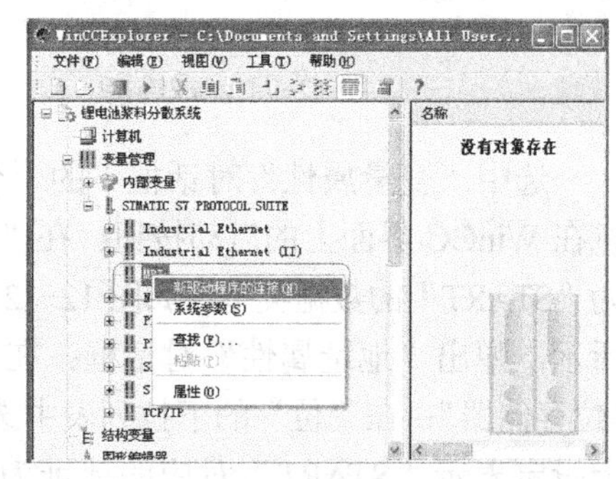

图 12-6　新驱动程序的连接

图 12-7　“连接属性”对话框

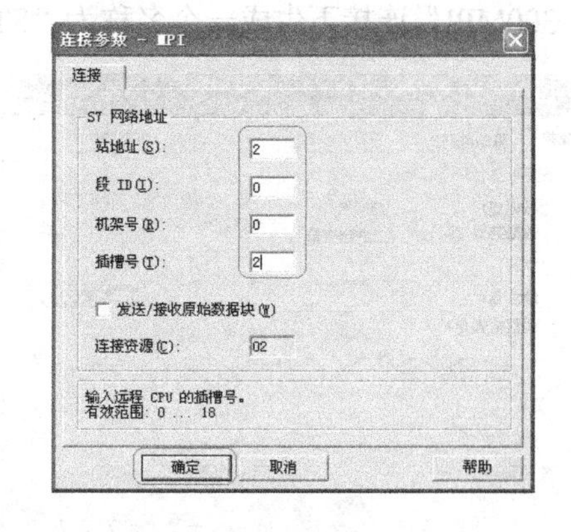

图 12-8　“连接参数”对话框

【关键点】实际应用的时候，参数的设定要与实际 PLC 的硬件组态的设置一致。

参数设置完成后，单击“确认”按钮后，在驱动程序“SIMATIC S7 Protocol Suite”下的“MPI”的下方生成一个手拉手的“S7-300MPI”连接，表示连接建立完成，如图 12-9 所示。

4. 创建变量

（1）二进制变量的创建

单击新建的“S7-300MPI”连接，选择“新建变量”选项，如图 12-10 所示；弹出“变量属性”对话框，如图 12-11 所示。

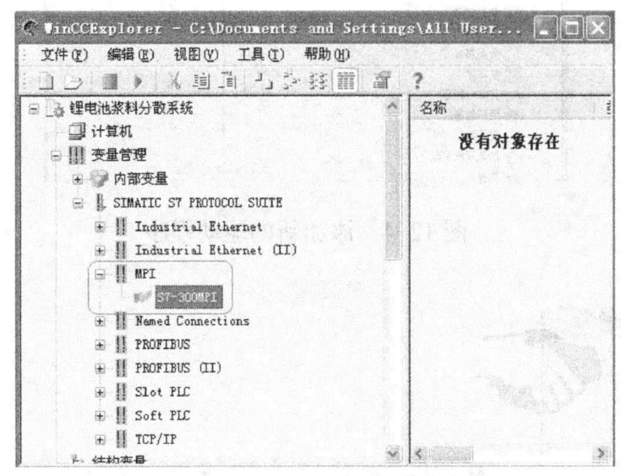

图 12-9 生成连接

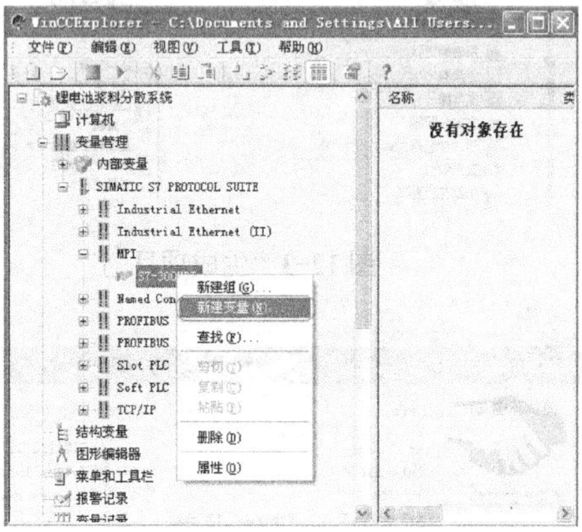

图 12-10 新建变量

选中“变量属性”对话框下的“名称”里的“NewTag”，输入“START”，作为分散机在 WinCC 界面上的启动按钮；在“数据类型”的下拉列表中，选择“二进制变量”，作为“START”的数据类型，如图 12-12 所示。单击“地址”后的“选择”按钮，如图 12-13 所示，弹出“地址属性”对话框；在“地址属性”对话框的“数据”的下拉列表中选择“位存储器”；在“位”的下拉列表中选择“0”，单击“确定”按钮，如图 12-14 所示。以上设定表示“START”对应的地址为 M0.0。回到“变量属性”对话框，变量地址变为“M0.0”；单击“确定”按钮，如图 12-15 所示；“START”启动按钮变量创建完成，并在“S7-300MPI”连接下生成一个名称为“START”的外部变量，如图 12-16 所示。

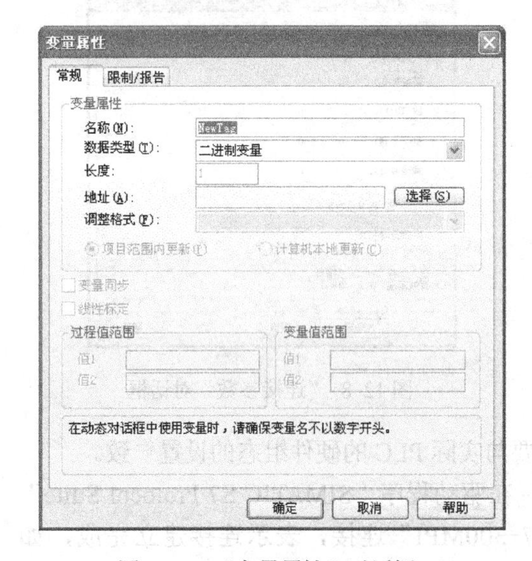

图 12-11 “变量属性”对话框

图 12-12 变量名称、数据类型

图 12-13 变量地址选择

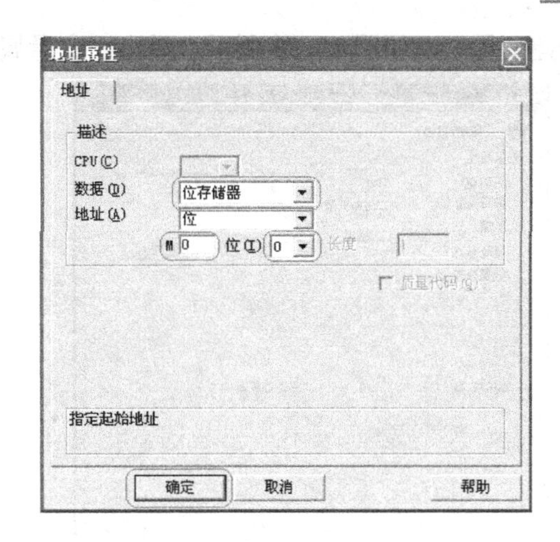

图 12-14 “地址属性”对话框

图 12-15 地址 M0.0

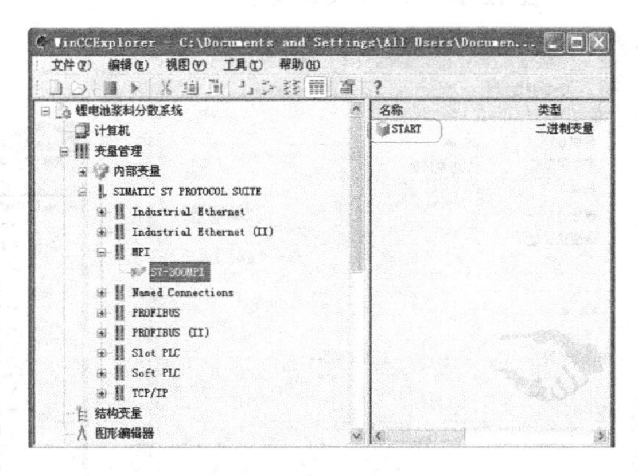

图 12-16 生成变量

用同样的方法创建名称为“STOP”、数据类型为“二进制”、地址为“M0.1”的变量，作为分散机在 WinCC 界面上的停止按钮，如图 12-17 所示；另外在创建名称为“MOTOR”、数据类型为“二进制”、地址为“Q0.0”（“地址属性”中的“数据”选择为“输出”）的变量，作为分散机在 WinCC 界面上的运行指示，如图 12-18 和图 12-19 所示。

【关键点】 WinCC 中的 A0.0 即 PLC 程序中的 Q0.0。这是因为 A 为德语中的输出点，Q 为英语中的输出点。A0.0 就是 Q0.0。

至此，系统中所需要的二进制变量都已创建完成，可以在“S7-300MPI”连接中，看到所建的变量，如图 12-20 所示。

（2）模拟量变量的建立

本实例中，对模拟量电流值、温度值、速度设定、速度反馈进行组态，要求创建变量的数据类型应为 32 位浮点数。下面以电流值为例创建一个模拟量变量。

首先与创建离散量变量一样，用鼠标右键单击新建的“S7-300MPI”连接，选择“新建变量”（或者选中新建的“S7-300MPI”连接，在右边空白的地方单击鼠标右键，选择

“新建变量”），如图 12-10 所示；弹出“变量属性”对话框，如图 12-11 所示。

图 12-17　STOP 变量属性

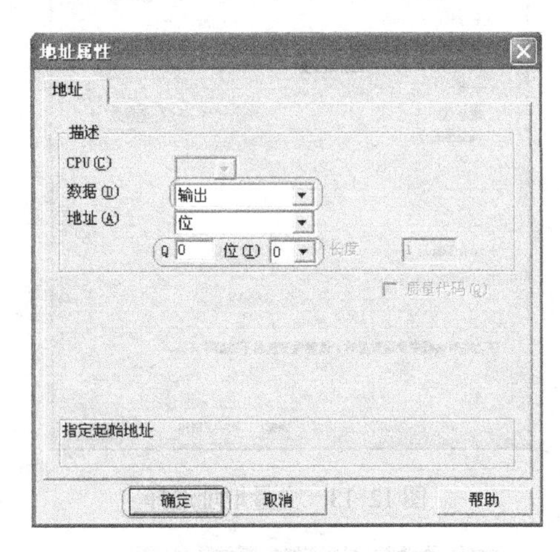

图 12-18　MOTOR 地址属性

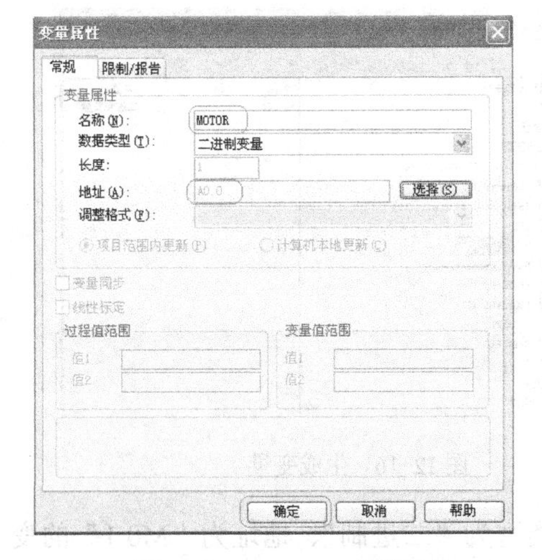

图 12-19　MOTOR 变量属性

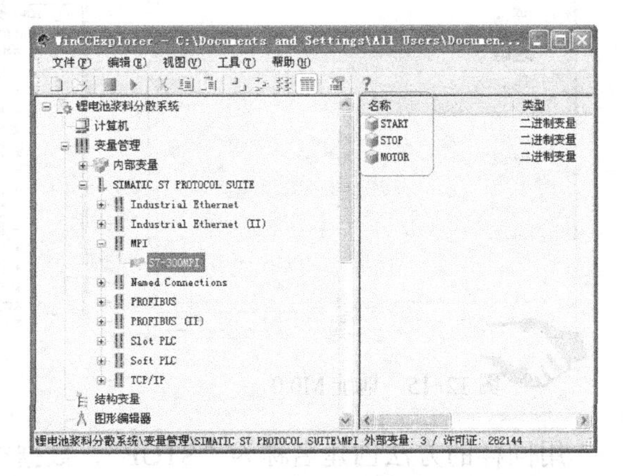

图 12-20　生成的变量

选中“变量属性”对话框下的“名称”里的“NewTag”，输入“电流值”，作为变量名称；在“数据类型”的下拉列表中，选择“浮点数 32 位 IEEE754”，作为变量“电流值”的数据类型；单击“地址”后的“选择”按钮，如图 12-21 所示。

单击“选择”按钮后，弹出“地址属性”对话框，在“地址属性”对话框的“数据”的下拉列表中选择“位存储器”；选中“MD”后面的数值，将其改为 100，单击“确定”按钮，如图 12-22 所示。

表示变量“电流值”的数据存储在地址为 MD100 寄存器里。回到“变量属性”对话框，变量地址变为“MD100”；单击“确定”按钮；变量“电流值”创建完成，并在“S7-300MPI”连接下生成一个名称为“电流值”的变量，如图 12-23 所示。

用同样的方法分别创建名称为“温度值”、“速度设定”、“速度反馈”，数据类型均为“浮点数 32 位 IEEE754”，地址分别为 MD104、MD108、MD112 的变量，如图 12-24～图 12-26 所示。

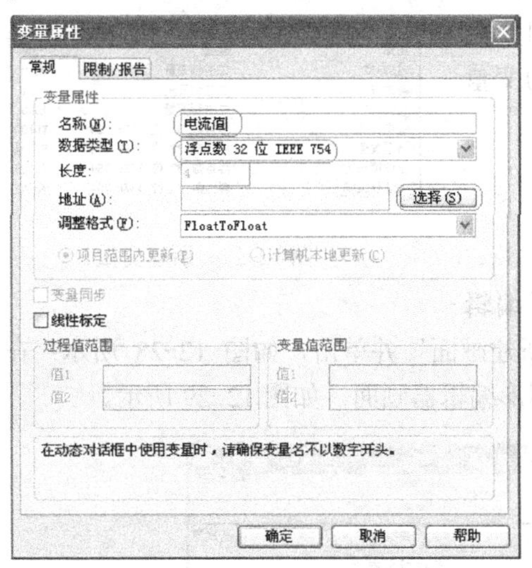

图 12-21　变量属性

图 12-22　地址属性

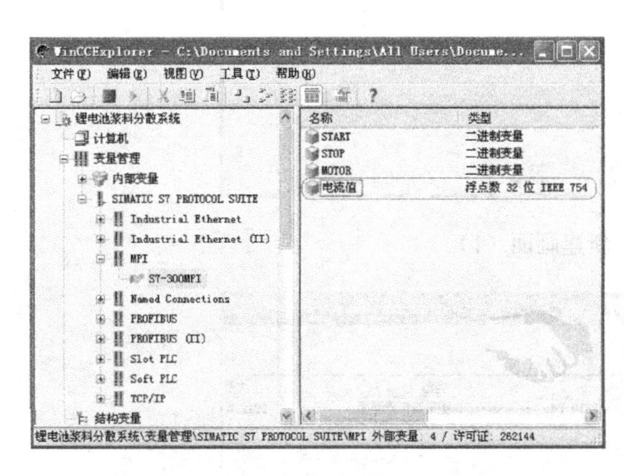

图 12-23　生成的变量

图 12-24　温度值变量属性

图 12-25　速度设定变量属性

图 12-26　速度反馈变量属性

至此，系统中所需要的所有变量都已创建完成，可以在“S7-300MPI”连接中看到所建的变量名称、类型、参数（地址），如图 12-27 所示。

名称	类型	参数
START	二进制变量	M0.0
STOP	二进制变量	M0.1
MOTOR	二进制变量	A0.0
电流值	浮点数 32 位 IEEE 754	MD100
温度值	浮点数 32 位 IEEE 754	MD104
速度设定	浮点数 32 位 IEEE 754	MD108
速度反馈	浮点数 32 位 IEEE 754	MD112

图 12-27　所建变量

12.2.2　创建过程画面和连接

1. 建立过程画面

在 WinCC 浏览器窗口中，选中“图形编辑器”，单击鼠标右键，在弹出的菜单中选择“新建画面”并单击，如图 12-28 所示；在右边空白的地方生成名称为“NewPdl0.Pdl”的图形编辑器画面，如图 12-29 所示。

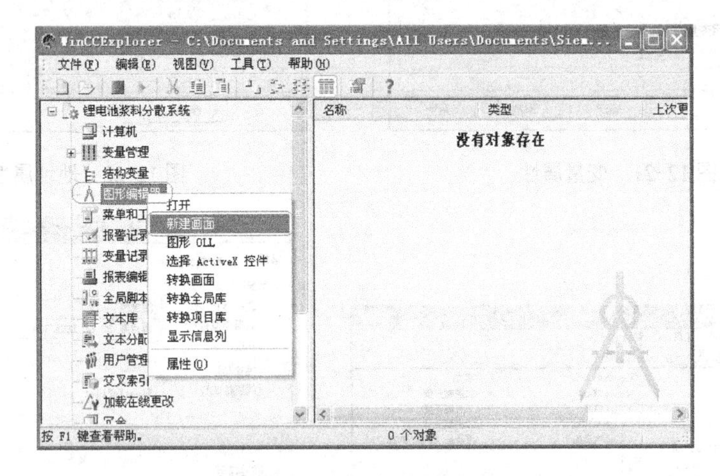

图 12-28　新建画面（1）

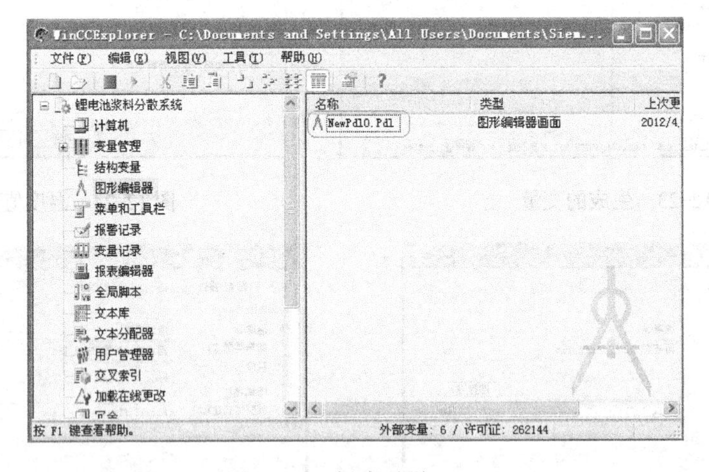

图 12-29　新建画面（2）

选中“NewPdl0.Pdl”，单击鼠标右键，在弹出的菜单中选择“重命名画面”，如图 12-30 所示；弹出“新名称”对话框，输入新名称“锂电池浆料分散系统”，然后单击“确定”按钮，如图 12-31 所示；画面重命名完成，如图 12-32 所示。

2. 编辑画面

双击“锂电池浆料分散系统.pdl”，打开“图形编辑器”窗口，如图 12-33 所示。

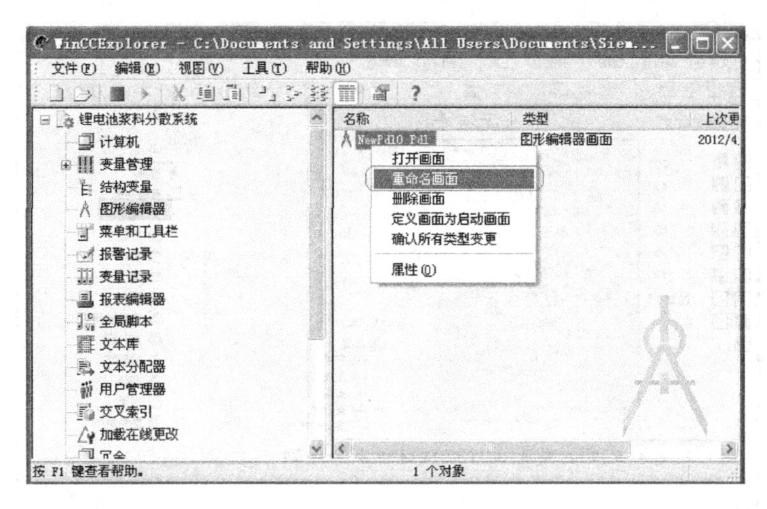

图 12-30　重命名画面（1）

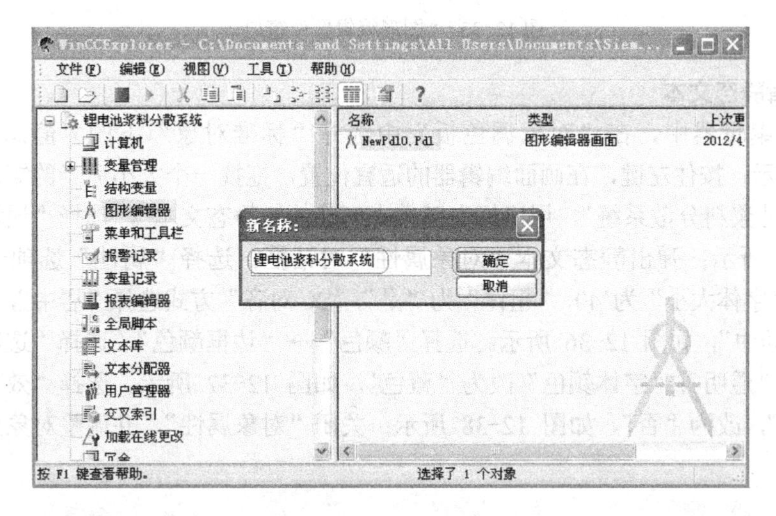

图 12-31　重命名画面（2）

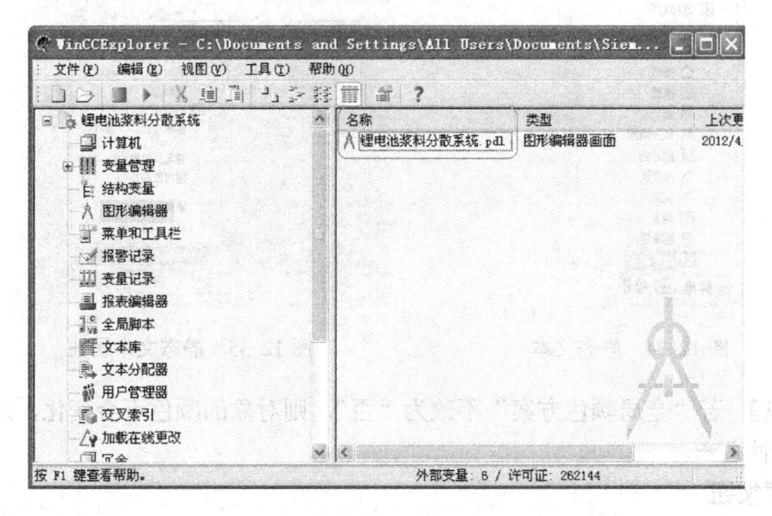

图 12-32　重命名画面（3）

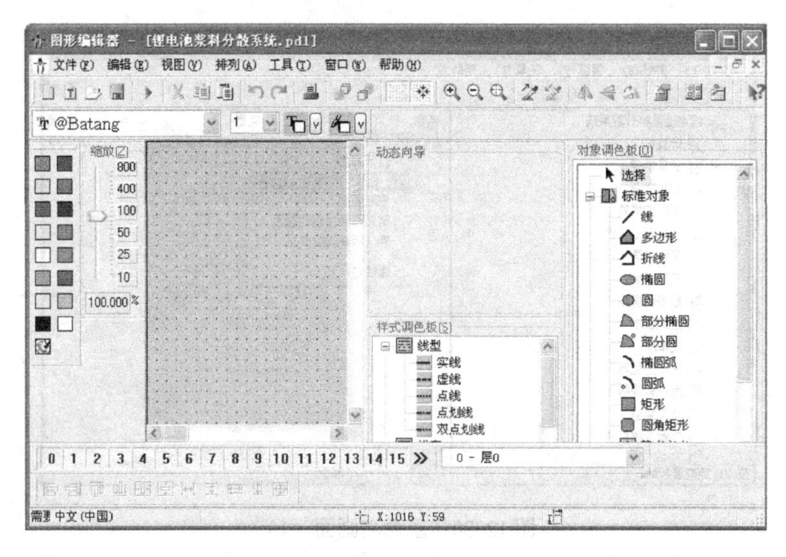

图 12-33 “图形编辑器”窗口

3. 编辑静态文本

在图形编辑器中，在“对象调色板”中选择“标准对象”下的“静态文本”，如图 12-34 所示；按住左键，在画面编辑器的适宜位置，拖拽一个大小适当的矩形框；输入标题“锂电池浆料分散系统”，用鼠标右键单击创建的“静态文本”，选择“属性”选项，如图 12-35 所示；弹出静态文本“对象属性”对话框。选择“属性”选项卡中的“字体”，选择“字体大小”为 40，“粗体”为“是”，“X 对齐”方式选择“居中”，“Y 对齐”方式选择“居中”，如图 12-36 所示。选择“颜色”→“边框颜色”，选择“透明”；“背景颜色”选择“透明”；“字体颜色”改为“蓝色”，如图 12-37 所示。选择“效果”→“全局颜色方案”，改为“否”，如图 12-38 所示；关闭“对象属性”，并调整对象到合适大小及位置。

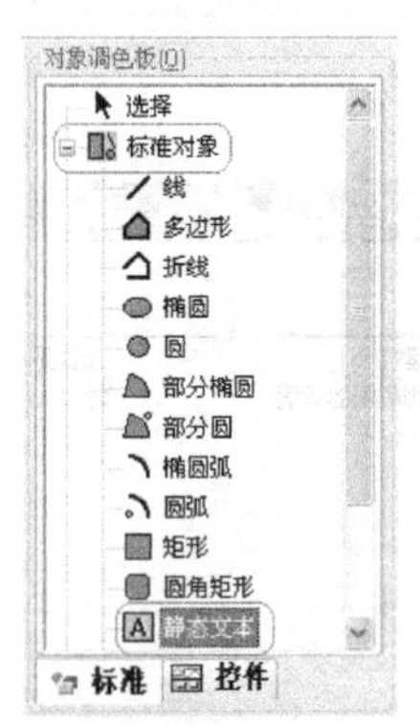

图 12-34 静态文本　　　　图 12-35 静态文本属性

【关键点】 若“全局颜色方案”不改为“否”，则对象的颜色不会变化，这是 WinCC V7.0 的新特性之一。

4. 创建按钮

在图形编辑器中，选择“对象调色板”→“窗口对象”→“按钮”，如图 12-39

所示，然后在图形编辑器中的合适位置拖出按钮；之后弹出“按钮组态”对话框，在“文本”中输入“启动”并单击“确定”按钮，如图 12-40 所示。

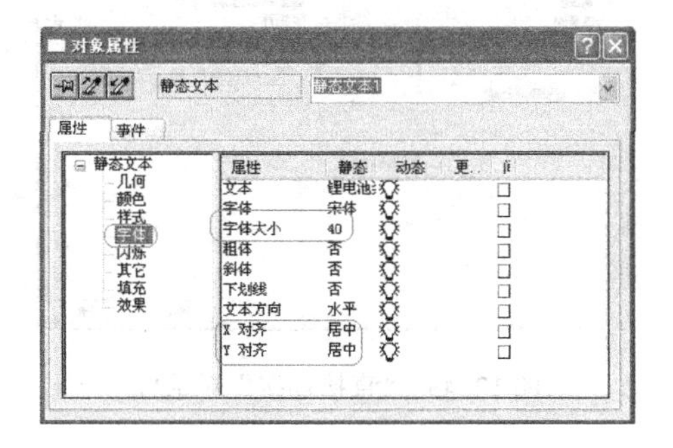

图 12-36　对象属性（1）

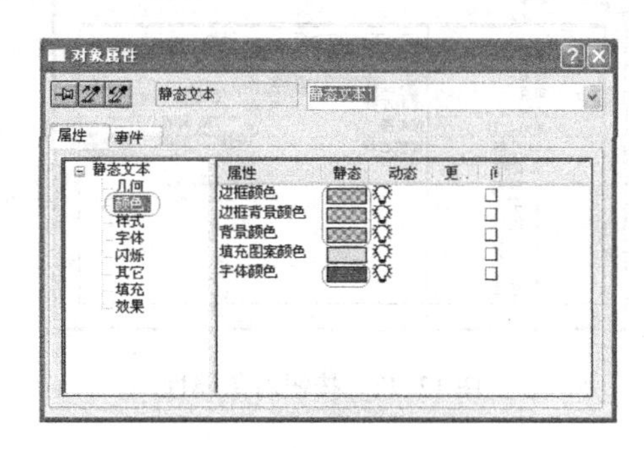

图 12-37　对象属性（2）

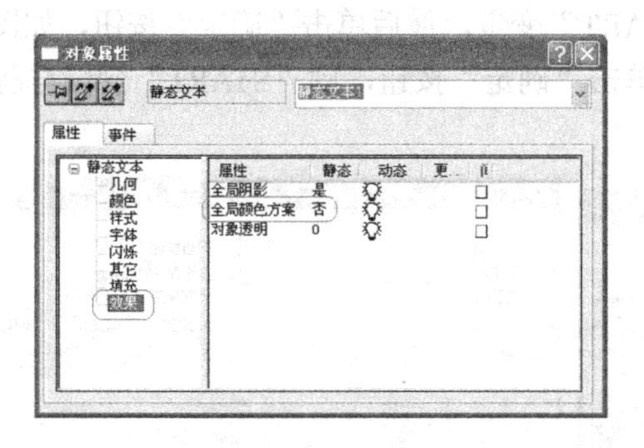

图 12-38　对象属性（3）

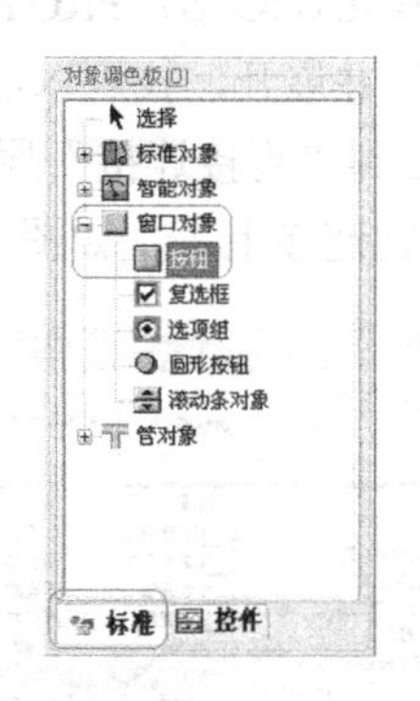

图 12-39　按钮

用鼠标右键单击所创建的“启动”按钮，在弹出的菜单中选择“属性”命令，如图 12-41 所示；弹出“对象属性”对话框，更改字体属性大小为 20。选择“对象属性”下的“事件”属性，单击按钮对象前面的“+”，展开窗口对象。选择“鼠标”，用鼠标右键单击“按左键”后面的“闪电”标志，在弹出的菜单中选择“直接连接”命令，如图 12-42 所示。弹出“直接连接”对话框，选择“来源”下的“常数”并输入“1”；选择“目标”下面的“变量”，并单击“变量”后的图标，如图 12-43 所示。

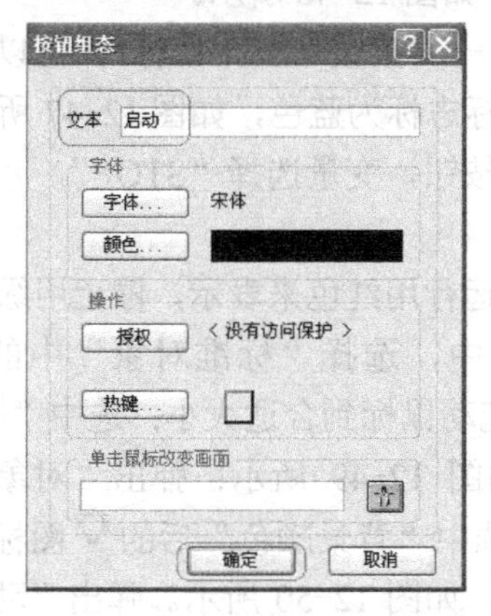

图 12-40　“按钮组态”对话框

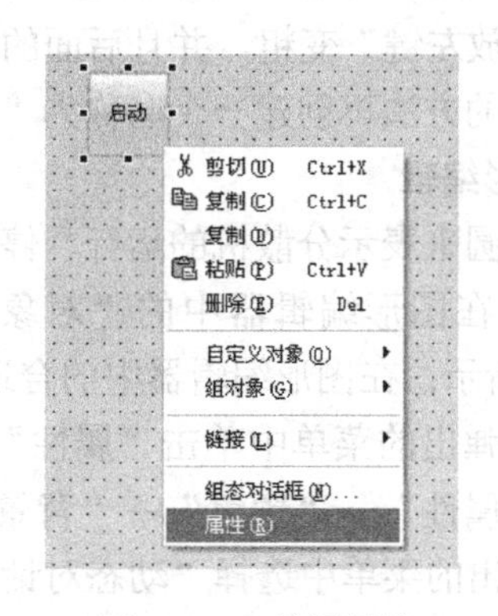

图 12-41　按钮属性

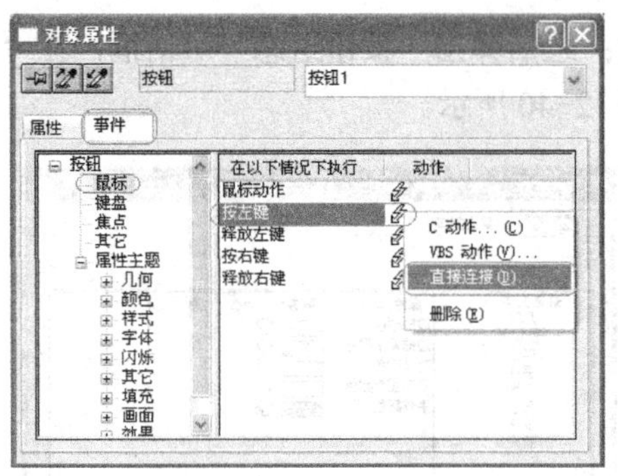

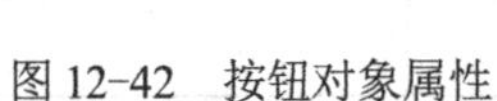
图 12-42　按钮对象属性

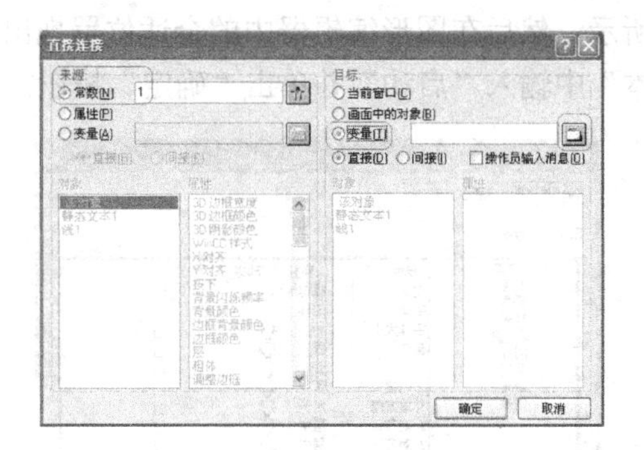

图 12-43　“直接连接”对话框

弹出“变量”选择对话框，展开“WinCC 变量”前面的“+”，选择以前所建的驱动程序“SIMATIC S7 PROTOCOL SUITE”并展开后，单击其中的“MPI”，找到“S7-300MPI”并展开，找到以前所建的“START”变量，最后单击“确定”按钮，如图 12-44 所示。回到“直接连接”属性对话框，单击“确定”按钮，则“START”变量与前面的常数“1”就连接上了，如图 12-45 所示。

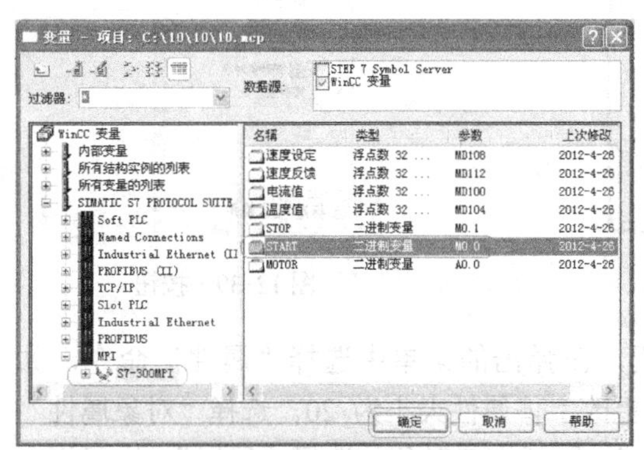

图 12-44　变量（1）

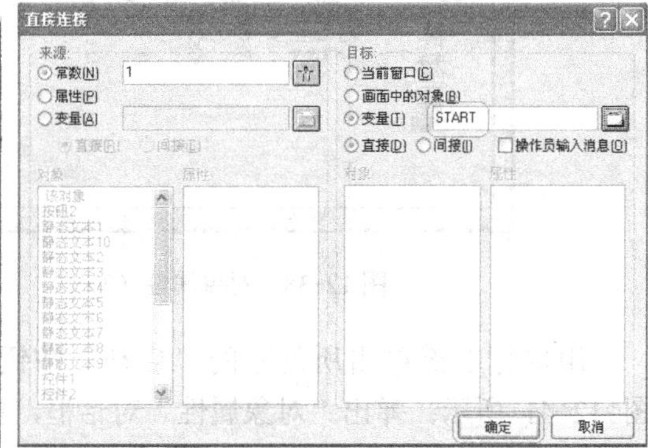

图 12-45　变量（2）

另外，同样定义“按钮”→“鼠标”→“释放左键”，在“直接连接”对话框的“常数”中输入数字“0”，变量仍然选择“START”，如图 12-46 所示。

定义完成后，单击“对象属性”→“事件”→“按钮”→“鼠标”，可以看到“按左键”与“释放左键”变粗，并且后面的“闪电”标志标为蓝色，如图 12-47 所示。

用同样的方法再创建一个名称为“停止”的按钮，变量选择“STOP”。

5. 图形编辑

用一个圆来表示分散机的运行、停止状态，运行用红色来表示，停止用绿色来表示。

首先，在图形编辑器中的“对象调色板”中，选择“标准对象”中的“圆”，如图 12-48 所示；在图形编辑器中的合适位置，拖动鼠标到合适大小；选中“圆”，单击鼠标右键，在弹出的菜单中单击“属性”命令，如图 12-49 所示；弹出“对象属性”对话框，选择“属性”→“颜色”→“背景颜色”，选中“背景颜色”后的💡图标，单击鼠标右键，在弹出的菜单中选择“动态对话框”命令，如图 12-50 所示。弹出“动态值范围”对话框，单击□图标，在弹出的菜单中选择“变量”命令，如图 12-51 所示。弹出“变量”对话框，选择“MOTOR”变量，单击“确定”按钮，如图 12-52 所示。

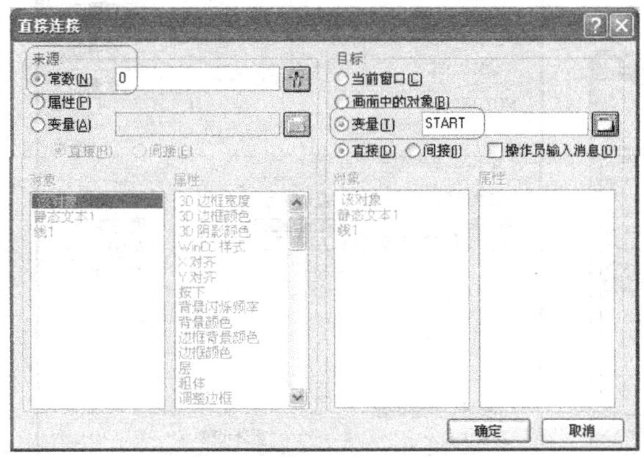

图 12-46　变量（3）

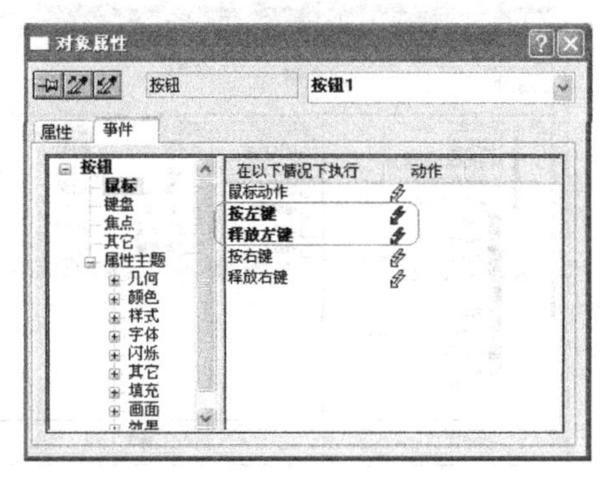

图 12-47　对象属性

图 12-48　选择“圆”

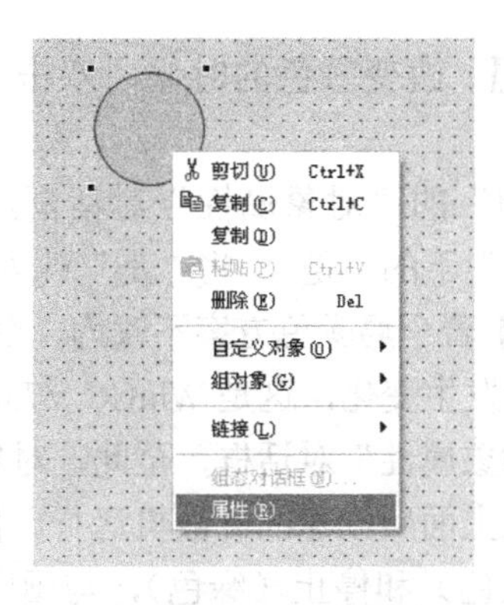

图 12-49　右键属性

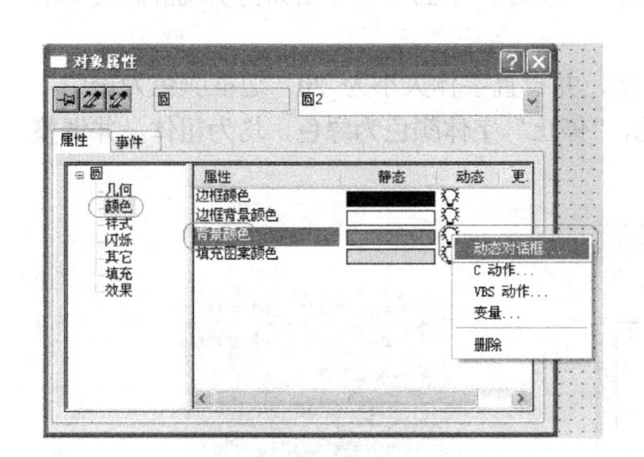

图 12-50　背景颜色“动态对话框”

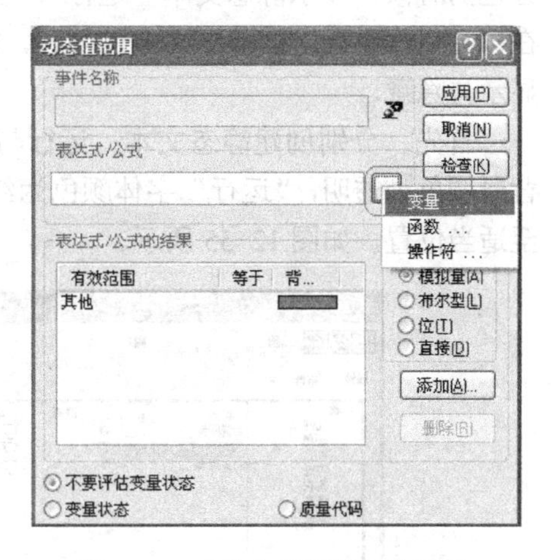

图 12-51　“动态值范围”对话框

然后，在“动态值范围”对话框中，将“数据类型”改成“布尔型”；将“表达式/公式的结果”→“有效范围”下的“是/真”的“背景颜色”改为红色；将“否/假”的“背景颜色”改为绿色（表示分散机运行的时候显示红色；停止的时候显示绿色）；单击“应用”按钮，如图 12-53 所示。

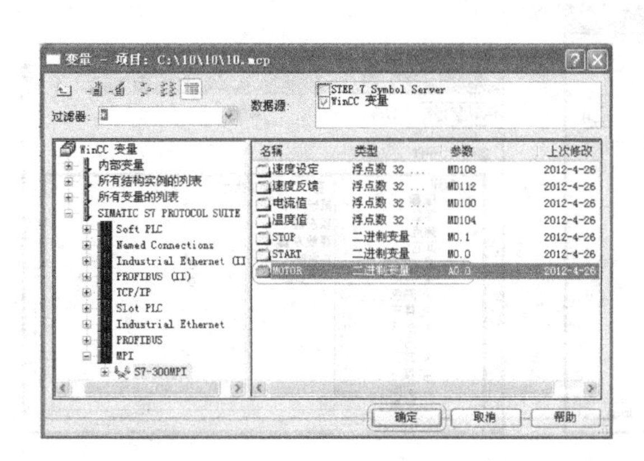

图 12-52 选择变量

图 12-53 定义背景颜色

【关键点】 改变颜色的时候，双击"背景颜色"下的灰色，弹出"颜色选择"对话框。

回到"圆"的"对象属性"对话框，选择"属性"→"效果"，双击"全局颜色方案"的"静态"下的"是"，将"是"改为"否"，如图 12-54 所示。

【关键点】若全局颜色方案不改为"否"，运行 WinCC 的时候，上面所对应的"圆"的颜色将不会发生变化，这是 WinCC V7.0 的新特性。

关闭"对象属性"对话框，至此，对象"圆"创建完成。

另外，在上面所创建的分散机运行、停止画面"圆"的下面，创建两个静态文本，分别为运行（红色）和停止（绿色），与画面"圆"所显示的颜色对应。要求当"圆"显示红色的时候，显示静态文本"运行"；当"圆"显示绿色的时候，显示静态文本"停止"。在以上步骤中已讲过静态文本的创建，这里不再赘述，下面主要介绍如何实现静态文本的显示与隐藏。

首先，分别创建静态文本：运行与停止，并设置字体大小为 20，边框颜色为透明，背景颜色为透明，"运行"字体颜色为红色，"停止"字体颜色为绿色，均为粗体，并调整至适当位置，如图 12-55 所示。

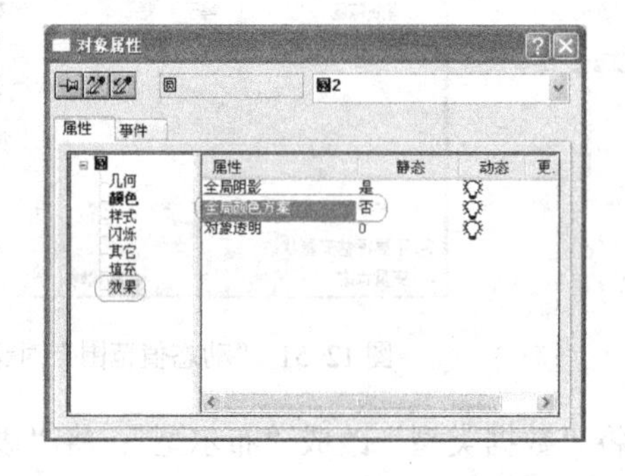

图 12-54 全局颜色方案

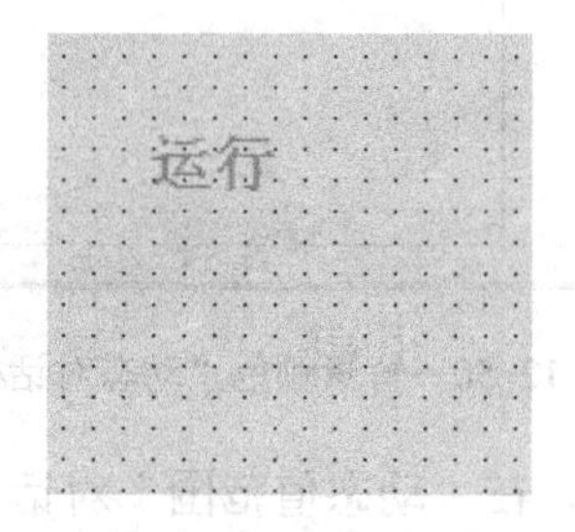

图 12-55 静态文本

用鼠标右键单击静态文本"运行"，在弹出的菜单中选择"属性"命令，弹出"对象属性”对话框，单击“属性”→“其它”选项，然后用鼠标右键单击“属性”选项下的“显示”后的图标，在弹出的菜单中选择“动态对话框”命令，如图 12-56 所示。弹出“动态值范围”对话框，单击“表达式/公式”下的图标，选择“变量”命令，如图 12-57 所示。弹出“变量”对话框，选择所创建的“MOTOR”变量；“数据类型”选择“布尔型”；“表达式/公式后的结果”下的“是/真”选择“是”，“否/假”选择“否”，然后单击“应用”按钮，如图 12-58 所示。完成后“显示”变为粗体且后面的图标变成图标，关闭“对象属性”对话框，编辑完成，如图 12-59 所示。

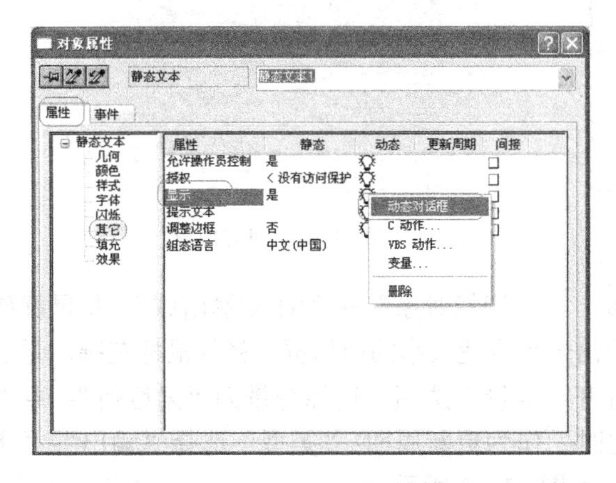

图 12-56　显示“动态对话框”

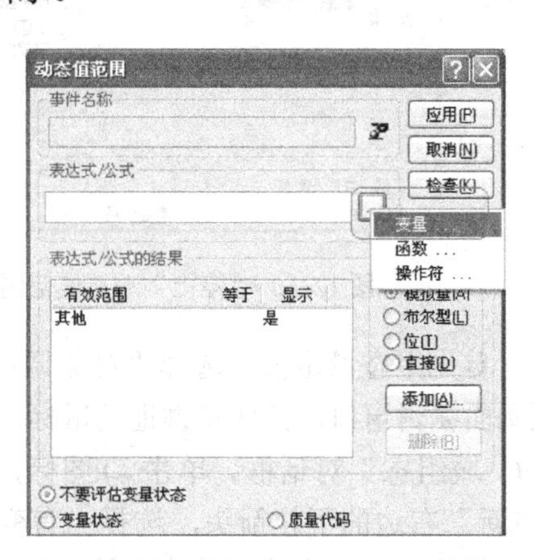

图 12-57　“动态值范围”对话框

图 12-58　“运行”动态值范围

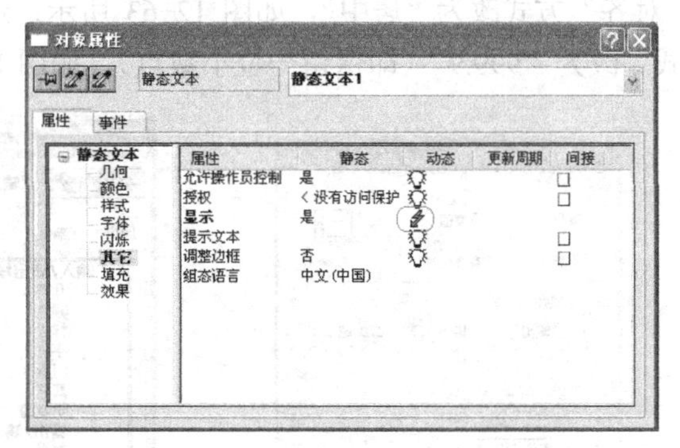

图 12-59　“显示”组态完成

静态文本“停止”属性的编辑与“运行”一样，变量同样选择“MOTOR”，“数据类型”选择“布尔型”；“表达式/公式后的结果”下的“是/真”选择“否”，“否/假”选择“是”，如图 12-60 所示。

编辑完成后，按住〈Shift〉键（或按住鼠标左键拖出一个矩形框）选中文本“运行”与“停止”；单击画面编辑器窗口最下方的“水平居中”图标与“垂直居中”图标，实现两个文本的重叠，如图 12-61 所示。

6．输入/输出域的组态

接下来组态温度、电流、速度设定与速度反馈的输入/输出域，要求温度值、电流值

与速度反馈值在监控画面上可以显示实时数值，可以在监控画面上对速度进行设定。

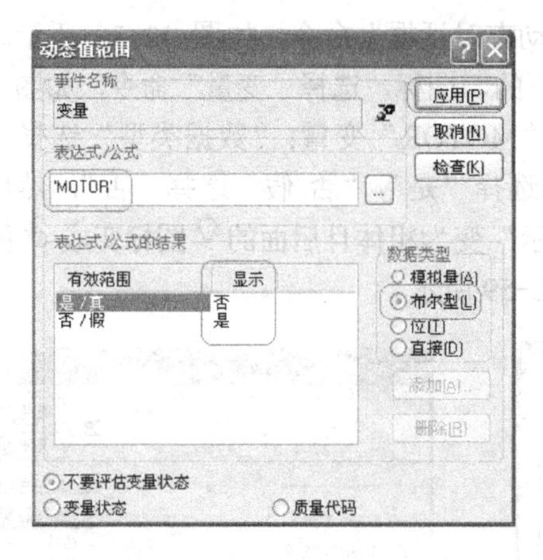

图 12-60 “停止”动态值范围

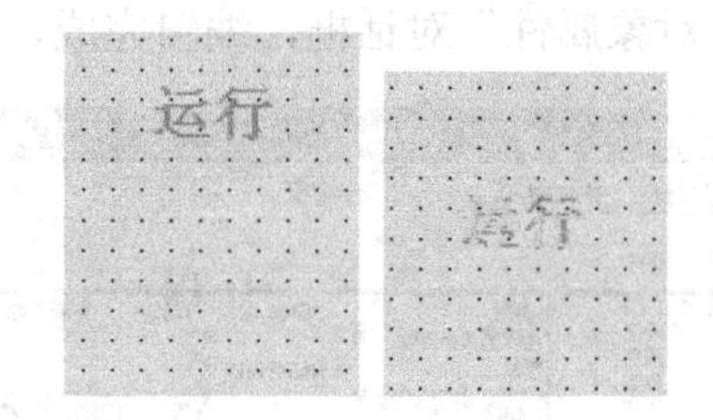

图 12-61 对齐效果

首先组态设定值，选择“对象调色板”→“智能对象”→“输入/输出域”，将鼠标移到画面编辑窗口，按住左键拖动鼠标，拉出一个合适大小的矩形框，释放鼠标左键，弹出“I/O 域组态”对话框。单击图标，打开“变量”选项，选择变量为“温度值”；单击“更新”右边的下拉箭头，选择“有变化时”作为更新周期；“类型”选择“输出”；“字体”更改为 20；单击“确定”按钮退出，如图 12-62 所示。

选中已经创建的输入/输出域，单击鼠标右键，在弹出的菜单中选择“属性”命令，弹出“对象属性”对话框；选择“属性”→“字体”，将“X 对齐”方式改为“居中”，将“Y 对齐”方式改为“居中”，如图 12-63 所示；选择“属性”→“输出/输入”，将“输出格式”改为“999.9”（即保留一位小数点），如图 12-64 所示；关闭对话框，组态完成。

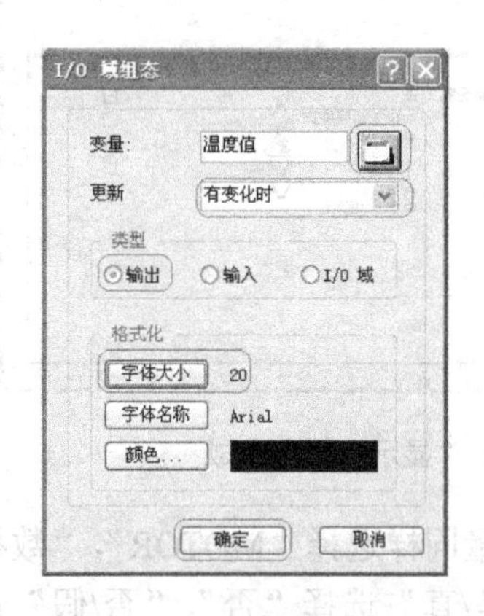

图 12-62 “温度值”I/O 域组态

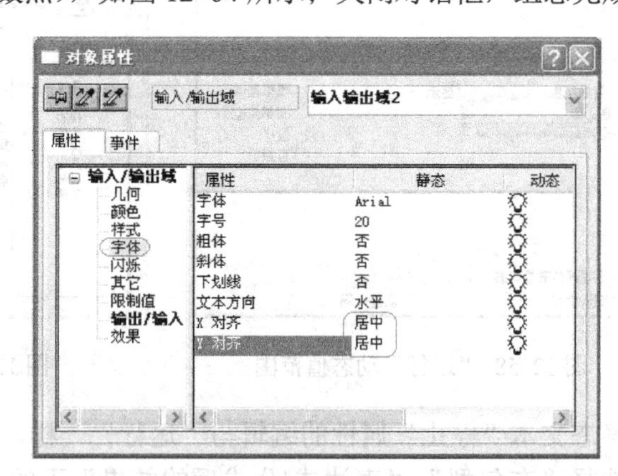

图 12-63 对齐方式

在新建的“输入/输出域”上面，创建一个名为“温度值”的静态文本，修改其属性，具体是：字体大小为 20 号；“X 对齐”方式改为“居中”，“Y 对齐”方式改为“居中”；“边框颜色”为“透明”，“边框背景颜色”为“透明”，“背景颜色”为“透明”，“全局颜色方案”为“否”。在“输入/输出域”的后面，再创建一个名为“℃”的静态文本。创建的效果如图 12-65 所示。

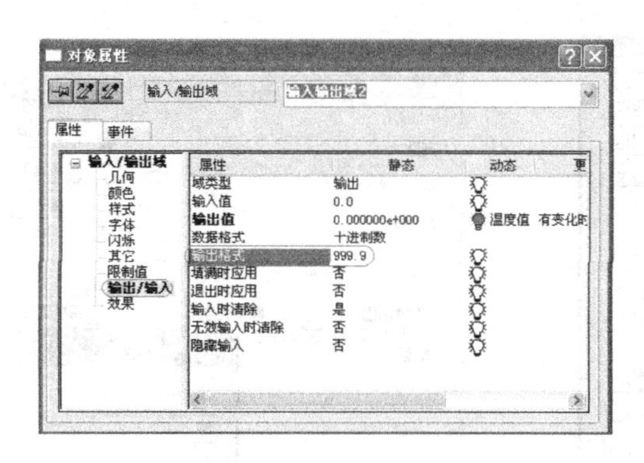

图 12-64　输出格式

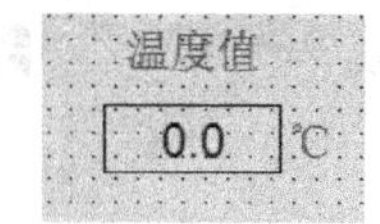

图 12-65　温度值“输入/输出域”及静态文本

现在，将创建的“输入/输出域”及静态文本“温度值”颜色动态连接，即当所采集的温度值的数值大于规定的最大值（上限值）的时候，“输入/输出域”及静态文本“温度值”颜色发生变化，会引起人们注意。

首先，对“输入/输出域”进行编辑，选定“输入/输出域”，单击鼠标右键，在弹出的菜单中选择“属性”命令，弹出“对象属性”对话框；选择“属性”→“颜色”→“字体颜色”，单击💡图标，选择“动态对话框”命令，如图 12-66 所示；弹出“动态值范围”对话框，单击▭图标，选择“变量”，弹出“变量”对话框，选择“温度值”变量；用鼠标右键单击“有效范围”下面的“其他”选项，在弹出的菜单中选择“新建”命令，如图 12-67 所示；新建一个“数值范围 1”，如图 12-68 所示；双击“100”，改为“80”，然后单击“OK”按钮，如图 12-69 所示；双击“其他”后面的“字体颜色”下的“黑色区域”，弹出“颜色选择”对话框，选择“红色”选项，然后单击“确定”按钮，如图 12-70 所示。关闭“动态值范围”对话框。

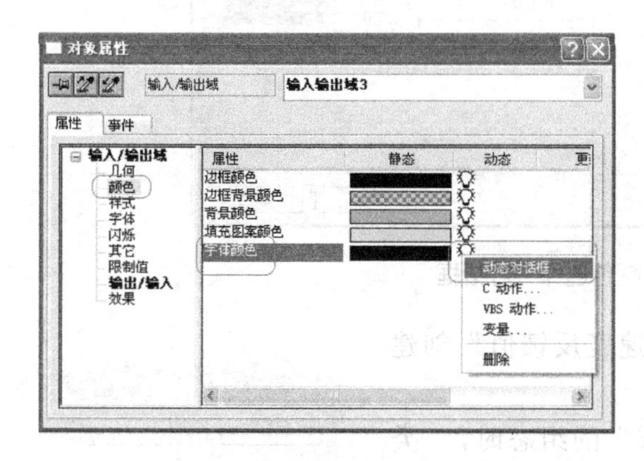

图 12-66　字体颜色动态对话框

图 12-67　动态值范围 1

静态文本“温度值”颜色报警的编辑与“输入/输出域”的编辑方法相同，这里不再赘述，编辑正确的运行效果是：当温度值小于 80℃的时候，输入/输出域及静态文本都为黑色；当温度值高于 80℃的时候，输入/输出域及静态文本都为红色，起到警示作用，如图 12-71 所示。

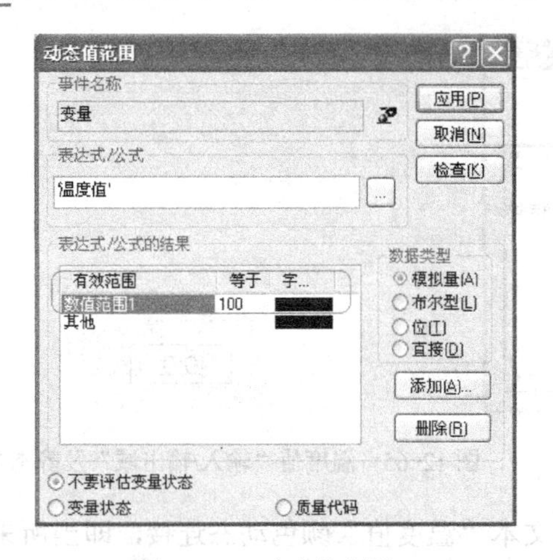

图 12-68 动态值范围 2

图 12-69 动态值范围 3

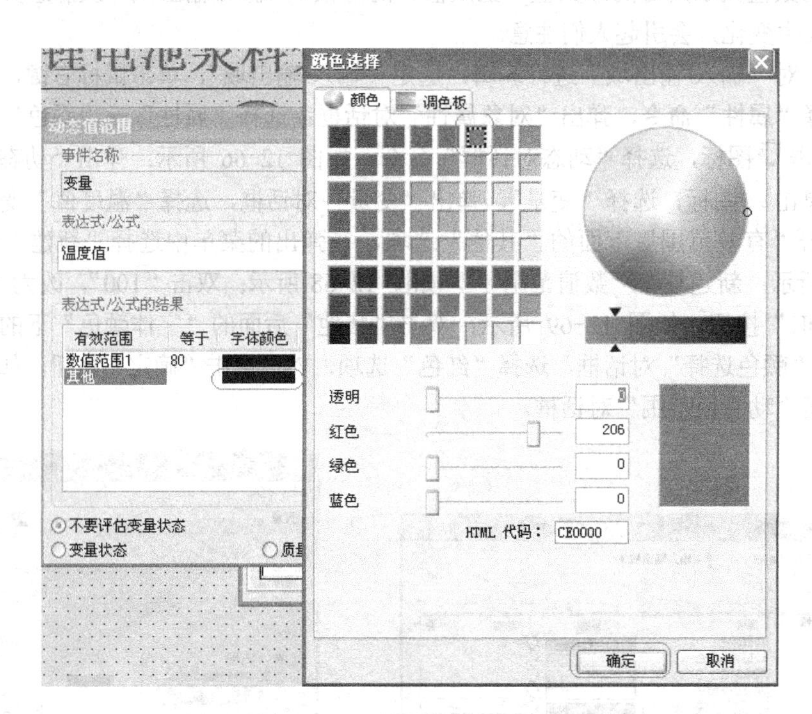

图 12-70 “颜色选择“对话框

同样步骤，分别对“电流值”与“速度反馈值”创建“输入/输出域”。

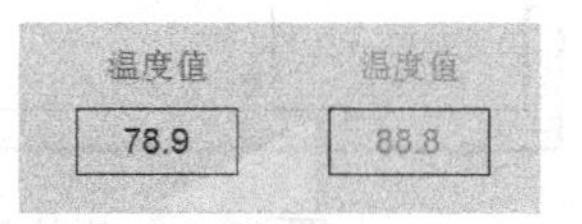

图 12-71 运行效果

对“速度设定”进行“输入/输出域”的组态时，“类型”选择“输入”；然后用鼠标右键单击已经创建的输入/输出域，在弹出的菜单中选择“属性”命令，弹出“对象属性”对话框，选择“属性”→“输入/输出域”→“输出/输入”，将“输出格式”改为“99.9”，如图 12-72 所示；选择“限制值”，将“下限值”改为“0.0”，将“上限值”改为“50.0”（这是因为变频器运行时最大运行频率为 50Hz），如图 12-73 所示；其他步骤同上。

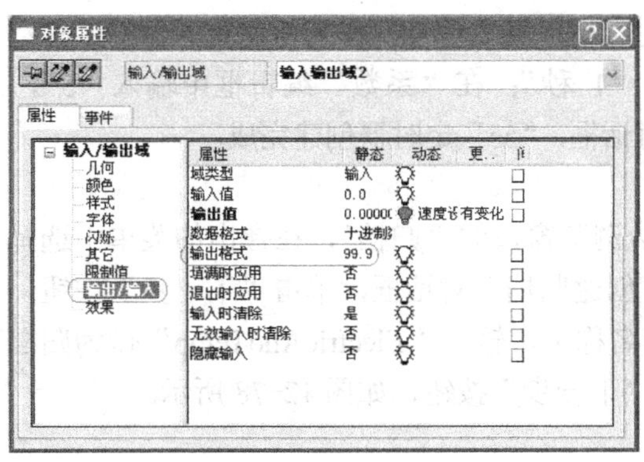

图 12-72　输出格式

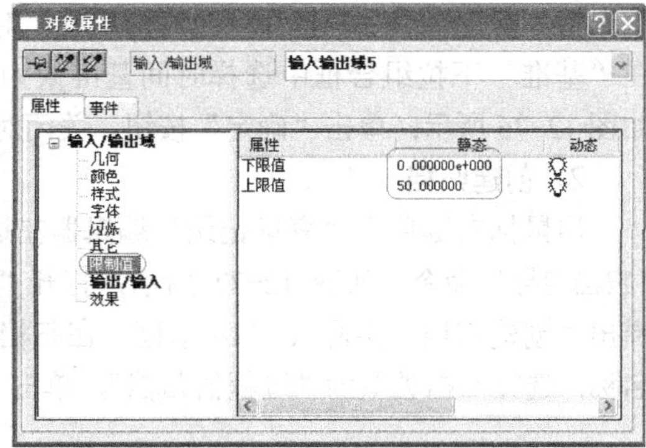

图 12-73　限制值

12.2.3　过程值归档

1. 打开变量记录器

在 WinCC 项目管理器的浏览窗口中，选中“变量记录”，单击鼠标右键，弹出快捷菜单，单击“打开”选项，弹出“变量记录”窗口，如图 12-74 所示。

【关键点】 若单击“打开”，弹出“不能建立数据连接”提示时，可能是由以下几种原因引起：

1）项目路径下有中文字符。

2）防火墙与杀毒软件处于监控状态。

3）计算机上感染了病毒。

4）存在兼容性问题。

一般主要是因为项目路径中存在中文字符所引起的，解决办法如下：

首先，保存并关闭项目；单击“开始”→“所有程序”→“SIMATIC”→“WinCC”→“Tools”→“Project Duplicator”，弹出“WinCC 项目复制器”对话框；单击“选择要复制的源项目”后的□图标，找到以前的项目；单击“另存为”按钮，另存在没有中文字符的文件夹里，再重新启动 WinCC，打开另存的项目即可，如图 12-75 所示。

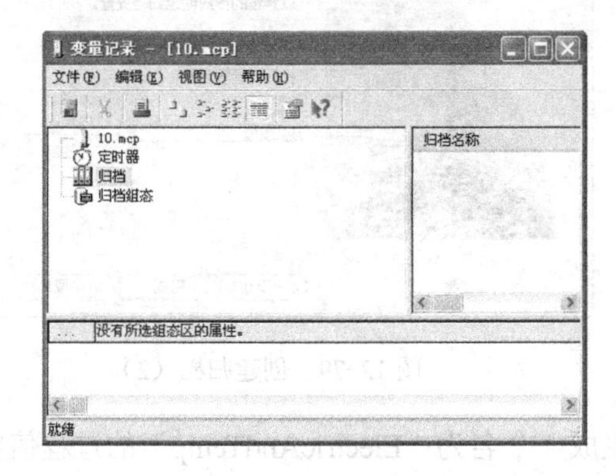

图 12-74　“变量记录”窗口

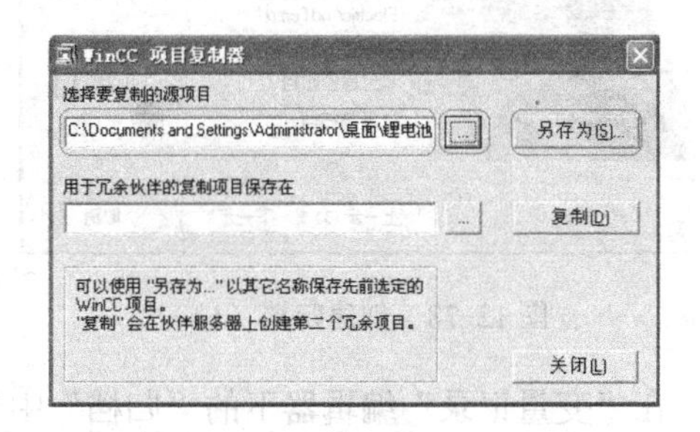

图 12-75　复制项目

用鼠标右键单击“变量记录”编辑器左边浏览器窗口中的“定时器”，在弹出的菜单

中选择“新建”命令，打开“定时器属性”对话框，输入“5s”作为新建定时器的名称；在“基准”下拉组合框中选择时间基准值为“1 秒”；在“系数”编辑框中输入“5”，如图 12-76 所示；单击“确定”按钮，关闭对话框，“5s”定时器创建完成。

2. 创建归档

用鼠标右键单击“变量记录”编辑器左边浏览窗口的“归档”，在弹出的菜单中选择“归档向导”命令，如图 12-77 所示；打开“创建归档”对话框，单击“下一步”按钮，弹出“创建归档：步骤-1-”对话框，在归档名称下，输入“ElectricAndTemp”作为归档名称，选择归档类型为“过程值归档”，单击“下一步”按钮，如图 12-78 所示。

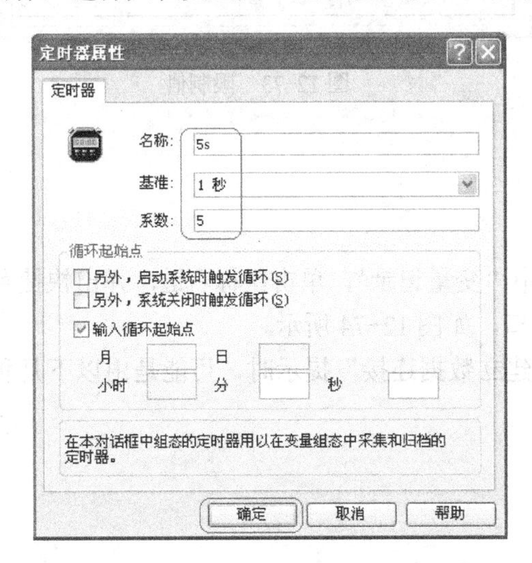

图 12-76 定时器属性

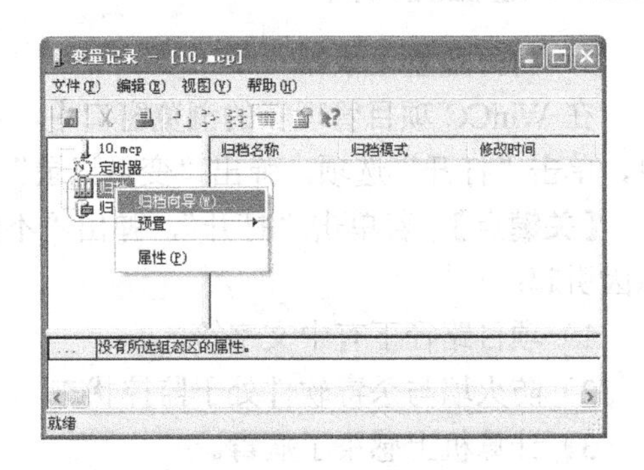

图 12-77 归档向导

弹出“创建归档：步骤-2-”对话框，单击“选择”按钮，选择“电流值、温度值”变量；单击“完成”按钮，如图 12-79 所示。

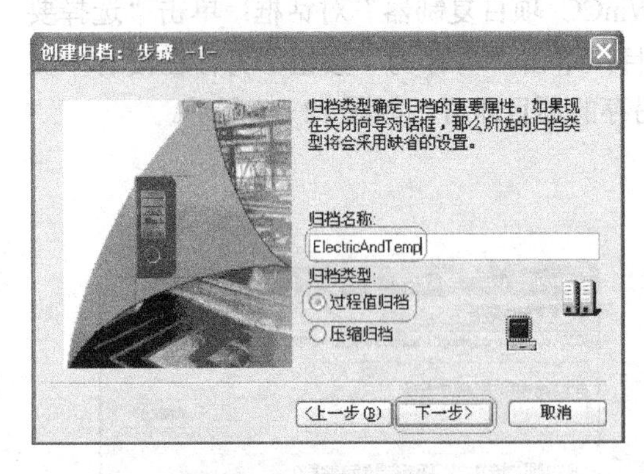

图 12-78 创建归档（1）

图 12-79 创建归档（2）

在“变量记录”编辑器下的“归档”中生成一个名为“ElectricAndTemp”的过程值归档，单击“ElectricAndTemp”展开归档，如图 12-80 所示。

拖动下面的滑块，将“采集周期”改为“5s”定时器，单击图标，保存“变量记录”，并关闭，“变量记录”编辑完成。

3. 创建趋势图

在图形编辑器的“对象选项板”上选择“控件”选项卡，然后选择“WinCC Online TrendControl”控件，如图 12-81 所示；将鼠标指针放在绘图区中放此控件的位置，并拖动至合适大小后释放。

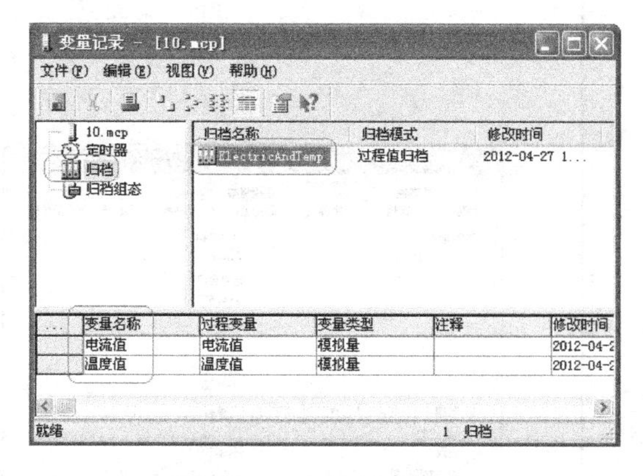

图 12-80　归档创建完成

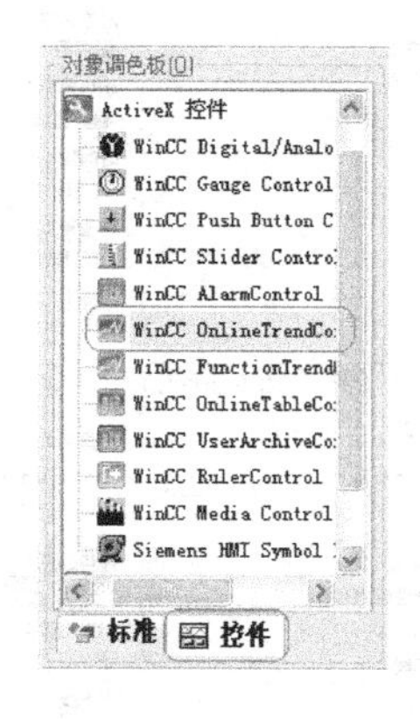

图 12-81　WinCC OnlineTrendControl 控件

释放后，弹出“WinCC OnlineTrendControl 属性”对话框，选择“常规”选项卡，在“文本”中输入“电流与温度”作为趋势窗口的标题，如图 12-82 所示。

选择“趋势”选项卡，在“对象名称”中输入“电流值”作为第一条趋势曲线的名称；选择“数据源”的下拉列表中的“1-归档变量”选项，单击“变量名”后面的图标，选择创建的归档变量“电流值”，如图 12-83 所示。

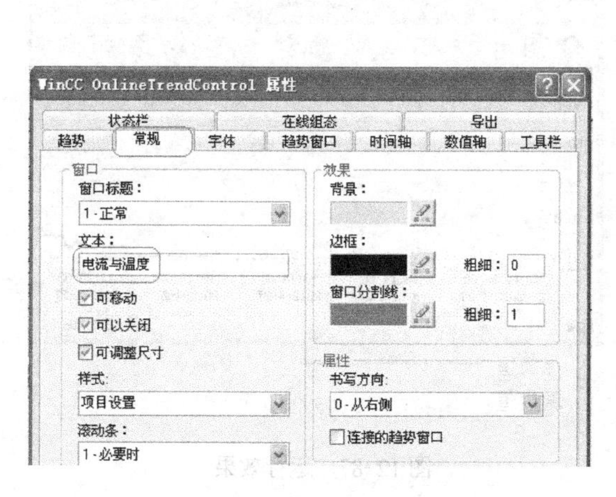

图 12-82　“常规”选项卡

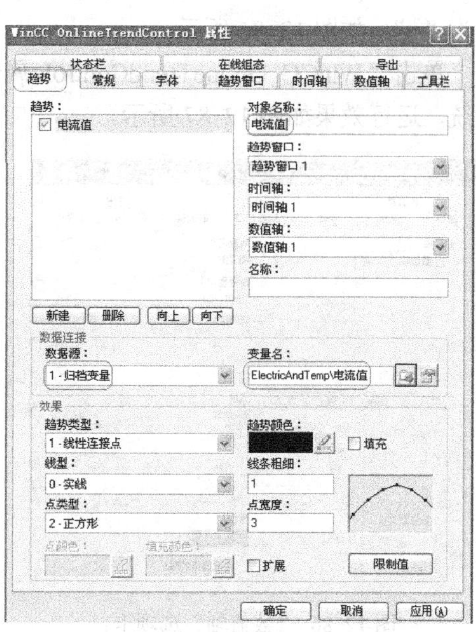

图 12-83　“趋势”选项卡

单击“趋势”选项卡下的“新建”按钮，新建一个趋势，在“对象名称”中输入“温度值”，选择“数据源”的下拉列表中的“1-归档变量”选项，单击“变量名”后面的

图标，选择创建的归档变量“温度值”，如图 12-84 所示。

选择“时间轴”选项卡，将“时间范围”改为“10×1 分钟”，如图 12-85 所示。

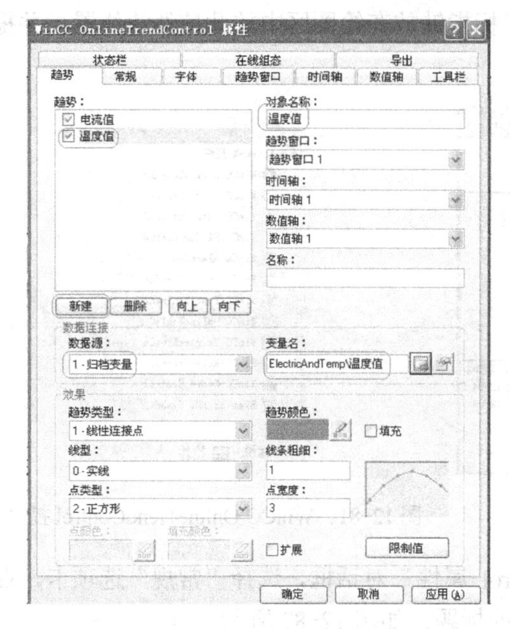

图 12-84　新建趋势

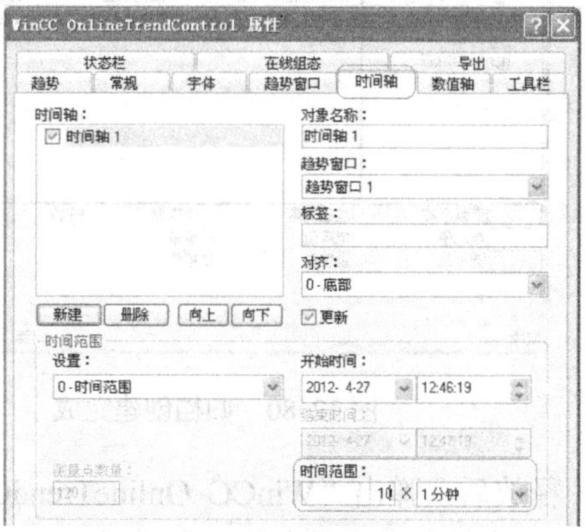

图 12-85　“时间轴”选项卡

选择“数值轴”选项卡，取消勾选“值范围”后面的“自动”单选按钮，将范围从“0～10”改为“0～100”；取消勾选“效果”后面的“自动”单选按钮，将“小数位数”改为“1”，如图 12-86 所示。

单击“WinCC OnlineTrendControl 属性”对话框下的“确定”按钮，并运行 WinCC 系统，运行效果如图 12-87 所示。

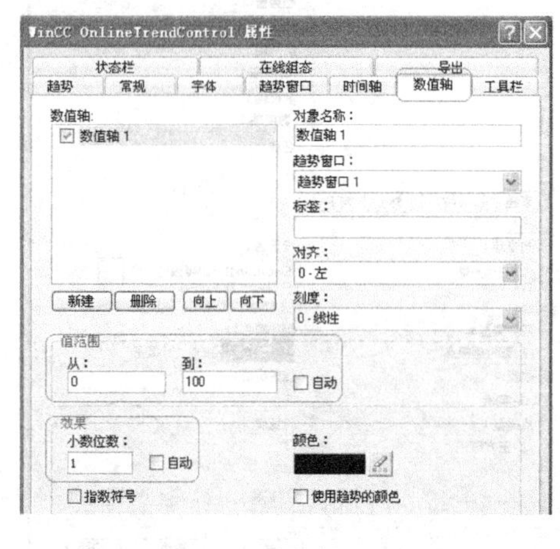

图 12-86　“数值轴”选项卡

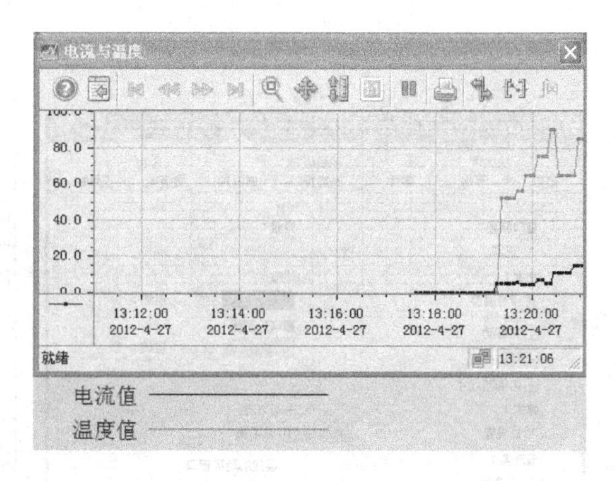

图 12-87　运行效果

4. 创建表格窗口

在图形编辑器的“对象选项板”上选择“控件”选项卡，然后选择“WinCC Online TableControl”控件；将鼠标指针放在绘图区中放此控件的位置，并拖动至合适大小后释放；弹出“WinCC OnlineTableControl 属性”，选择“常规”选项卡，在“文本”中输入“电流与温度”作为趋势窗口的标题，如图 12-88 所示。

选择“时间列”选项卡，将“对象名称”改为“日期/时间”，如图 12-89 所示。

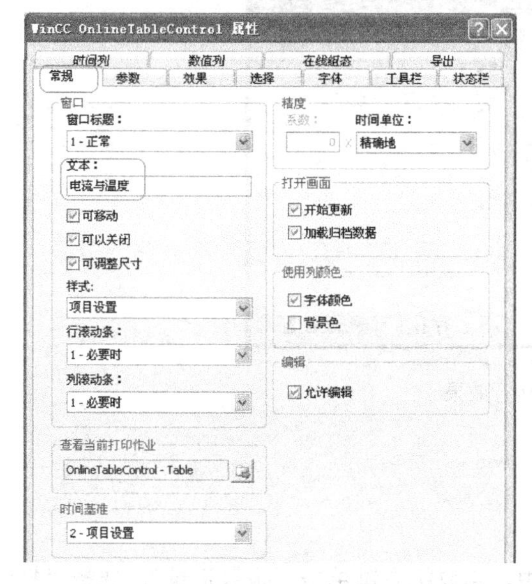

图 12-88 “常规”选项卡

图 12-89 “时间列”选项卡

选择“数值列”选项卡，将“对象名称”改为“电流值”，选择“数据源”为“1-归档变量”，并单击“变量名”后面的图标，选择归档变量“电流值”，将“小数位数”改为“1”，如图 12-90 所示。

单击“数值列”选项卡下的“新建”按钮，新建一个数值列，将“对象名称”改为“温度值”，选择“数据源”为“1-归档变量”，并单击“变量名”后面的图标，选择归档变量“温度值”，将“小数位数”改为“1”，如图 12-91 所示。

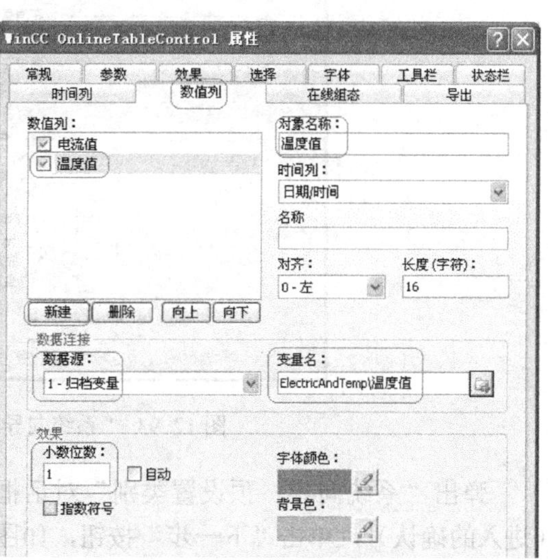

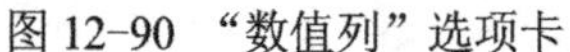
图 12-90 “数值列”选项卡

图 12-91 新建数值列

单击“WinCC OnlineTableControl 属性”对话框下的“确定”按钮，并运行 WinCC 系统，运行效果如图 12-92 所示。

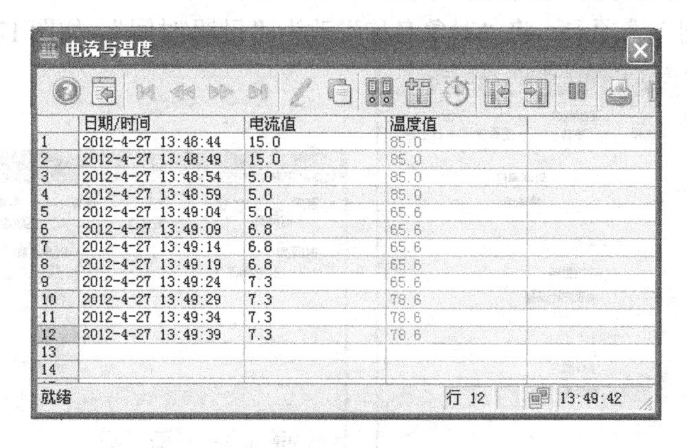

图 12-92　运行效果

12.2.4　组态报警

1．打开报警记录

在 WinCC 项目管理器左边的浏览器窗口中，用鼠标右键单击“报警记录”，选择“打开”（或直接双击“报警记录”），打开“报警记录”对话框；单击报警记录编辑器的主菜单“文件”→“选择向导”（或直接单击 图标），弹出“选择向导”对话框，选择“系统向导”，单击“确定”按钮；弹出“系统向导”对话框，单击“下一步”按钮；弹出“系统向导：选择消息块”对话框，选中“系统块”中的“日期，时间，编号”；在“用户文本块”中，选中“消息文本，错误位置”；在“过程值块”中，选中“无”；单击“下一步”按钮，如图 12-93 所示。

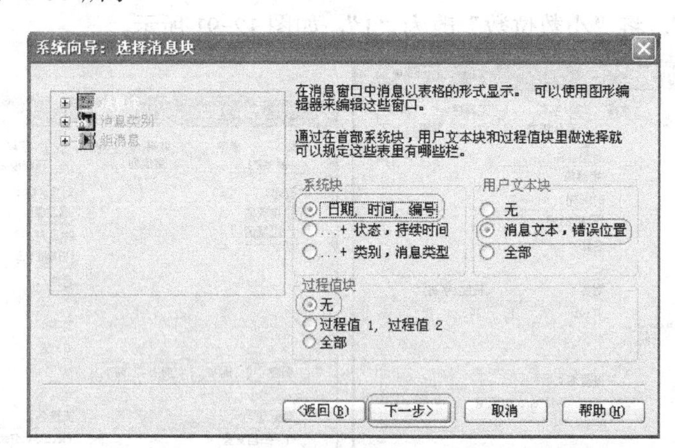

图 12-93　“系统向导：选择消息块”对话框

弹出“系统向导：预设置类别”对话框，选中“带有报警，故障和警告的类别错误（进入的确认）”，单击“下一步”按钮，如图 12-94 所示。最后单击“完成”按钮，如要修改可单击“返回”按钮。

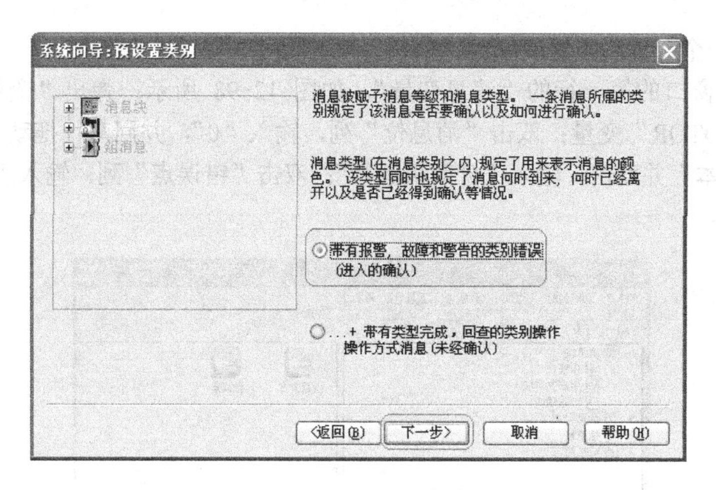

图 12-94 “系统向导：预设置类别”对话框

2. 组态报警消息和报警消息文本

调整系统向导建立的用户文本块的长度，在报警记录编辑器浏览窗口中，单击“消息块”前的“+”；展开后，单击“用户文本块”，在数据窗口中用鼠标右键单击“消息文本”，选择“属性”命令，如图 12-95 所示。

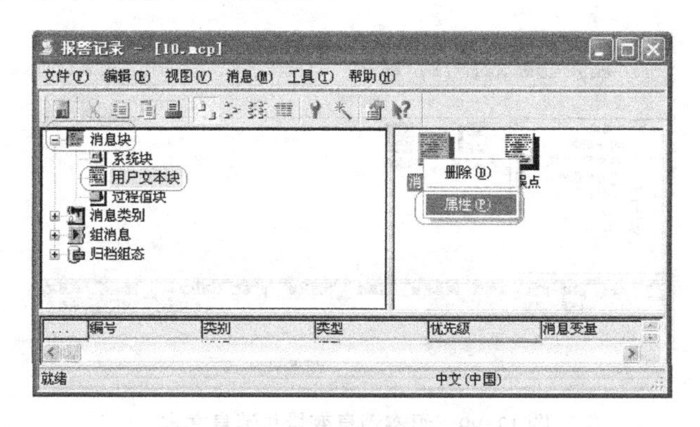

图 12-95 消息块属性

打开“消息块”对话框，更改“长度”文本框值为“30”，并单击“确定”按钮，关闭对话框，如图 12-96 所示；用同样的方法改变“错误点”文本“长度”为“20”，并单击“确定”按钮，如图 12-97 所示。

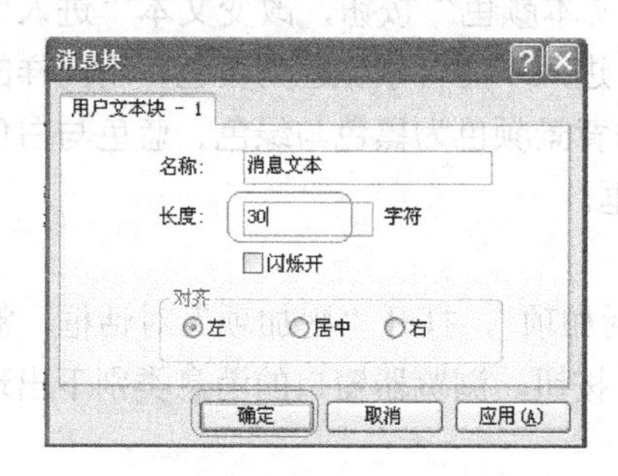

图 12-96 消息块长度

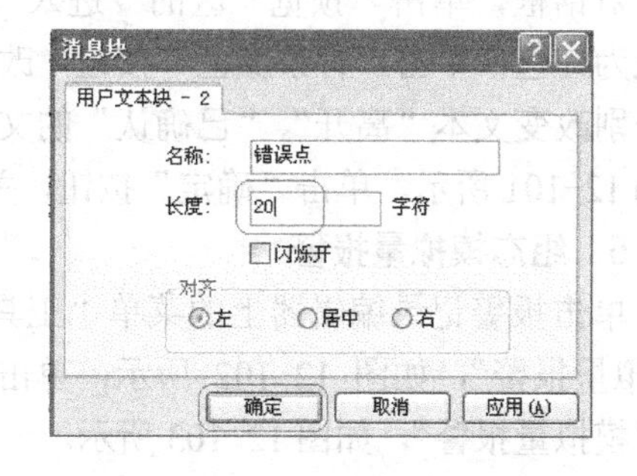

图 12-97 错误点文本长度

3. 组态一个二进制报警消息

双击表格窗口的第一行的“消息变量”，如图 12-98 所示；弹出“变量”选择对话框，选择“MOTOR”变量；双击“消息位”列，输入“0”，并回车；拖动水平滚动条，找到“消息文本”并双击，输入“分散机运行”；双击“错误点”列，输入“分散机”，如图 12-99 所示。

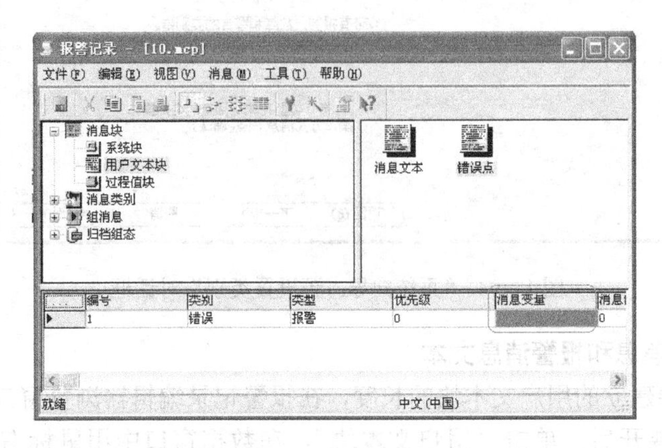

图 12-98　消息变量

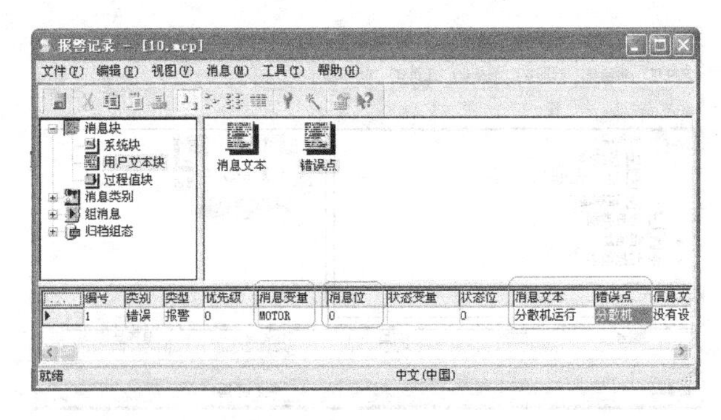

图 12-99　组态消息变量与消息文本

4. 组态报警消息的颜色

单击浏览窗口中的“消息类别”前的“+”；展开后，单击“消息类别”→“错误”，在数据窗口中用鼠标右键单击“报警”，选择“属性”命令，如图 12-100 所示；弹出“类型”对话框，单击“预览”区的“进入”，单击“文本颜色”按钮，改变文本“进入”的颜色为红色；单击“背景颜色”按钮，改变文本“进入”的背景颜色为黄色；用同样的方法分别改变文本“离开”、“已确认”的文本颜色与背景颜色为黑色与绿色、蓝色与白色，如图 12-101 所示。单击“确定”按钮，关闭对话框。

5. 组态模拟量报警

单击报警记录编辑器上的菜单“工具”→“附加项”，打开“附加项”对话框，激活“模拟量报警”，如图 12-102 所示；单击“确定”按钮，浏览器窗口的消息类别下出现组件“模拟量报警”，如图 12-103 所示。

用鼠标右键单击组件“模拟量报警”，选择“新建”命令，打开“属性”对话框；单击“要监视的变量”后的按钮，选择“电流值”变量；“延迟时间”选择“毫秒”，并输入“0”；单击“确定”按钮，关闭对话框，如图 12-104 所示。在浏览器中生成。

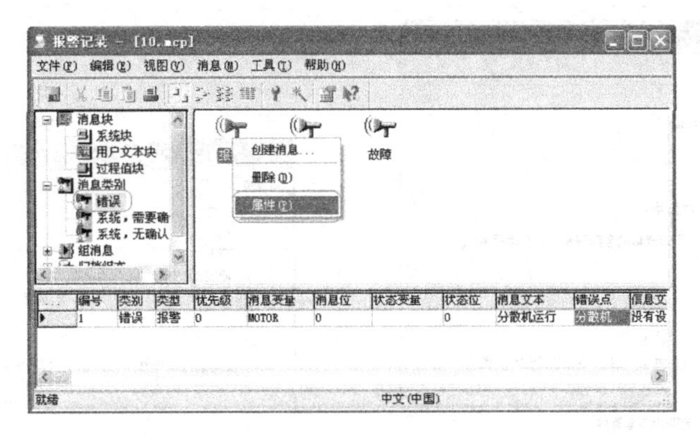

图 12-100 报警属性

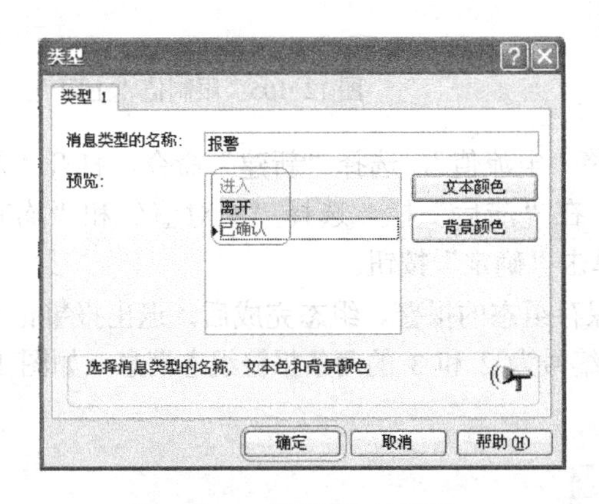

图 12-101 “类型”对话框

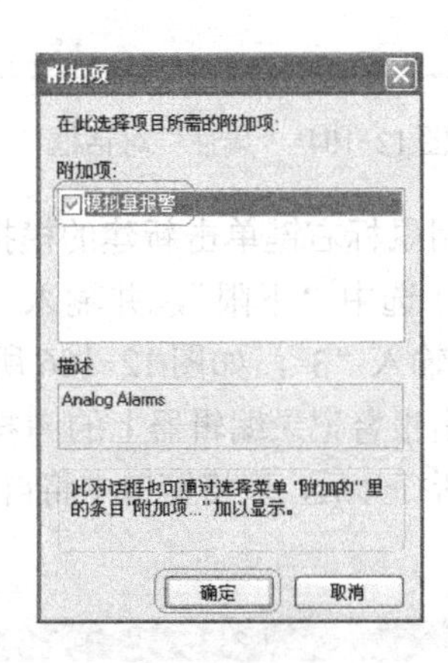

图 12-102 “附加项”对话框

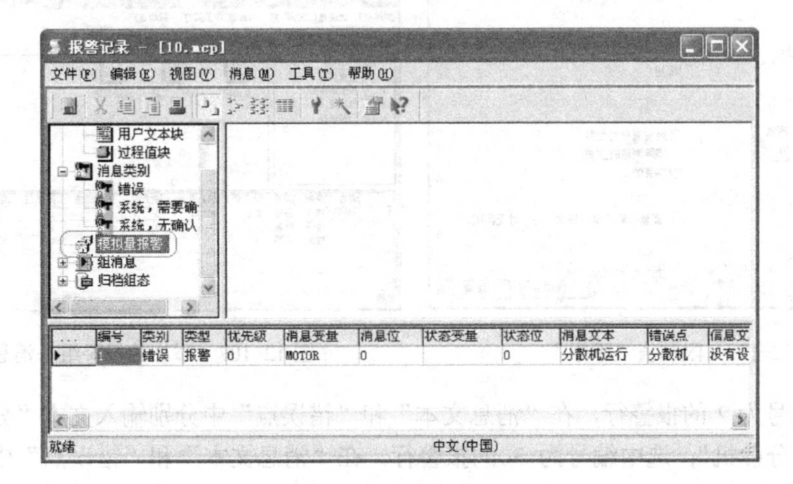

图 12-103 模拟量报警

用鼠标右键单击新建的模拟量报警“电流值”，选择“新建”命令，弹出“属性”对

话框；选中“限制值”下的“上限”，输入“10”；在“滞后”栏，选择“绝对值”和“均有效”，“编号”输入“2”；单击“确定”按钮，如图 12-105 所示。

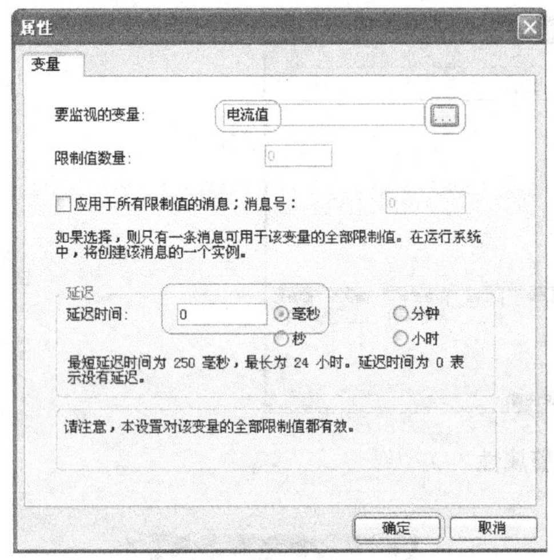

图 12-104 “属性”对话框

图 12-105 限制值“上限”

再用鼠标右键单击新建的模拟量报警“电流值”，选择“新建”命令，打开“属性”对话框，选中“下限”，并输入“2.5”，在“滞后”栏，选择“绝对值”和“均有效”，“编号”输入“3”，如图 12-106 所示。单击“确定”按钮。

单击报警记录编辑器上的 ▪ 按钮，保存组态的报警。组态完成后，退出报警记录编辑器，重新打开后，表格窗口中将自动增加编号为 2 和 3 的两条报警组态消息，如图 12-107 所示。

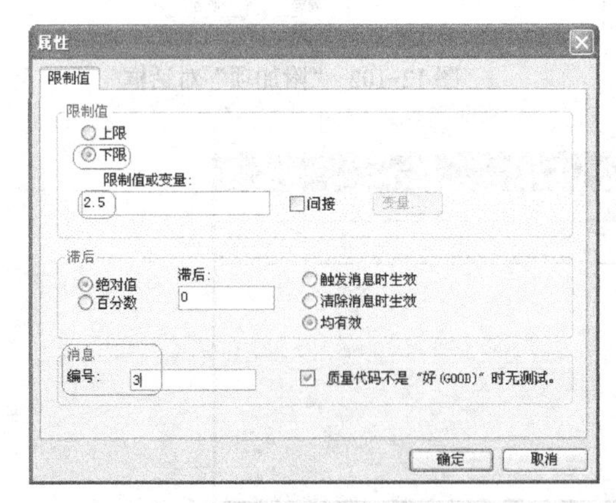

图 12-106 限制值“下限”

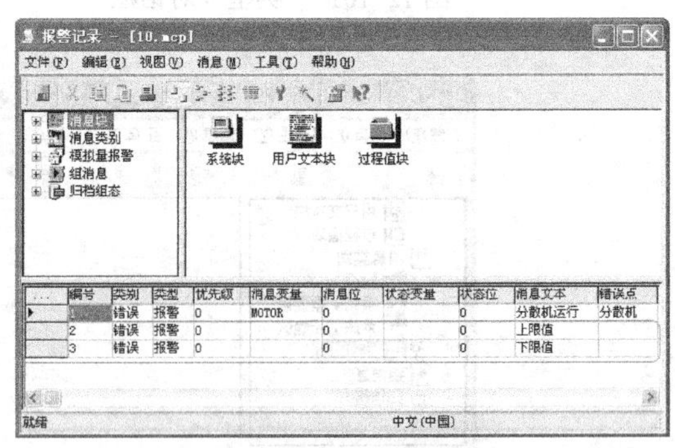

图 12-107 添加的报警组态消息

选中编号为 2 的报警行，在“消息文本”和“错误点”中分别输入文本“分散机电流过载”和“分散机”；选中编号为 3 的报警行，在“消息文本”和“错误点”中分别输入文本“分散机欠电压”和“分散机”。单击报警记录编辑器上的 ▪ 按钮，至此电流值报警组态完毕。以同样的方法组态温度值的报警，上限设为 80；下限设为 35；“消息文本”为轴承温度过高、轴承温度过低；“错误点”均为轴承，如图 12-108 所示。

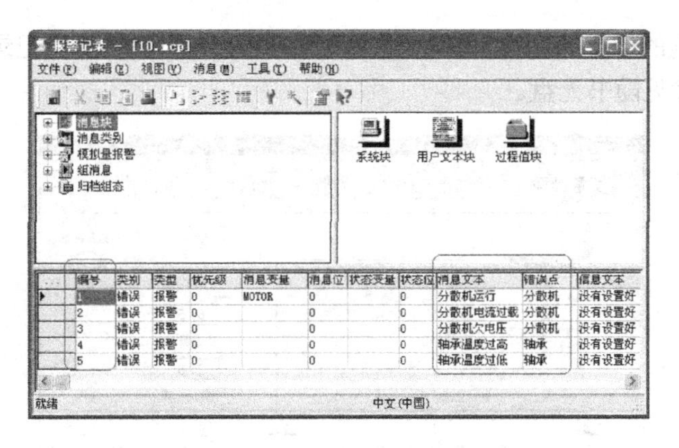

图 12-108　报警组态消息

6. 组态报警显示

打开图形编辑器，在“对象选项板”上，选择“控件”选项卡上的“WinCC Alarm Control”，将鼠标移到绘图区，并拖动至合适大小后释放；弹出“WinCC AlarmControl 属性”对话框。选择“常规”选项卡，将“窗口”下的“文本”改为“分散机电流温度报警显示”，如图 12-109 所示。

选择“消息列表”选项卡，单击“可选的消息块”下的 >> 按钮，将“消息文本”、“错误点”添加到“选定的消息块”中，如图 12-110 所示。

图 12-109 “常规”选项卡

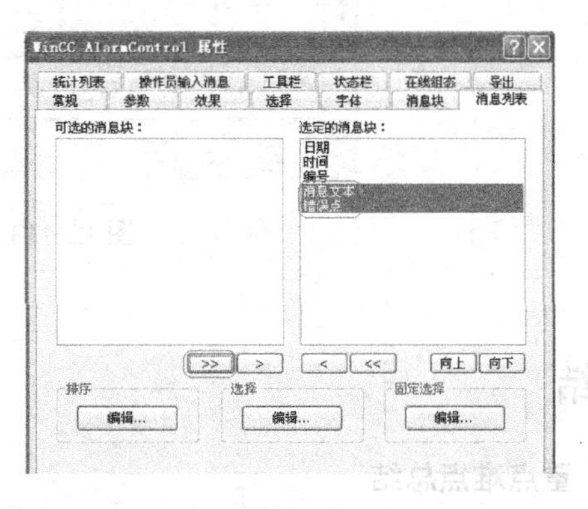

图 12-110 “消息列表”选项卡

单击“确定”按钮，关闭“WinCC AlarmControl 属性”对话框。激活 WinCC 运行系统，打开 PLCSIM 进行仿真，如图 12-111 所示。

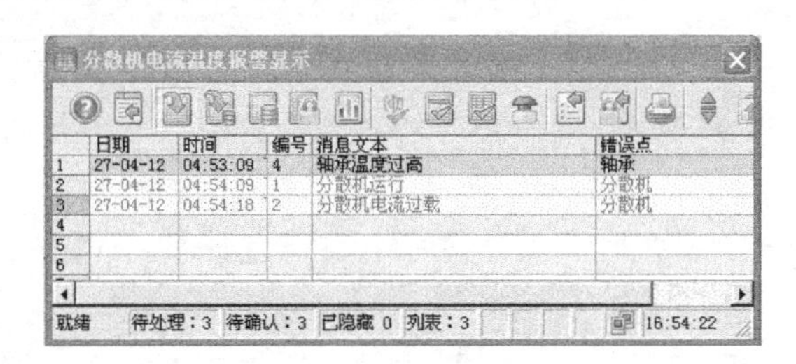

图 12-111　报警运行

最后完成工程的运行如图 12-112（主界面）和图 12-113（变量记录画面）所示。本例完整操作过程参见随书光盘。

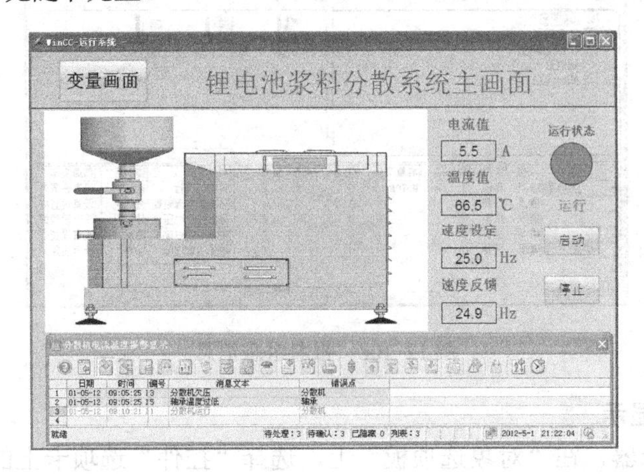

图 12-112　主界面

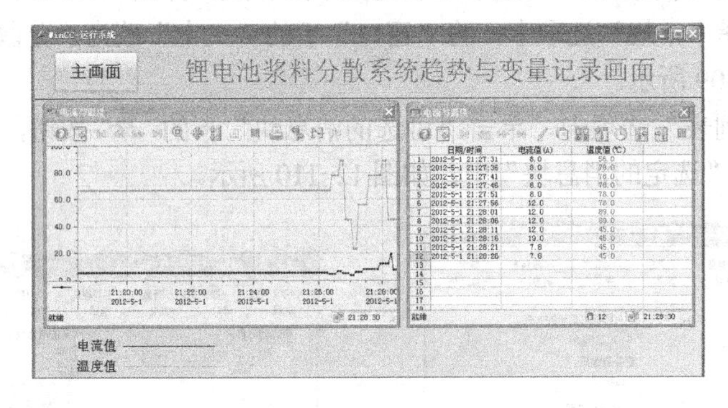

图 12-113　变量记录画面

小结

重点难点总结

这个例子是一个实际的工程实例，综合了前面章节的主要内容，是对前几章知识的综合运用，涉及画面组态、变量组态、通信、报警组态和变量记录组态等。如果读者能够将这个例子完成，说明读者具备了做 WinCC 工程的能力。

参考文献

[1] 向晓汉，等. S7-300/400 PLC 基础与案例精选[M]. 北京：机械工业出版社，2011.
[2] 苏昆哲，等. 深入浅出西门子 WinCC V6[M]. 2 版. 北京：北京航空航天大学出版社，2005.
[3] 甄立东，等. 西门子 WinCC V7 基础与应用[M]. 北京：机械工业出版社，2011.
[4] 梁绵鑫，等. WinCC 基础及应用开发指南[M]. 北京：机械工业出版社，2009.

本科电气精品教材推荐